面向新工科普通高等教育系列教材

组态软件基础及应用

（组态王 KingView）

殷群　吕建国　主编

殷群　吕建国　张建波　戚明杰　赵珂　编著

机械工业出版社

本书主要内容包括：组态王软件概述、组态王软件的基本使用，命令语言程序设计，趋势曲线及其他曲线，报警和事件系统，报表系统及日历控件，组态王数据库访问，基于单片机的控制应用，基于 PLC 的控制应用，组态软件工程应用综合实例。

本书内容全面、针对性强、实例丰富，可作为高等院校自动化、电气工程及自动化、测控技术与仪器、机电一体化及相关专业的教材，以及化工、电工、能源、冶金等专业的自动检测与控制课程的教材，也可供计算机控制系统研发人员参考。

为配合教学，本书配有教学用 PPT、电子教案、课程教学大纲、试卷（含答案及评分标准）、习题参考答案等教学资源。需要的教师可登录机工教育服务网（www.cmpedu.com），免费注册、审核通过后下载，或联系编辑索取（微信：15910938545，电话：010-88379739）。

图书在版编目(CIP)数据

组态软件基础及应用:组态王 KingView/殷群等编著.—北京:机械工业出版社,2017.6(2025.1 重印)
面向新工科普通高等教育系列教材
ISBN 978-7-111-57243-5

Ⅰ.①组… Ⅱ.①殷… Ⅲ.①工业监控系统-应用软件-高等学校-教材 Ⅳ.①TP277

中国版本图书馆 CIP 数据核字(2017)第 146819 号

机械工业出版社(北京市百万庄大街 22 号 邮政编码 100037)
责任编辑:李馨馨 责任校对:张艳霞
责任印制:李 昂

河北环京美印刷有限公司印刷

2025 年 1 月第 1 版・第 16 次印刷
184mm×260mm・15 印张・359 千字
标准书号:ISBN 978-7-111-57243-5
定价:39.80 元

电话服务	网络服务
客服电话:010-88361066	机 工 官 网:www.cmpbook.com
010-88379833	机 工 官 博:weibo.com/cmp1952
010-68326294	金 书 网:www.golden-book.com
封底无防伪标均为盗版	机工教育服务网:www.cmpedu.com

前　言

随着工业自动化水平的迅速提高，组态仿真技术已在工业控制领域得到了广泛的应用。党的二十大报告中提出，推进新型工业化，加快建设制造强国。加强工业自动化能力是我国从制造大国向制造强国转变的关键环节。在此背景下，工业现场生产中对设备管理与控制的要求大大提高，同时利用嵌入式设备的强大功能，融合新一代的物联网技术和大数据技术的新工厂生产模式日益增长。工业监控组态软件的研究与开发受到了广泛的重视。

当前互联网的高速发展和移动操作系统的诞生，催生了物联网行业飞速发展。新型传感器，控制器，智能终端等仪器的出现使得组态软件越来越重要。物联网上部署了海量的多种类型传感器，每个传感器都是一个信息源，由于其数量极其庞大，形成了海量信息。面对海量信息，我们如何快速侦测到传感器状态、以便获取一手的系统运行状态将成为物联网系统稳定监测的一个重要环节。组态技术已在工业控制领域得到了广泛应用，整体稳定性、可靠性都是很高的，而且技术也相对成熟。物联网虽然将大量传感器和智能处理相结合，利用云计算、模式识别等各种智能技术，能够对物体实施智能控制，但是一个好的解决方案是需要一个可操作、易读懂的平台去展示和管理的。而组态软件恰好可以在物联网组建中起到这样一个重要作用。

除了传统工业控制行业对组态王人才有需求外，组态软件依然可以在物联网行业发挥作用。因此社会上对能熟练操作工控组态软件的人才的需求势必也会逐渐增多。工控组态软件的学习需要理论学习与实际操作的相互结合，才能真正掌握工控组态软件在工控中的应用方法。本书根据教育部关于普通高校应用型人才培养目标要求，结合我国普通高校的教育特点及软硬件条件编写而成，是一本既符合教学要求又适应于实际情况的工控组态软件教材，更加符合应用型本科院校的教学要求。

本书以通用组态软件 KingView6.5 为例，在内容编排上以大量实际工程案例为典型例子，从设计、制作过程进行讲解，力求使读者掌握组态软件的方法与技巧，尽快上手。本书主要内容包括工控组态软件及基础应用，KingView 软件的基本使用，命令语言程序设计，趋势曲线及其他曲线应用，报警和事件系统，报表系统，组态王数据库访问（SQL），基于单片机开发板的控制应用，基于 PLC 的控制应用，组态软件工程应用综合实例。

本书由殷群、吕建国、张建波、戚明杰、赵珂编著，殷群、吕建国担任主编。本书在编写过程中得到了许多同行的帮助和支持，提出了许多宝贵意见和建议。参与本书实例验证工作的还有邱贤颖、赵建波、李小龙、张梦洁、吴红香等。在此一并致以诚挚的感谢。

由于当前物联网技术、组态软件发展较快，且涉及的知识面较广，系统性、实践性较强，虽然我们在策划、创造、编写中致力于追求严谨、求实、高质量，但是错误和不足在所难免，恳请读者不吝赐教，我们定会全力改进。

编者

目　　录

第1章　组态王软件概述

1.1　认识组态软件

组态软件，又称组态监控软件，SCADA（Supervisory Control and Data Acquisition，数据采集与监视控制）软件。它是数据采集与过程控制的专用软件，处于自动控制系统监控层一级的软件平台和开发环境，使用组态方式，可快速构建工业自动控制系统监控功能，是通用层次的软件工具。组态软件的应用领域很广，可以应用于电力系统、给水系统、石油、化工等领域的数据采集与监视控制以及过程控制等诸多领域。

组态（Configure）的含义是配置、设定和设置，是指用户通过类似于“搭积木”的简单方式来完成自己所需要的软件功能，而不需要编写计算机程序。它有时候也称为二次开发，组态软件就称为二次开发平台。监控（Supervisory Control），即监视和控制，是指通过计算机信号对自动化设备或过程进行监视、控制和管理。

1. 国外组态软件

（1）InTouch

Wonderware（万维公司）的InTouch软件是在20世纪80年代末、90年代初进入我国的组态软件。InTouch提供了丰富的图库。早期的InTouch软件采用DDE方式与驱动程序通信，性能较差。当今的InTouch 7.0版已经完全基于32位的Windows平台，并且提供了OPC支持。

（2）iFIX

Intellution公司以FIX组态软件起家，1995年被艾默生公司收购，2002年艾默生集团又将Intellution公司转卖给GEFanuc公司。FIX6.x软件提供工控人员熟悉的概念和操作界面，并提供完备的驱动程序（需单独购买）。20世纪90年代末，Intellution公司重新开发内核，并将重新开发新的产品系列命名为iFIX。在iFIX中提供了强大的组态功能，将FIX软件原有的Script语言改为VBA（Visual Basic For Application），并且在内部集成了微软公司的VBA开发环境。为了解决兼容问题，iFIX里面提供了FIX Desktop程序，可以直接在FIX Desktop中运行FIX程序。Intellution的产品与Microsoft的操作系统、网络进行了紧密的集成。Intellution公司也是OPC（OLE for Process Control）组织的发起成员之一。

（3）Citech

悉雅特集团（Citect）是世界领先的提供工业自动化系统、设施自动化系统、实时智能信息和新一代MES的独立供应商。

Citect公司的Citech软件也是较早进入我国市场的产品。Citech具有简洁的操作方式，但其操作方式更多的是面向程序员，而不是工控用户。Citech提供了类似C语言的脚本语言进行二次开发，但与iFIX不同的是，Citech的脚本语言并非是面向对象的，而是类似于C

语言，这无疑给用户进行二次开发增加了难度。

（4）WinCC

西门子自动化与驱动集团（A&D）是西门子股份公司中最大的集团之一，是西门子工业领域的重要组成部分。

西门子公司的 WinCC 也是一套完备的组态开发环境，WinCC 提供了类 C 语言的脚本，包括一个调试环境。WinCC 内嵌 OPC 支持，并可对分布式系统进行组态。但 WinCC 的结构较复杂，用户最好经过西门子公司的培训以掌握 WinCC 的应用。

（5）ASPEN - tech

艾斯苯公司（AspenTechnology，Inc.）是一个为过程工业（包括化工、石化、炼油、造纸、电力、制药、半导体、日用化工、食品饮料等工业）提供企业优化软件及服务的领先供应商。

艾斯莱公司自主开发的组态软件 ASPEN - tach，因其应用简单，使用灵活，在组态软件的应用领域占有一席之地。

2. 国内组态软件

（1）Realinfo

由紫金桥软件技术有限公司开发，该公司是由中石油大庆石化总厂出资成立的。

（2）Hmibuilder

由纵横科技（HMITECH）开发，该软件实用性强，性价比高，市场主要搭配 HMITECH 硬件使用。

（3）世纪星

由北京世纪长秋科技有限公司开发。产品自 1999 年开始销售。

（4）三维力控

由北京三维力控科技有限公司开发，核心软件产品初创于 1992 年。

（5）组态王 KingView

由北京亚控科技发展有限公司开发，亚控科技是国内 20 世纪 90 年代成立的自动化软件企业之一，从事自主研发、市场营销和服务。1995 年推出组态软件 KingView 系列产品，创立组态王品牌，经过近 30 年的快速发展，亚控科技的产品涵盖设备或工段级监控平台、厂级或集团级监控平台、生产实时智能平台，产品及方案广泛应用于市政、油气、电力、矿山、物流、汽车、大型设备等行业。在市场上广泛推广 KingView6.53、KingView6.55 版本，每年销量在 10000 套以上，在国产软件市场中市场占有率第一。

（6）MCGS

由北京昆仑通态自动化软件科技有限公司开发，分为通用版、嵌入版和网络版，其中嵌入版和网络版是在通用版的基础上开发的，在市场上主要是搭配硬件销售。

（7）态神

态神是由南京新迪生软件技术有限公司开发，核心软件产品初创于 2005 年，是首款 3D 组态软件。

组态软件已经成为工业自动化系统的必要组成部分，因此吸引了大型自动化公司纷纷投资开发自有知识产权的组态软件。目前在国内外市场占有率较高的监控组态软件分别是 GE Fanuc 的 iFIX、Wonderware 的 Intouch、西门子 WinCC，以及 Citect 的 Citech 等。

国内厂商以力控、亚控等为主，目前，国内产品已经开始抢占一些高端市场，打破了国外产品的垄断格局，并且所占比例在逐渐增长。

1.1.1 组态软件的产生背景

组态的概念是伴随着集散型控制系统（Distributed Control System，DCS）的出现才开始被广大的生产过程自动化技术人员所熟知的。在工业控制技术不断发展和应用的过程中，计算机（包括工控机）相比以前的专用系统具有的优势日趋明显。这些优势主要体现在：计算机技术保持了较快的发展速度，各种相关技术已经成熟；由计算机构建的工业控制系统具有相对较低的拥有成本；计算机的软件资源和硬件资源丰富，软件之间的互操作性强；基于计算机的控制系统易于学习和使用，得到技术方面的支持比较容易。在计算机技术向工业控制领域的渗透过程中，组态软件占据着非常特殊而且重要的地位。

1.1.2 组态软件的设计思想

随着工业自动化水平的迅速提高和计算机在工业领域的广泛应用，人们对工业自动化的要求越来越高，种类繁多的控制设备和过程监控装置在工业领域的应用，使得传统的工业控制软件已无法满足用户的各种需求。在开发传统的工业控制软件时，一旦工业被控对象有变动，就必须修改其控制系统的源程序，导致其开发周期长；已开发成功的工控软件又由于每个控制项目的不同而使其重复利用率很低，导致它的价格非常昂贵；在修改工控软件的源程序时，倘若原来的编程人员因工作变动而离去，只能让其他人员或新手进行源程序的修改，使得工作相当困难。通用工业自动化组态软件的出现为解决上述工程问题提供了一种新的方法，使用户能根据自己的控制对象和控制目的组态，完成最终的自动化控制工程。

组态的概念最早出现在工业计算机控制中，如：DCS（集散控制系统）组态、PLC（可编程控制器）梯形图组态；人机界面生成软件就叫工控组态软件。在其他行业也有组态的概念，如 AutoCAD 和 PhotoShop 等。不同之处在于，工业控制中形成的组态结果是用于实时监控的。工控组态软件也提供编程手段增强其功能，一般都是内置编译系统，提供类 BASIC 语言，有的支持 VB，现在有的组态软件甚至支持 C#高级语言。

组态软件大都支持各种主流工控设备和标准通信协议，并且通常应提供分布式数据管理和网络功能。对应于原有的 HMI（Human Machine Interface，人机接口软件）的概念，组态软件还是一个使用户能快速建立自己的 HMI 的软件工具或开发环境。在组态软件出现之前，工控领域的用户只能通过手工或委托第三方编写 HMI 应用，开发时间长，效率低，可靠性差；或者购买专用的工控系统，通常是封闭的系统，很难与外界进行数据交互，升级和增加功能都受到限制。组态软件的出现使用户可以利用组态软件的功能，构建一套适合自己的应用系统。随着组态软件的发展，其对实时数据库、实时控制、SCADA、通信及联网、开放数据接口、I/O 设备的广泛支持，监控组态软件将会不断发展。

1. 通用组态软件主要特点

（1）延续性和可扩充性。用通用组态软件开发的应用程序，当现场（包括硬件设备或系统结构）或用户需求发生改变时，不需做很多修改即可方便地完成软件的更新和升级。

（2）封装性（易学易用）。通用组态软件所能完成的功能都用一种方便用户使用的方法包装起来，对于用户，不需掌握太多的编程语言技术（甚至不需要编程技术），就能很好地完成一个复杂工程所要求的所有功能。

（3）通用性。每个用户根据工程实际情况，利用通用组态软件提供的底层设备（PLC、智能仪表、智能模块、板卡和变频器等）的 I/O Driver、开放式的数据库和画面制作工具，就能完成一个具有动画效果、实时数据处理、历史数据和曲线并存、具有多媒体功能和网络功能的工程，不受行业限制。

组态软件能同时支持各种硬件厂家的计算机和 I/O 产品，与高可靠的工控计算机和网络系统结合，可向控制层和管理层提供软硬件的全部接口，进行系统集成。

2. 组态软件的功能

（1）以界面显示组态功能：目前，工控组态软件大都运行于 Windows 环境下，充分利用 Windows 的图形功能完善和界面美观的特点，可视化的风格界面、丰富的工具栏，使得操作人员可以直接进入开发状态，节省时间；丰富的图形控件和工况图库，既提供所需的组件，又是界面制作向导；提供给用户丰富的作图工具，可随心所欲地绘制出各种工业界面，并可任意编辑，从而将开发人员从繁重的界面设计中解放出来；丰富的动画连接方式，如隐含、闪烁、移动等，使界面生动、直观。

（2）对下位的广泛性支持：社会化的大生产，使得系统构成的全部软硬件不可能出自一家公司的产品，“异构”是当今控制系统的主要特点之一。开放性是指组态软件能与多种通信协议互联，支持多种硬件设备。开放性是衡量一个组态软件好坏的重要指标。

（3）组态软件向下应能与底层的数据采集设备通信，向上能与管理层通信，实现上位机与下位机的双向通信。

（4）丰富的功能模块：提供丰富的控制功能库，满足用户的测控要求和现场要求。利用各种功能模块，完成实时监控产生功能报表显示历史曲线、实时曲线、提醒报警等功能，使系统具有良好的人机界面，易于操作，系统既可适用于单机集中式控制、DCS 分布式控制，也可以是带远程通信能力的远程测控系统。

（5）强大的数据库：配有实时数据库，可存储各种数据，如模拟量、离散量、字符型等，实现与外部设备的数据交换。

（6）可编程的命令语言：有可编程的命令语言，使用户可根据自己的需要编写程序，增强图形界面。

（7）周密的系统安全防范：对不同的操作者，赋予不同的操作权眼，保证整个系统的安全可靠运行。

（8）仿真功能：提供强大的仿真功能使系统并行设计，从而缩短开发周期。

3. 组态王软件的特点

组态王软件（KingView）是北京亚控科技发展有限公司（以下简称亚控科技）的产品。亚控科技是一家总部位于北京，在美国、德国、日本、韩国、新加坡等国家和我国台湾地区设有分支机构，在北京、天津、西安设有研发中心，面向全球经营的专业自动化软件公司。

组态王 KingView 6.55 集成了亚控科技自主研发的工业实时数据库（KingHistorian）的支持，可以为企业提供一个对整个生产流程进行数据汇总、分析及管理的有效平台，使企业能够及时有效地获取信息，及时做出反应，以获得最优化的结果。软件提供了丰富的、简捷易用的配置界面，提供了大量的图形元素和图库精灵，同时也为用户创建图库精灵提供了简单易用的接口；对历史曲线、报表及 Web 发布功能进行了提升与改进，软件的功能性和可用性有了提高。

软件以组态王的历史库或 KingHistorian 为数据源，快速建立所需的班报表、日报表、周报表、月报表、季报表和年报表。

组态王的 Web 发布可以实现画面发布、数据发布和 OCX 控件发布，IE 客户端可以获得与组态王运行系统相同的监控画面，IE 客户端与 Web 服务器保持高效的数据同步，通过网络可以在任何地方获得与 Web 服务器上相同的画面和数据显示、报表显示、报警显示等，同时可以方便快捷地向工业现场发布控制命令，实现实时控制的功能。

KingHistorian 是亚控独立开发的工业数据库，单个服务器支持高达 100 万点、256 个并发客户同时存储和检索数据，每秒检索单个变量超过 20000 条记录，满足对存储速度和存储容量的要求，具有实时查看和检索历史运行数据的功能；组态王支持数据同时存储到组态王历史库和工业库，提高了组态王的数据存储能力，满足用户对存储容量和存储速度的要求。

基于组态王软件在国内外工业控制领域的使用广泛，通用性强，以及其对下位各种类型硬件系统的广泛支持，本书将采用组态王软件作为上位监控系统平台软件进行讲解。

1.1.3 组态软件的发展趋势

自 2000 年以来，国内监控组态软件产品、技术、市场都取得了飞快的发展，应用领域日益拓展，用户和应用工程师数量不断增多，充分体现了“工业技术民用化”的发展趋势。

监控组态软件是工业应用软件的重要组成部分，其发展受到很多因素的制约，归根结底是应用的带动对其发展起着最为关键的推动作用。用户要求的多样化，决定了不可能有哪一种产品囊括全部用户所有的画面要求，最终用户对监控系统人机界面的需求不可能固定为单一的模式，因此最终用户的监控系统是始终需要“组态”和“定制”的。

监控组态软件是在信息化社会的大背景下，随着工业 IT 技术的不断发展而诞生、发展起来的。在整个工业自动化软件大家庭中，监控组态软件属于基础型工具平台。监控组态软件给工业自动化、信息化及社会信息化带来的影响是深远的，它带动着整个社会生产、生活方式的变化，这种变化仍在继续发展。因此组态软件作为新生事物尚处于高速发展时期，目前还没有专门的研究机构就它的理论与实践进行研究、总结和探讨，更没有形成独立、专门的理论研究机构。

近年来，一些与监控组态软件密切相关的技术如 OPC、OPC - XML、现场总线等技术也取得了飞速的发展，是监控组态软件发展的有力支撑。

下面对组态软件近年的发展情况做一总结。

1. 监控组态软件日益成为自动化硬件厂商开发的重点

整个自动化系统中，软件所占比重逐渐提高，虽然组态软件只是其中一部分，但因其渗透能力强、扩展性强，近年来蚕食了很多专用软件的市场。因此，监控组态软件具有很高的产业关联度，是自动化系统进入高端应用、扩大市场占有率的重要桥梁。在这种思路的驱使下，西门子的 WinCC 在市场上取得巨大成功。目前，国际知名的工业自动化厂商如 Rockwell、GE Fanuc、Honeywell、西门子、ABB、施耐德、英维思等均开发了自己的组态软件。

2. 集成化、定制化

从软件规模上看，大多数监控组态软件的代码规模超过 100 万行，已经不属于小型软件的范畴了。从其功能来看，数据的加工与处理、数据管理、统计分析等功能越来越强。

监控组态软件作为通用软件平台，具有很大的使用灵活性。但实际上很多用户需要“傻瓜”式的应用软件，即需要很少的定制工作量即可完成工程应用。为了兼顾“通用”与“专用”，监控组态软件拓展了大量的组件，用于完成特定的功能，如批次管理、事故追忆、温控曲线、油井示功图组件、协议转发组件、ODBCRouter、ADO 曲线、专家报表、万能报表组件、事件管理、GPRS 透明传输组件等。

3. 纵向发展，功能向上、向下延伸

组态软件处于监控系统的中间位置，向上、向下均具有比较完整的接口，因此对上、下应用系统的渗透能力也是组态软件的一种本能，具体表现为：

（1）向上，其管理功能日渐强大，在实时数据库及其管理系统的配合下，具有部分 MIS、MES 或调度功能。尤以报警管理与检索、历史数据检索、操作日志管理、复杂报表等功能较为常见。

（2）向下，组态软件日益具备网络管理（或节点管理）功能，在安装有同一种组态软件的不同节点上，在设定完地址或计算机名称后，互相间能够自动访问对方的数据库。组态软件的这一功能，与 OPC 规范以及 IEC61850 规约、BACNet 等现场总线的功能类似，反映出其网络管理能力日趋完善的发展趋势。

（3）软 PLC、嵌入式控制等功能。除组态软件直接配备软 PLC 组件外，软 PLC 组件还作为单独产品与硬件一起配套销售，构成 PAC 控制器。这类软 PLC 组件一般都可运行于嵌入式 Linux 操作系统。

（4）OPC 服务软件。OPC 标准简化了不同工业自动化设备之间的互联通信，无论在国际上还是国内，都已成为广泛认可的互联标准。而组态软件同时具备 OPC Server 和 OPC Client 功能，如果将组态软件丰富的设备驱动程序根据用户需要打包为 OPCServer 单独销售，则既丰富了软件产品种类又满足了用户的这方面需求。加拿大的 Matrikon 公司即以开发、销售各种 OPCServer 软件为主要业务，已经成为该领域的领导者。监控组态软件厂商拥有大量的设备驱动程序，因此开展 OPCSever 软件的定制开发具有得天独厚的优势。

（5）工业通信协议网关。它是一种特殊的 Gateway，属工业自动化领域的数据链产品。OPC 标准适合计算机与工业 I/O 设备或桌面软件之间的数据通信，而工业通信协议网关适合在不同的工业 I/O 设备之间、计算机与 I/O 设备之间需要进行网段隔离、无人值守、数据保密性强等应用场合的协议转换。市场上有专门从事工业通信协议网关产品开发、销售的厂商，如 Woodhead、prolinx 等，但是组态软件厂商将其丰富的 I/O 驱动程序扩展一个协议转发模块就变成了通信网关，开发工作的风险和成本极小。Multi－OPCServer 和通信网关 pFieldComm 都是力控 ForceControl 组态软件的衍生产品。

4. 横向发展，监控、管理范围及应用领域扩大

只要同时涉及实时数据通信（无论是双向还是单向）、实时动态图形界面显示、必要的数据处理、历史数据存储及显示，就存在对组态软件的潜在需求。

除了大家熟知的工业自动化领域，近几年以下领域已经成为监控组态软件的新增长点：

（1）设备管理或资产管理（Plant Asset Management，PAM）。此类软件的代表是艾默生公司的设备管理软件 AMS。据 ARC 机构预测，到 2009 年全球 PAM 的业务量将达到 19 亿美元。PAM 所包含的范围很广，其共同点是实时采集设备的运行状态，累积设备的各种参数（如运行时间、检修次数、负荷曲线等），及时发现设备隐患、预测设备寿命，提供设备检修建议，对设备进行实时综合诊断。

（2）先进控制或优化控制系统。在工业自动化系统获得普及以后，为提高控制质量和控制精度，很多用户开始引进先进控制或优化控制系统。这些系统包括自适应控制、（多变量）预估控制、无模型控制器、鲁棒控制、智能控制（专家系统、模糊控制、神经网络等）以及其他依据新控制理论而编写的控制软件等。这些控制软件的常项是控制算法，使用监控组态软件主要解决控制软件的人机界面、与控制设备的实时数据通信等问题。

（3）工业仿真系统。仿真软件为用户操作模拟对象提供了与实物几乎相同的环境。仿真软件不但节省了巨大的培训成本开销，还提供了实物系统所不具备的智能特性。仿真系统的开发商专长于仿真模块的算法，在实时动态图形显示、实时数据通信方面不一定有优势；监控组态软件与仿真软件间通过高速数据接口联为一体，在教学、科研仿真中应用越来越广泛。

（4）电网系统信息化建设。电力自动化是监控组态软件的一个重要应用领域，电力是国家的基础行业，其信息化建设是多层次的，由此决定了对组态软件的多层次需求。

（5）智能建筑。物业管理的主要需求是能源管理（节能）和安全管理，这一管理模式要求建筑物智能设备必须联网，首先有效地解决信息孤岛问题，减少人力消耗，提高应急反应速度和设备预期寿命，智能建筑行业在能源计量、变配电、安防、门禁、消防系统联入 IBMS 服务器方面需求旺盛。

（6）公共安全监控与管理。公共安全的隐患易导致突发事件应急失当，容易造成城市公共设施瘫痪、人员群死群伤等恶性灾难。公共安全监控包括：

- 人防（车站、广场）等市政工程有毒气体浓度监控及火灾报警。
- 水文监测。包括水位、雨量、闸位、大坝的实时监控。
- 重大建筑物（如桥梁等）健康状态监控。及时发现隐患，预报事故的发生。

（7）机房动力环境监控。在电信、铁路、银行、证券、海关等行业以及国家重要的机关部门，计算机服务器的正常工作是业务和行政正常进行的必要条件，因此存放计算机服务器的机房重地已经成为监控的重点，监控的内容包括：UPS 工作参数及状态、电池组的工作参数及状态、空调机组的运行状态及参数、漏水监测、发电机组监测、环境温湿度监测、环境可燃气体浓度监测、门禁系统监测等。

（8）城市危险源实时监测。对存放危险源的场所、危险源行踪进行监测，以避免放射性物质和剧毒物质失控地流通。

（9）国土资源立体污染监控。对土壤、大气中与农业生产有关的污染物含量进行实时监测，建立立体式实时监测网络。

（10）城市管网系统实时监控及调度：包括供水管网、燃气管网、供热管网等的监控。

1.2　组态王软件的安装

1.2.1　组态王系统要求

- CPU：P4 处理器、1 GHz 以上或相当型号。
- 内存：最少 128 MB，推荐 256 MB，使用 WEB 功能或 2000 点以上推荐 512 M。
- 显示器：VGA、SVGA 或支持桌面操作系统的任何图形适配器，最少显示 256 色。

• 鼠标：任何 PC 兼容鼠标。
• 通信：RS－232C。
• 并行口或 USB 口：用于接入组态王加密锁。
• 操作系统：Windows 2000(sp4)/Windows XP(sp2)/Windows 7 简体中文版。

1.2.2 安装组态王系统程序

“组态王”软件存放在一张光盘上。光盘上的安装程序 Install.exe 会自动运行，启动组态王安装过程向导。

“组态王”Windows 7 下的安装步骤如下。

(1) 启动计算机系统。

(2) 进入安装界面。在光盘驱动器中插入“组态王”软件的安装盘，系统自动启动 Install.exe 安装程序，如图 1-1 所示。(用户也可通过光盘中的 Install.exe 启动安装程序)

图 1-1 启动组态王安装程序

该安装界面左侧有一列按钮，将鼠标移动到按钮各个位置上时，会在右侧图片位置上显示各按钮的安装内容提示。

左边各个按钮作用如下。

• “安装阅读”按钮：安装前阅读，用户可以获取到关于版本更新信息、授权信息、服务和支持信息等。
• “安装组态王程序”按钮：安装组态王程序。
• “安装组态王驱动程序”按钮：安装组态王 I/O 设备驱动程序。
• “安装加密锁驱动程序”按钮：安装授权加密锁驱动程序。
• “退出”按钮：退出安装程序。

(3) 开始安装。单击“安装组态王程序”按钮，将自动安装“组态王”软件到用户的硬盘目录，并建立应用程序组。首先弹出对话框，如图 1-2 所示。

继续安装请单击“下一步”按钮，弹出“许可证协议”对话框，如图 1-3 所示。该对话框的内容为“北京亚控科技发展有限公司”与“组态王”软件用户之间的法律约定，请用户认真阅读。如果用户同意协议中的条款，单击“是”按钮继续安装；如果不同意，单击“否”按钮退出安装。单击“上一步”按钮，返回上一个对话框。

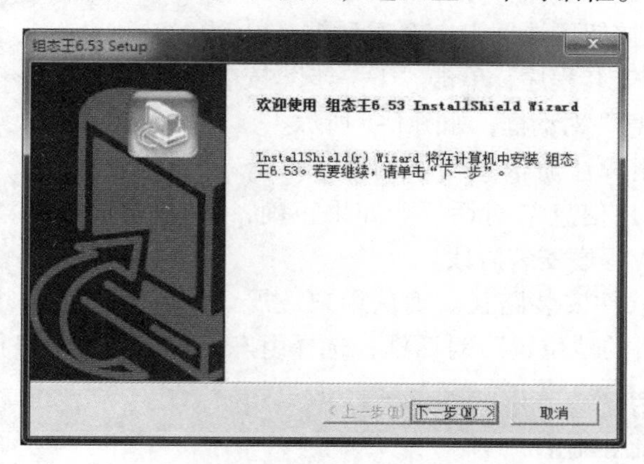

图 1–2　开始安装组态王

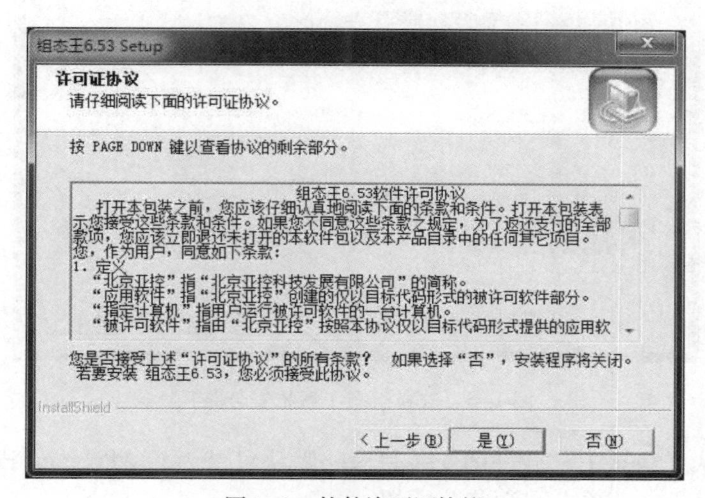

图 1–3　软件许可证协议

单击“是”按钮，弹出“请填写注册信息”对话框，如图 1–4 所示。

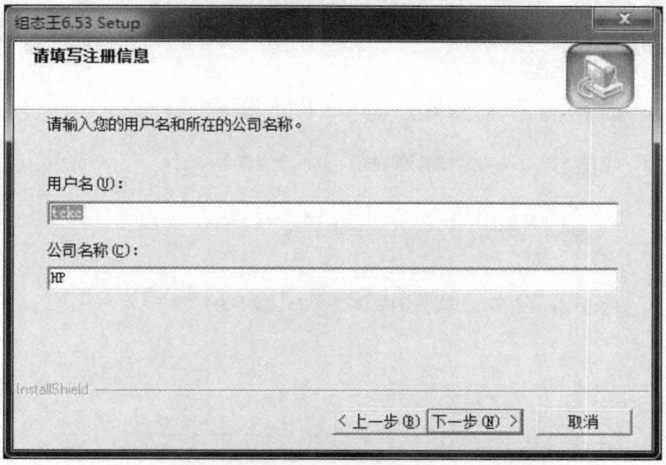

图 1–4　填入用户信息

在“用户名”和“公司名称”输入框中输入用户信息。单击“上一步”按钮可返回上一个对话框；单击“取消”按钮可退出安装程序；单击“下一步”按钮弹出“请确认注册信息”对话框，如图1–5所示。

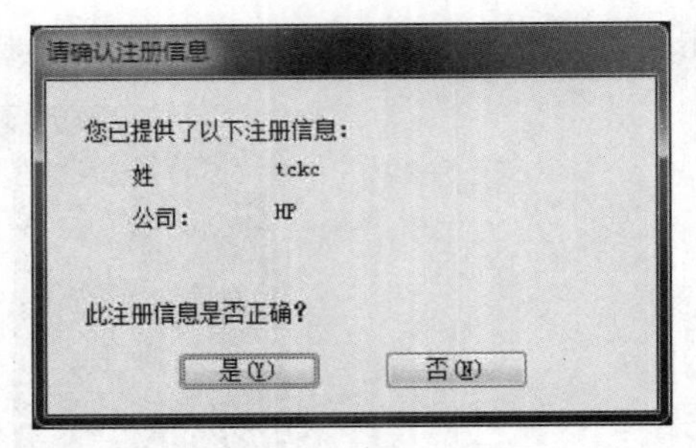

图1–5　确认用户信息

如果对话框中的用户注册信息错误的话，单击“否”按钮可返回“用户信息”对话框。如果正确，单击“是”按钮，进入程序安装阶段。

（4）选择组态王软件安装路径。确认用户注册信息后，弹出“选择目的地位置”对话框，选择组态王系统的安装路径，如图1–6所示。

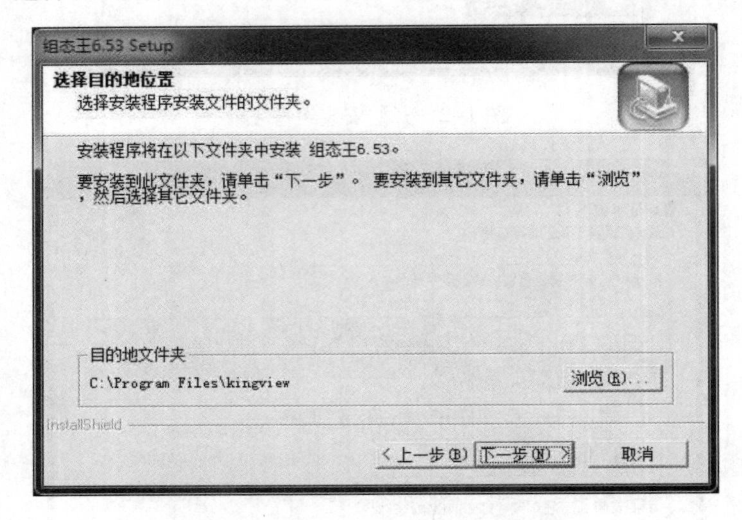

图1–6　选择组态王系统安装路径

由对话框确认“组态王”软件的安装目录。默认目录为C:\Program Files\kingview，若希望安装到其他目录，请单击“浏览”按钮。

（5）选择安装类型。单击“下一步”按钮，出现如图1–7所示对话框。

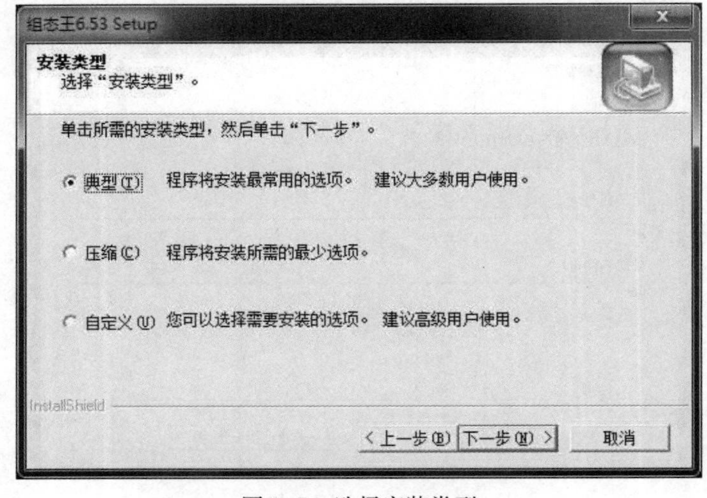

图1–7　选择安装类型

安装方式共三种：典型安装、压缩安装和自定义安装。

1）典型安装。典型安装将安装“组态王”的大部分组件，这些组件包括：

① 组态王系统文件：包括组态王开发环境和运行环境。

② OPC 文件：组态王作为 OPC 服务器时的支持文件。

③ 图库文件：“图库”中拥有许多精美实用的图库精灵（详见第 13 章），它将使用户创建的工程更具有专业效果，而且更加简捷方便。

④ 组态王组件：包括组态王和驱动的联机帮助、组态王电子手册、组态王演示工程。

⑤ 组态王示例：画面的分辨率 1024×768。除画面的分辨率，这三个工程其他方面都是相同的。注意：打开示例工程时，请选择与当前显示器的分辨率相同的示例。

2）压缩安装。压缩安装将安装组态王所需的最小组件，将不会安装帮助文件、示例文件和图库。

3）自定义安装。自定义安装将按用户要求安装组件。

一般选择典型安装，然后单击“下一步”按钮，开始复制文件，如图 1-8 所示。

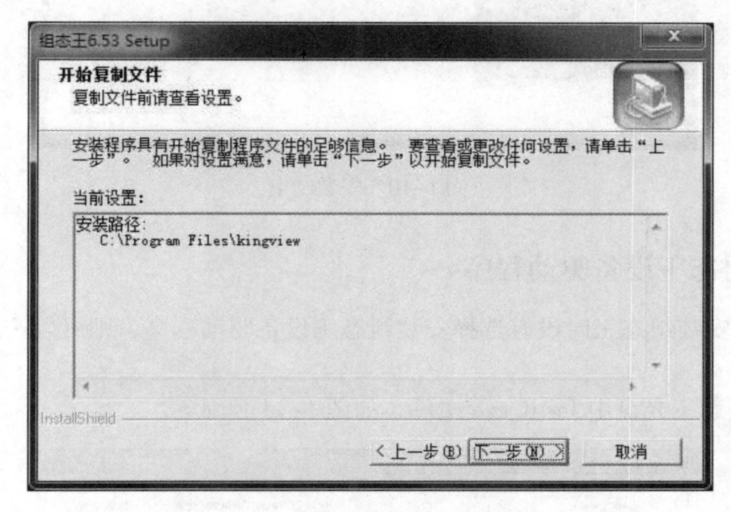

图 1-8　开始复制文件

(6) 单击“下一步”按钮，将出现如图 1-9 所示安装对话框。安装程序将光盘上的压缩文件解压缩并复制到默认或指定目录下，解压缩过程中有显示进度提示。

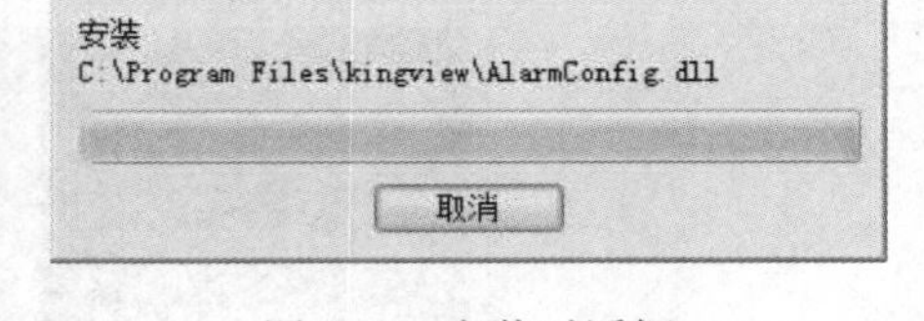

图 1-9　安装对话框

如果有什么问题，单击“上一步”按钮可修改前面有问题的地方，如果没有问题，单击“下一步”按钮，将开始安装，如安装过程中觉得前面有问题，可单击“取消”按钮停止安装。

(7) 安装结束。弹出如图 1-10 所示对话框。

在该对话框中有两个选项。

- 安装组态王驱动程序：选中该项，单击“完成”按钮系统会自动按照组态王的安装路径安装组态王的 I/O 设备驱动程序；如果不选该项单击“结束”按钮，可以以后再安装。

- 安装加密锁驱动程序：选择该项，单击“完成”按钮后系统会自动启动加密锁驱动安装程序。

选中“是”选项，再单击“完成”按钮，将会重新启动计算机；选中“不”选项，再单击“完成”按钮，将不会重新启动计算机。如果不选择上述两项，单击“完成”按钮后，系统弹出“重启计算机”对话框。

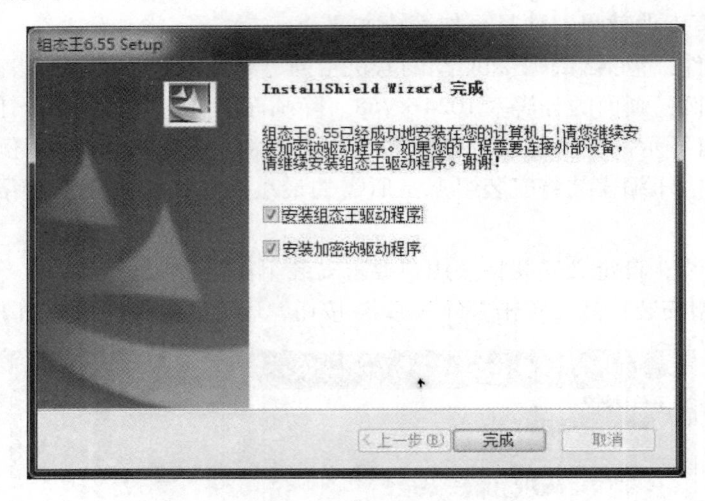

图 1-10　安装结束

1.2.3　安装组态王设备驱动程序

如果用户在安装组态王时没有选择安装组态王设备驱动程序，则可以按照以下方法进行安装。

（1）启动组态王光盘中 Instll. exe 文件，如图 1-11 所示。

图 1-11　启动组态王安装驱动程序

（2）开始安装设备驱动。单击“安装组态王驱动程序”按钮。驱动程序开始安装后，首先弹出对话框，如图 1-12 所示。

图 1-12　驱动程序开始安装

继续安装请单击“下一步”按钮，弹出“组态王驱动程序软件许可协议”对话框，如图 1-13 所示。该对话框的内容为“北京亚控科技发展有限公司”与“组态王”软件用户之间的法律约定，请用户认真阅读。如果用户同意“协议”中的条款，单击“是”按钮继续安装；如果不同意，单击“否”按钮退出安装。单击“上一步”按钮，返回上一个对话框。

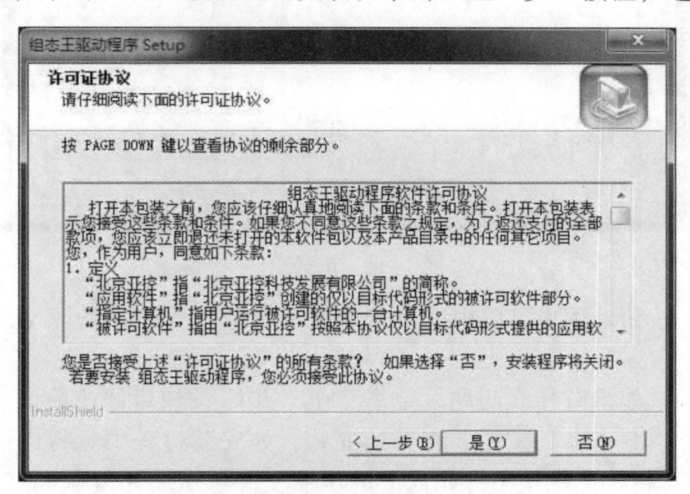

图 1-13　驱动程序软件许可协议

（3）创建路径。单击“下一步”按钮，将出现“选择目的地位置”对话框，如图 1-14 所示。

由对话框确认“组态王”系统的安装目录。系统会自动按照组态王的安装路径列出设备驱动程序需要安装的路径。一般情况下，用户无须更改此路径。若希望更改路径，请单击“浏览”在对话框的“路径”中输入新的安装目录。如：C:\program files\kingview\Driver 输入正确后，单击“下一步”按钮。出现“选择组件”对话框，如图 1-15 所示。

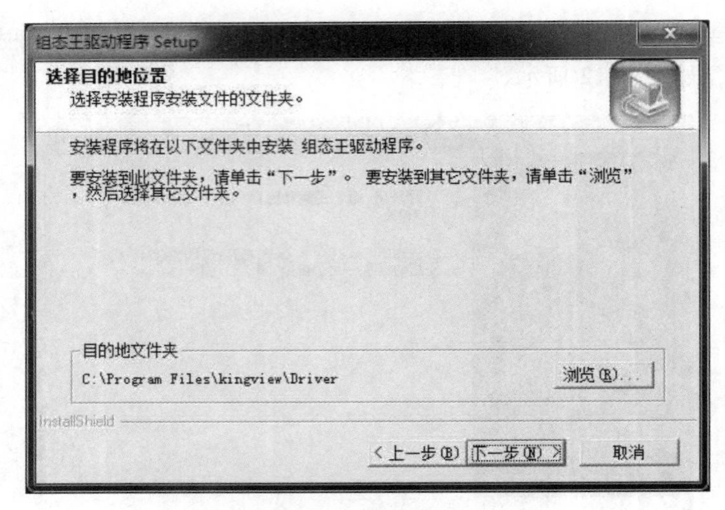

图 1–14　创建路径

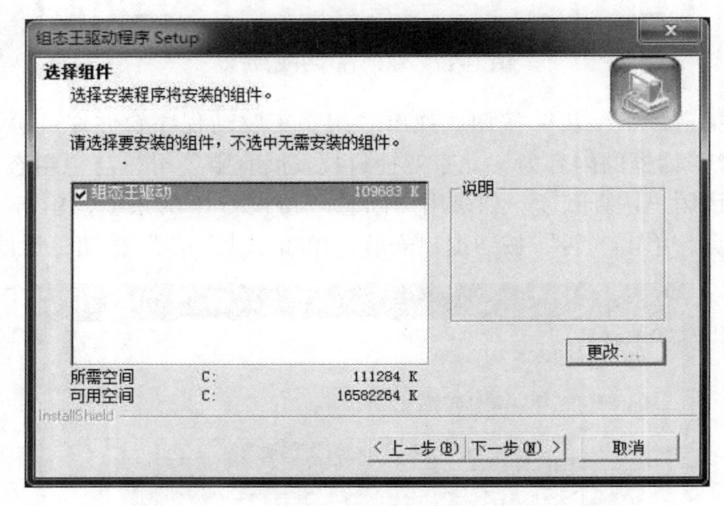

图 1–15　选择组件

单击“更改”按钮，用户可以根据自身的需要，选择安装设备驱动。默认状态下，安装全部驱动程序。

（4）开始安装。如果有什么问题，单击“上一步”按钮可修改前面有问题的地方，如果没有问题，单击“下一步”按钮，将开始安装，如安装过程中觉得前面有问题，可单击“取消”按钮停止安装。安装程序将光盘上的压缩文件解压缩并复制到默认或指定目录下，解压缩过程中有显示进度提示。

（5）安装结束，出现“重启计算机”对话框，如图 1–16 所示。

选中“是”选项，再单击“结束”按钮，将会重新启动计算机。

选中“不”选项，再单击“结束”按钮，将不会重新启动计算机。

单击结束将完成此次设备驱动程序的安装。

注意：

为了使系统能够更好地正常运行，建议用户最好选择重新启动计算机。

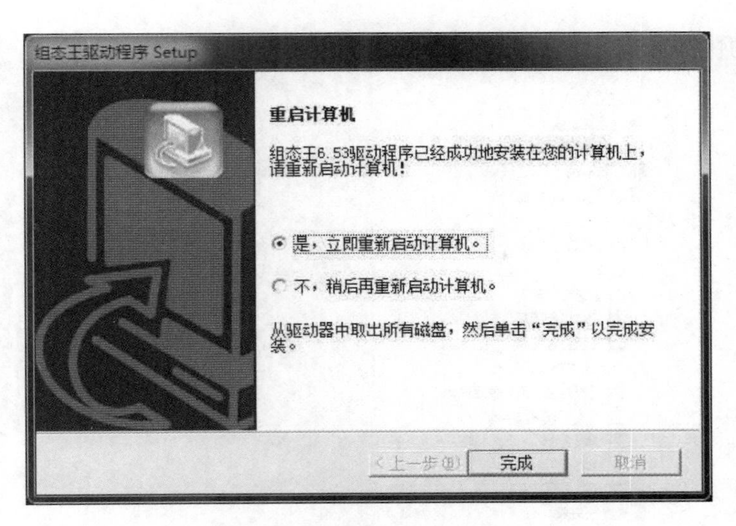

图 1–16　重启计算机对话框

1.3　组态王软件的组成

安装完“组态王”之后，在系统“开始”菜单的“程序”中生成名称为“组态王 6.53”的程序组。该程序组中包括 3 个文件夹和 4 个文件的快捷方式（见图 1–17），内容如下：

- 组态王 6.53：组态王工程管理器程序（ProjManager）的快捷方式，用于新建工程、工程管理等。
- 工程浏览器：组态王单个工程管理程序的快捷方式，内嵌组态王画面开发系统（TouchExplorer），即组态王开发系统。
- 运行系统：组态王运行系统程序（TouchVew）的快捷方式。工程浏览器（TouchExplorer）和运行系统（TouchVew）是各自独立的 Windows 应用程序，均可单独使用；两者又相互依存，在工程浏览器的画面开发系统中设计开发的画面应用程序必须在画面运行系统（TouchVew）运行环境中才能运行。
- 信息窗口：组态王信息窗口程序（KingMess）的快捷方式。
- 帮助：组态王帮助文档的快捷方式。
- 电子手册：组态王用户手册电子文档的快捷方式。
- 安装工具\安装新驱动：安装新驱动工具文件的快捷方式。
- 组态王文档\组态王帮助：组态王帮助文件快捷方式。
- 组态王文档\组态王 IO 驱动帮助：组态王 IO 驱动程序帮助文件快捷方式。
- 组态王文档\使用手册电子版：组态王使用手册电子版文件快捷方式。
- 组态王文档\函数手册电子版：组态王函数手册电子版文件快捷方式。
- 组态王在线\在线会员注册：亚控网站在线会员注册页面。
- 组态王在线\技术 BBS：亚控网站技术 BBS 页面。
- 组态王在线\IO 驱动在线：亚控网站 IO 驱动下载页面。

除了从程序组中可以打开组态王程序，安装完组态王之后，在系统桌面上也会生成组态王工程管理器的快捷方式，如图 1-18 所示。

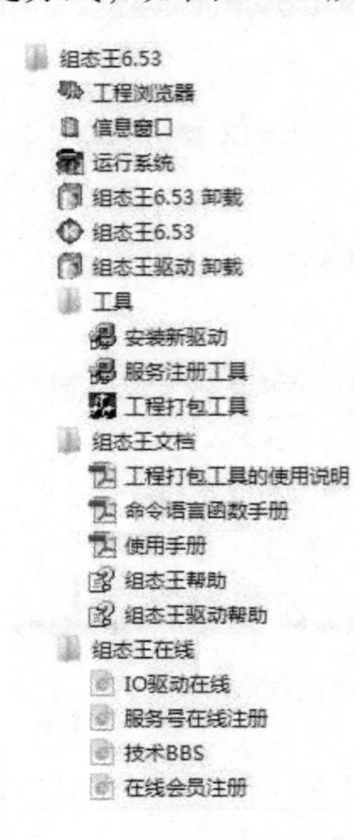

图 1-17　组态王软件的组成

图 1-18　组态王桌面图标

1.4　本章小结

本章主要介绍了组态软件的功能，组态软件是利用计算机信号对自动化设备或过程进行监视、控制和管理，在工业控制领域应用广泛。本章还详细介绍了“组态王”软件的安装步骤，和组态王软件的各组成部分，按照本章的操作步骤，可以在计算机上正确安装组态王软件平台。

第2章　组态王软件的基本使用

2.1　建立工程

2.1.1　新建工程

双击软件图标打开组态王，进入“工程管理器”界面，单击“新建”按钮出现向导，单击“下一步”按钮；单击“浏览”按钮选择工程文件夹的位置，单击“下一步”按钮；为工程填写“工程名称”（必填）和“工程描述”（可填），单击“完成”按钮；如果提示“是否将新建的工程设为当前工程?”，单击“是”按钮。完成后可以看见新建的工程，在“工程名称”左边有个小红旗，表明该工程为当前工程。如图2-1所示，新建了一个工程，名字为“流水灯”，路径为“D:\流水灯”，该工程为当前工程。

	工程名称	路径
	Kingdemo1	c:\program files (x86)\kingview\exam...
	Kingdemo2	c:\program files (x86)\kingview\exam...
	Kingdemo3	c:\program files (x86)\kingview\exam...
	流水灯	d:\流水灯

图2-1　创建流水灯工程

2.1.2　添加工程

对于已有的工程，在“工程管理器”界面单击“搜索”按钮，选择相应的工程文件夹位置，单击“确定”按钮完成添加。如图2-2所示，添加了一个工程，名字为“液位语音报警”，路径为“D:\液位语音报警”。

	工程名称	路径
	Kingdemo1	c:\program files (x86)\kingview\exam...
	Kingdemo2	c:\program files (x86)\kingview\exam...
	Kingdemo3	c:\program files (x86)\kingview\exam...
	流水灯	d:\流水灯
	液位语音报警	d:\液位语音报警

图2-2　创建液位语音报警工程

2.1.3　工程操作

在“工程管理器”界面，右键单击某一个工程，弹出快捷菜单，可以对该工程进行一些常用的操作。其中“设为当前工程”是将该工程设置为当前工程，当前工程的左边会有一个小红旗作为标识；“工程属性”是查看工程的基本信息；“清除工程信息”是取消该工程在“工程管理器”中的显示，但不会删除该工程；“工程备份”是对工程以压缩形式进行备份，文件尺寸一般为默认，单击“浏览”可以选择备份的位置；“工程恢复”是对备份过的工程进行恢复。

2.1.4 工程浏览器

在“工程管理器”中双击建立好的工程，进入“工程浏览器”界面。在“工程浏览器”上端是菜单栏和工具栏，左端有系统、变量、站点、画面 4 个选项卡，包含了工程的所有组成部分。“系统”部分包含 Web、文件、数据库、设备、系统配置、SQL 访问管理器；“变量”部分主要为变量管理；“站点”部分显示定义的远程站点的详细信息；“画面”部分用于对画面进行分组管理，创建和管理画面组。标签右侧显示的是其对应的功能目录，当选中某个功能后，左端区域会显示其内容。如图 2–3 所示。

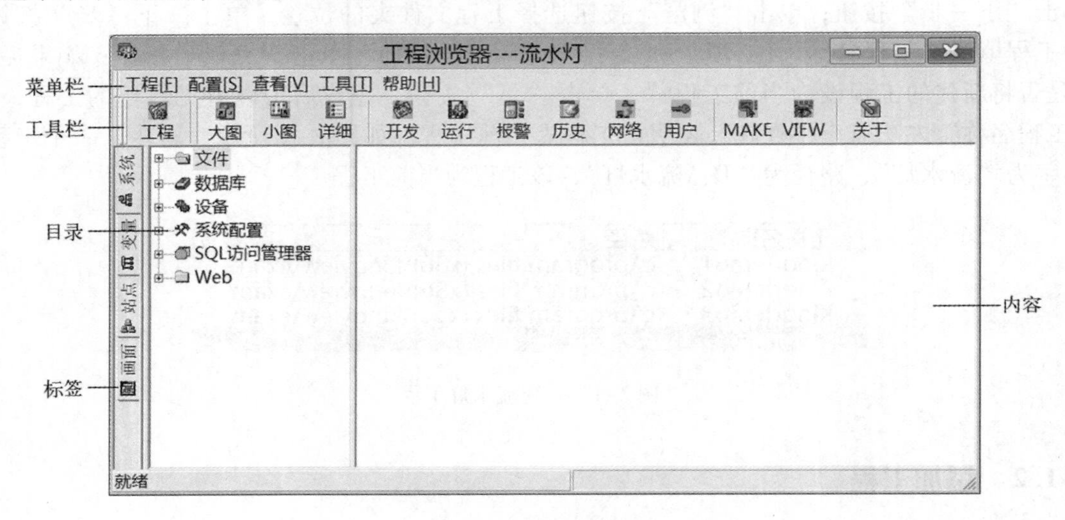

图 2–3 工程浏览器

2.2 设计画面

2.2.1 新建画面

在工程浏览器界面单击“系统”→“文件”→“画面”，在右侧内容区双击“新建...”，出现“新画面”设置框。其中“画面名称”是新画面的名称，最长为 20 个字符；“对应文件”是该画面在磁盘上对应的文件名，由组态王自动生成默认文件名，也可根据需要自己输入，最长为 8 个字符，扩展名为“.pic”；“注释”是与本画面有关的注释信息，最长为 49 个字符；“左边、顶边”是画面左上角相对于边界的距离，以像素为单位计算；“画面宽度、画面高度”是画面的大小，以像素为单位计算，最大为 8000 × 8000，最小为 50 × 50；“显示宽度、显示高度”是显示画面的窗口的大小，以像素为单位计算，如果小于画面的大小，则通过拖动滚动条来查看。如图 2-4 所示。

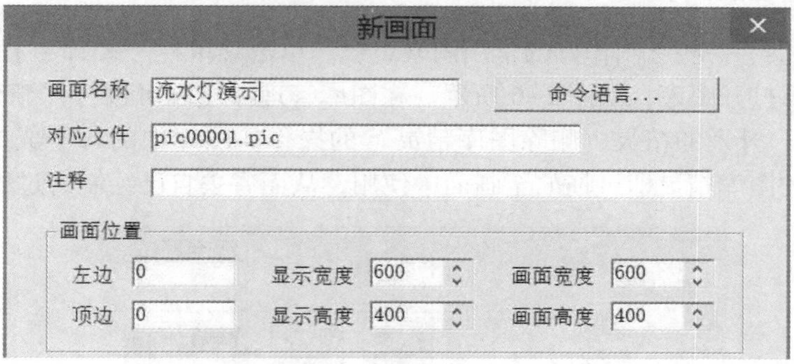

图 2-4 “新画面”设置框

2.2.2 工具箱的使用

如图 2-5 所示，在画面上会显示一个工具箱，如果没有，可以单击菜单命令“工具”→“显示工具箱”，或者按下快捷键〈F10〉，便可调出工具箱。工具箱提供了许多常用的菜单命令，也提供了菜单中没有的一些操作。通过工具箱，可以方便地在画面中添加文字、按钮以及控件等，并且提供了许多画图的操作。

在用工具箱画图时，利用“直线、扇形、椭圆、圆角矩形、折线、多边形”工具可以画出图形的轮廓；选中相应的图形后，利用“显示线形”工具来调节线形或线宽；利用“显示调色板”工具来调节图形的颜色（调色板的最上面一排是调色部位的选择，包括线、填充、背景、文本等）；利用“显示画刷类型”工具来选择图形的填充效果。

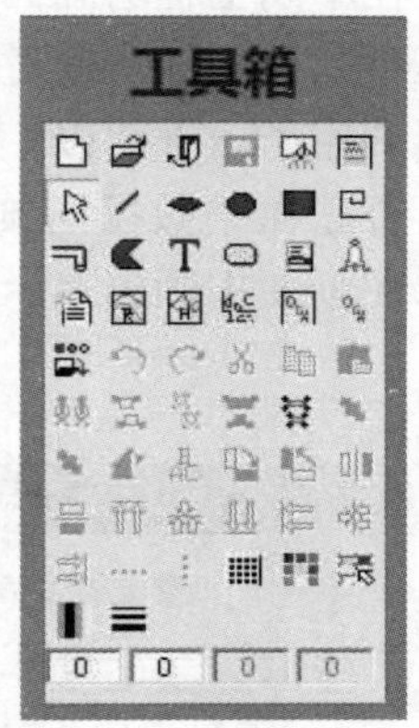

图 2-5 工具箱

利用“图素顺时针转 90°、图素逆时针转 90°、水平翻转、垂直翻转、改变图素形状”工具来调节图形的样子；利用“图素上对齐、图素下对齐、图素左对齐，图素右对齐、图素水平对齐、图素垂直对齐、图素水平等间隔、图素垂直等间隔”工具来调节多个图形或文字的相对位置。

在将多个小图形叠在一起的时候，需要设置哪个图形在前，哪个图形在后，因为前面的图形会遮住后面的图形。利用“图素后移、图素前移”工具可以进行调整。

在将多个小图形拼在一起的时候，有时可能会对不准，此时可以在菜单栏“排列”中，取消“对齐网格”选项，然后利用键盘上的方向键进行移动。移动完成后，再次选中“对齐网格”，这样才方便我们对其他图形的编辑。

当拼凑好大图形后，为了方便整体的拖动，可以选中这个大图形，单击工具箱中的“合成组合图素”或者“合成单元”使之成为一体。两者的区别是：“合成组合图素”的每个小图形不能含有动画连接，但合成后的大图形可以设置动画连接且可以拉伸、缩放；“合成单元”的每个小图形可以含有动画连接，但合成后的大图形不能设置动画连接且不可以拉伸、缩放。

2.2.3 图库管理器的使用

组态王中提供了一些已制作好的常用图素组合。单击菜单栏“图库→打开图库”，或者按下快捷键 F2 可打开图库，如图 2-6 所示。在图库管理器左端可进行“新建图库、更改图库名称、加载用户开发的精灵、删除图库精灵”的操作。图库中的每个成员称为“图库精灵”。双击需要的图库精灵即可拖放至画面中使用，从而省去自己绘制的过程。

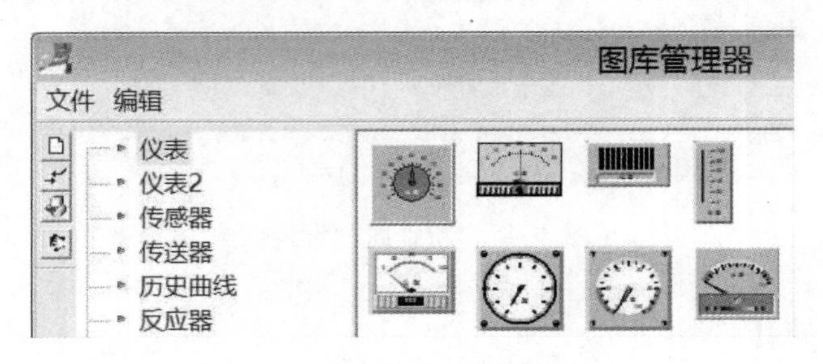

图 2-6 图库管理器

2.2.4 图库精灵的创建与使用

在不同工程的画面设计中，有些图如果要重复使用，是不能通过复制粘贴实现的，但图库是可以共用的。通过把自己设计的图形生成为图库精灵并保存在图库中，就可以从图库中直接调用了。下面以一个简单的例子来具体说明。

首先在“数据词典”中新建一个变量“开关”，类型为内存离散，如图 2-7 所示。

在画面中画出表示开关的两个状态“开”和“关”的图形，如图 2-8 所示。

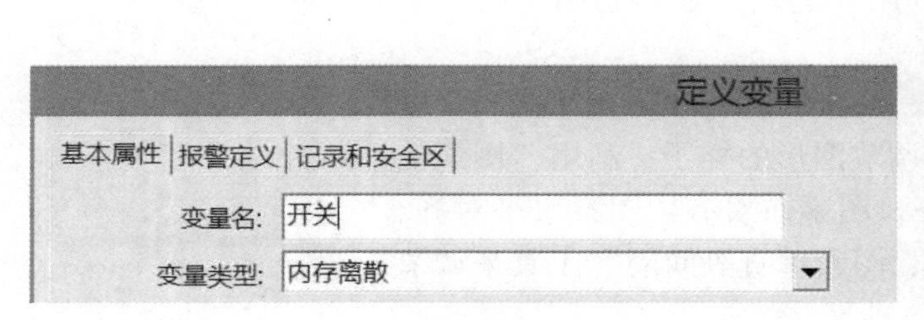

图 2-7 定义变量“开关”

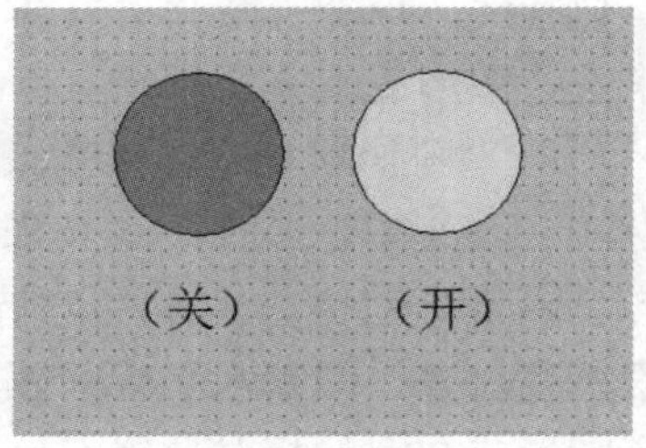

图 2-8 “开关”图形

双击图形“关”，弹出“动画连接”，勾选“隐含”和“弹起时”选项，按图 2-9 和图 2-10 所示进行设置。

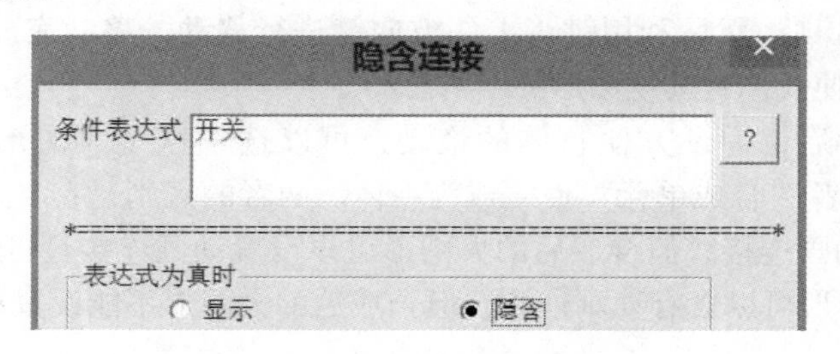

图 2-9 “关”隐含连接

图 2-10 “关”命令语言

同样双击图形“开”，勾选“隐含”和“弹起时”，按图 2-11 和图 2-12 所示进行设置。

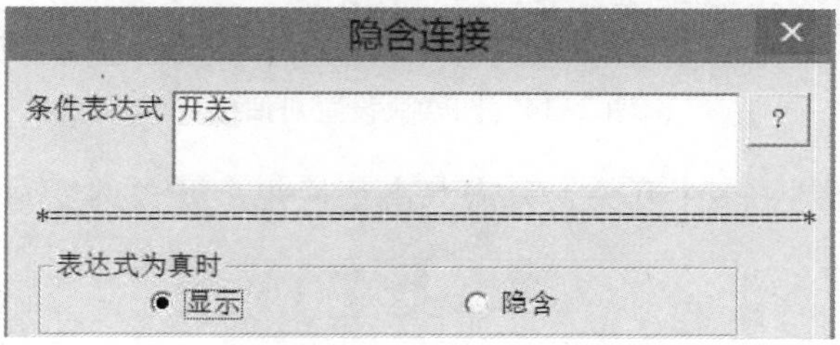

图 2-11 “开”隐含连接

图 2-12 “开”命令语言

在画面中，将图形“开”和“关”移动重叠在一起（前后位置随意），并选中（可以用鼠标一起框住，只是看不出选中的效果，但用鼠标拖动时会一起移动）；单击菜单“图库”→“创建图库精灵”，设置图库精灵的名称为“开关”；单击“确定”按钮，弹出图库管理器，此时鼠标指针为直角状态；单击“编辑”→“创建新图库”，设置图库的名称为“个人图库”；单击“确定”按钮，将直角鼠标指针落在右侧空白处右键单击一下，即可完成图库精灵的创建，关闭图库管理器，窗口提示是否存图库“个人图库”?，单击“是”按钮，如图 2-13 所示。

图 2-13 图素保存对话框

单击“图库”→“打开图库”，从“个人图库”中可以看到刚才创建的开关，双击“开关”图形可将其拖放到画面中。双击拖放出来的“开关”，弹出“内容替换”窗口，如图 2-14 所示。

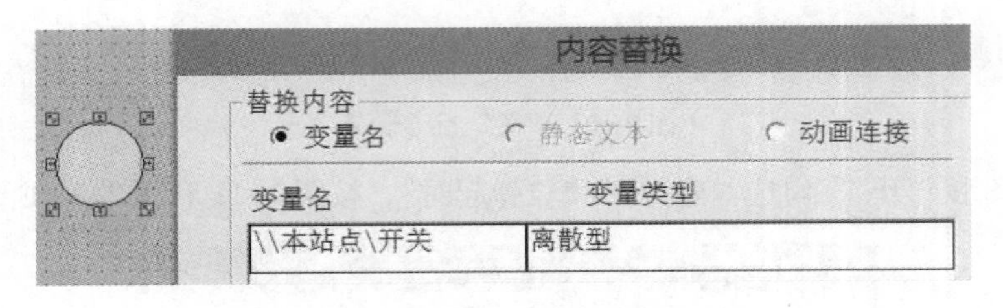

图 2-14　图素块设置对话框

在画图时，如果复制了多个开关，只需双击替换每个开关的变量名“\\本站点\开关”为别的离散变量即可。

2.3　定义变量

变量包括系统变量和用户定义的变量，变量的集合形象地称为“数据词典”，数据词典记录了所有用户可使用的数据变量的详细信息。在工程浏览器界面的“系统”选项卡下单击“数据库→数据词典”，或者直接在“变量”选项卡下都可以新建变量，如图 2-15 和图 2-16 所示。

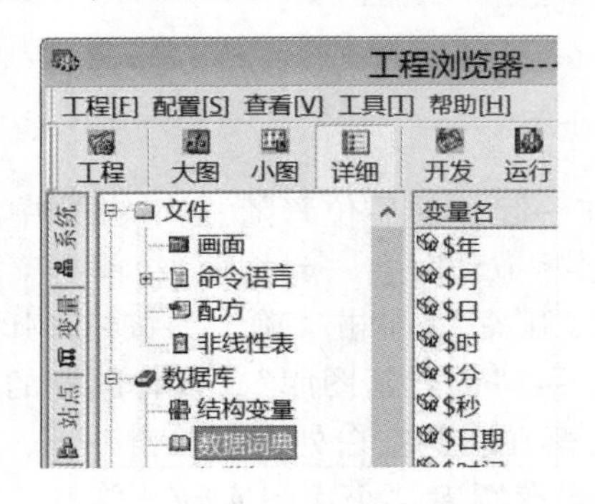

图 2-15　数据词典

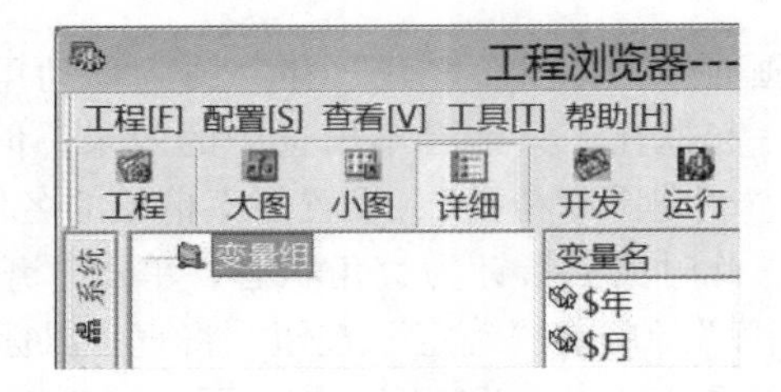

图 2-16　变量组

2.3.1　变量的类型

在组态王中，变量的基本类型共有两类：内存变量和 I/O 变量。I/O 变量是指可与外部数据采集程序直接进行数据交换的变量，如下位机数据采集设备（如 PLC、仪表等）或其他应用程序（如 DDE、OPC 服务器等）。这种数据交换是双向的、动态的，也就是说：在“组态王”系统运行过程中，每当 I/O 变量的值改变时，该值就会自动写入下位机或其他应用程序；每当下位机或应用程序中的值改变时，“组态王”系统中的变量值也会自动更新。所以，那些从下位机采集来的数据和发送给下位机的指令，比如“反应罐液位”和“电源开关”等变量，都需要设置成“I/O 变量”。

内存变量是指那些不需要和其他应用程序交换数据，也不需要从下位机得到数据，只在组态王系统内使用的变量，比如计算过程的中间变量，就可以设置成“内存变量”。

基于变量的基本类型，其数据类型可分为“内存离散、内存整型、内存实型、内存字符串”和“I/O 离散、I/O 整型、I/O 实型、I/O 字符串”，其各自的区别如下。

- 实型变量：类似于一般程序设计语言中的浮点型变量，用于表示浮点（float）型数据，取值范围为 -3.40E+38 ~ +3.40E+38，有效值为 7 位。
- 离散变量：类似于一般程序设计语言中的布尔（BOOL）变量，只有 0 和 1 两种取值，用于表示一些开关量。
- 字符串型变量：类似于一般程序设计语言中的字符串变量，可用于记录一些有特定含义的字符串，如名称、密码等，该类型变量可以进行比较运算和赋值运算。字符串长度最大值为 128 个字符。
- 整数变量：类似于一般程序设计语言中的有符号长整数型变量，用于表示带符号的整型数据，取值范围为 -2147483648 ~ 2147483647。

2.3.2 变量的基本属性配置

在新建变量的时候，弹出的“定义变量”对话框内包含有“基本属性”“报警定义”和“记录和安全区”3 个选项卡。如图 2-17 所示为变量的“基本属性”选项卡。

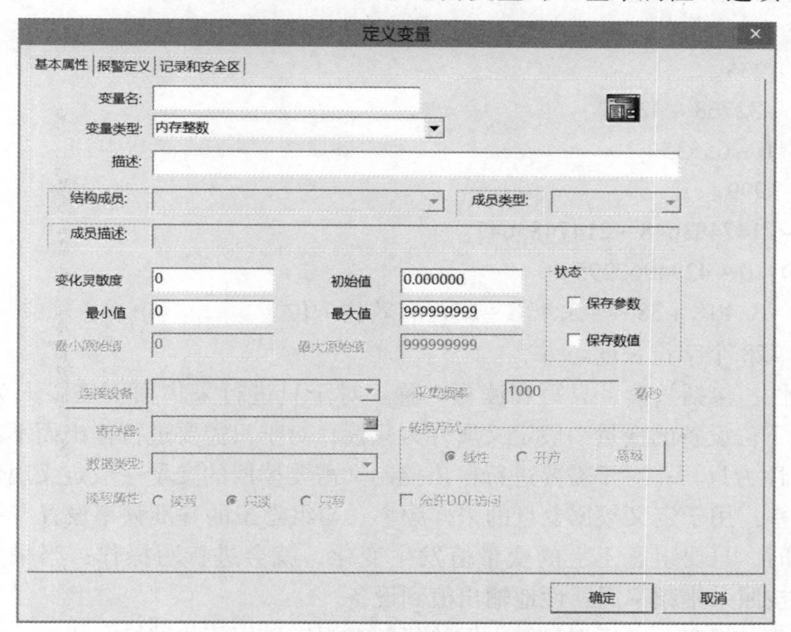

图 2-17 “基本属性”选项卡

相关设置说明如下。

- 变量名：第一个字符不能是数字，最多为 31 个字符。
- 变量类型：只能定义 8 种基本类型中的一种。
- 描述：用于输入对变量的描述信息，最长不超过 39 个字符。
- 变化灵敏度：数据类型为模拟量或整型时此项有效，当该数据变量默认值的变化幅度超过“变化灵敏度”时，组态王才更新与之相连接的画面显示（默认为 0）。
- 初始值：这项内容与所定义的变量类型有关，定义模拟量时出现编辑框，可输入一个数值；定义离散量时出现开或关两种选项；定义字符串变量时出现编辑框，可输入字符串，它们规定软件开始运行时变量的初始值。

- 最小值、最大值：该变量值在数据库中的下限或上限。
- 保存参数：在系统运行时，如果变量的域（可读可写型）值发生了变化，组态王运行系统退出时，系统自动保存该值；组态王运行系统再次启动后，变量的初始域值为上次系统运行退出时保存的值。
- 保存数值：系统运行时，如果变量的值发生了变化，组态王运行系统退出时，系统自动保存该值。再次启动后，变量的初始值为上次系统运行退出时保存的值。

当变量为 I/O 类型时，可以设置以下内容。

- 最小原始值、最大原始值：驱动程序中输入原始模拟值的下限或上限。
- 连接设备：与组态王交换数据的设备或程序，可以通过“设备配置向导”一步步完成设备的连接。
- 寄存器：指定要与组态王定义的变量进行连接通信的寄存器变量名，与指定的连接设备有关。
- 数据类型：定义变量对应的寄存器的数据类型，相应范围如下。

BIT：0 或 1。

BYTE：0 ~ 255。

SHORT：－32768 ~ 32767。

USHORT：0 ~ 65535。

BCD：0 ~ 9999。

LONG：－2147483648 ~ 2147483647。

LONGBCD：0 ~ 4294967295。

FLOAT：－3.40E＋38 ~ ＋3.40E＋38，有效位 7 位。

STRING：128 个字符长度。

- 读写属性：包括只读、只写和读写三种。对于只进行采集而不需要人为手动修改其值，并输出到下位设备的变量一般定义属性为只读；对于只需要进行输出而不需要读回的变量一般定义属性为只写；对于需要进行输出控制又需要读回的变量一般定义属性为读写。

- 采集频率：用于定义数据变量的采样频率，与组态王的基准频率设置有关。当采集频率为 0 时，只要组态王上的变量值发生变化，就会进行写操作；当采集频率不为 0 时，会按照采集频率周期性地输出值到设备。
- 转换方式：规定 I/O 模拟量输入原始值到数据库使用值的转换方式。

线性方式时数据库的值 = 输入原始值 × [(最大值 − 最小值)/(最大原始值 − 最小原始值)]；开方方式时数据库的值^2 = 输入原始值。

- 允许 DDE 访问：将组态王作为 DDE 服务器，可与 DDE 客户程序进行数据交换。

2.3.3 变量的报警属性配置

图 2-18 所示为“报警定义”选项卡，相关设置说明如下。

- 报警组名：将该变量的报警划分到选择报警组中。
- 优先级：范围为 1 ~ 999，1 为最高，999 为最低；设置优先级有利于操作人员区别报警的紧急程度。

- 报警限：在变量值发生变化时，如果跨越某一个限值，则立即发生越限报警。
- 变化率报警：指模拟量的值在一段时间内产生的变化速度超过了指定的数值而产生的报警，即变量变化太快时产生的报警。
- 偏差报警：模拟量的值相对目标值上下波动超过指定的变化范围时产生的报警。
- 开关量报警：离散变量的值状态或值变化满足条件时产生的报警。
- 扩展域：是对报警的补充说明和解释，可以在报警产生时的报警窗口中看到。

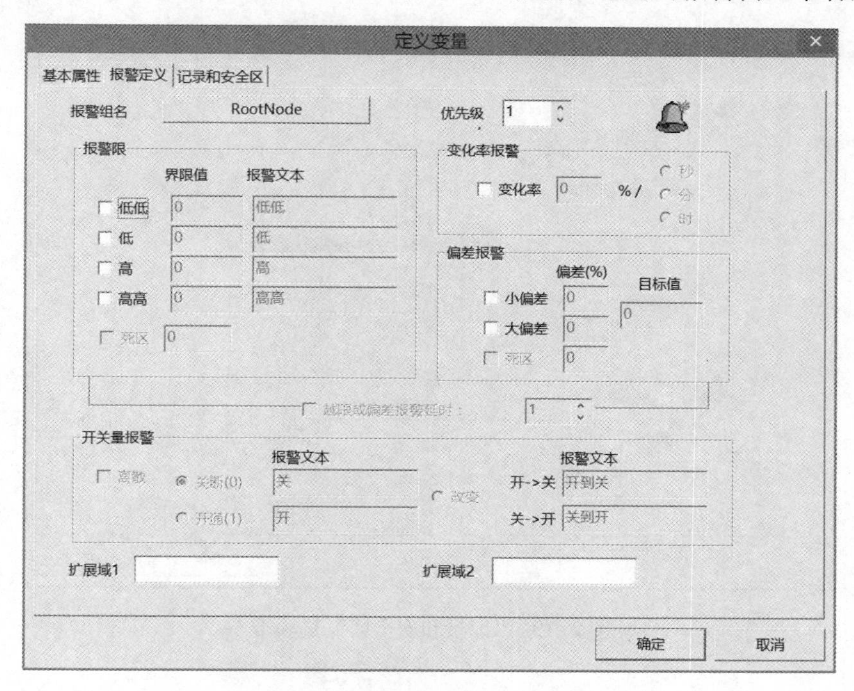

图 2-18 “报警定义”选项卡

2.3.4 变量的记录和安全属性配置

图 2-19 所示为“记录和安全区”选项卡，相关设置说明如下。

- 不记录：此选项有效时，该变量值不进行历史记录。
- 定时记录：系统运行时，按设定的时间间隔将变量的值记录到历史库中，每隔设定的时间对变量的值进行一次记录。
- 数据变化记录：系统运行时，如果变量的值发生变化，而且当前变量值与上次的值之间的差值大于设置的变化灵敏度时，该变量的值就会被记录到历史记录中。
- 变化灵敏度：定义变量变化记录时的阈值，当“数据变化记录”选项有效时，“变化灵敏度”选项才有效。
- 每次采集记录：系统运行时，按照变量的采集频率进行数据记录，每到一次采集频率，记录一次数据。
- 备份记录：若选中该项，系统在平常运行时，不再直接向历史库中记录该变量的数值，而是通过其他程序调用组态王历史数据库接口，向组态王的历史记录文件中插入数据。在进行历史记录查询时，可以查询到这些插入的数据。

- 安全区：给需要授权的控制过程的对象设置安全区，同时给操作这些对象的用户分别设置安全区，工作安全区不在可操作元素的安全区内时，可操作元素是不可访问或操作的。

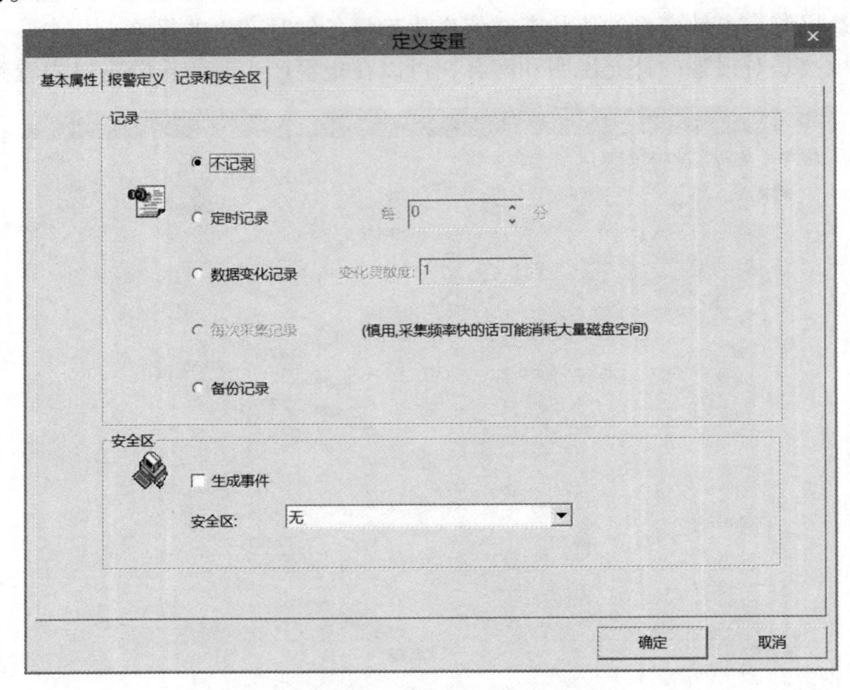

图 2-19 “记录和安全区”选项卡

2.3.5 定义变量操作实例

新建工程后，在工程浏览器的左侧树形菜单栏中单击“变量”，在右侧双击“新建”，弹出“定义变量”对话框。

1. 整数变量定义

按图 2-20 所示设置整数变量，变量名设为“温度”，变量类型选择“内存整数”，初始值设为“0”，最小值设为“0”，最大值设为“100”，定义完成后如图 2-21 所示。

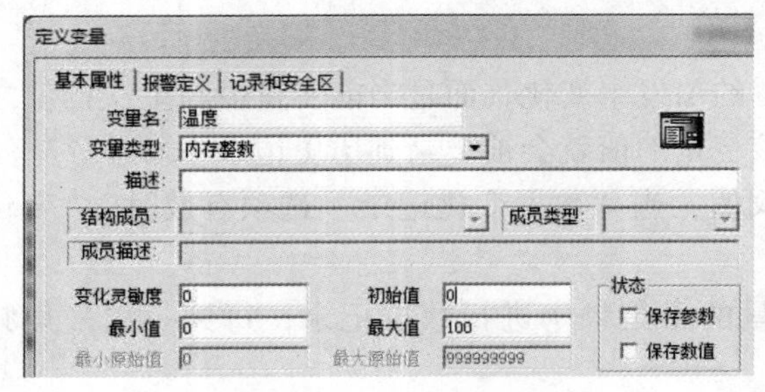

图 2-20 整数变量定义

图 2-21 整数变量“温度”

2. I/O 实数变量定义

变量名设为“液位”，数据类型为“I/O 实数”。I/O 实数需要连接下位机数据采集设备，在该例程中新建一个仿真的 PLC 提供数据。

单击“连接设备”按钮，单击“新建”按钮，选择“PLC”→“亚控”→“仿真PLC”→“com”，如图 2-22 所示。

单击“下一步”按钮，新设备名称为“PLC”；单击“下一步”按钮，选择计算机可用的串口，如图 2-23 所示。

图 2-22　设备选择

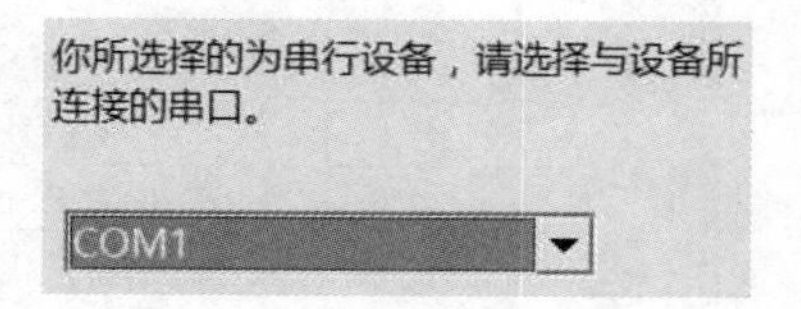

图 2-23　串口选择

单击“下一步”按钮，为设备指定地址为 15，如图 2-24 所示。

单击“下一步”按钮，设定恢复策略为默认设置；单击“下一步”按钮，查看设置信息总结，单击“完成”按钮，关闭“设备管理”窗口。回到变量定义界面，在“连接设备”处选择“PLC”；寄存器选择“INCREA”，再在“INCREA”后面输入 100；数据类型选择“SHORT”，读写属性为“只读”。如图 2-25 所示。

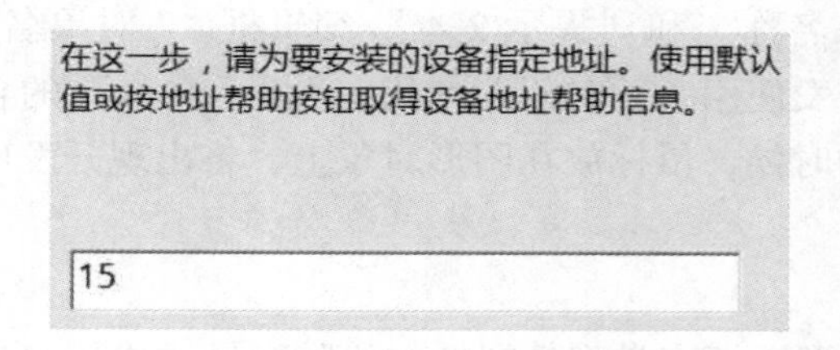

图 2-24　设备地址

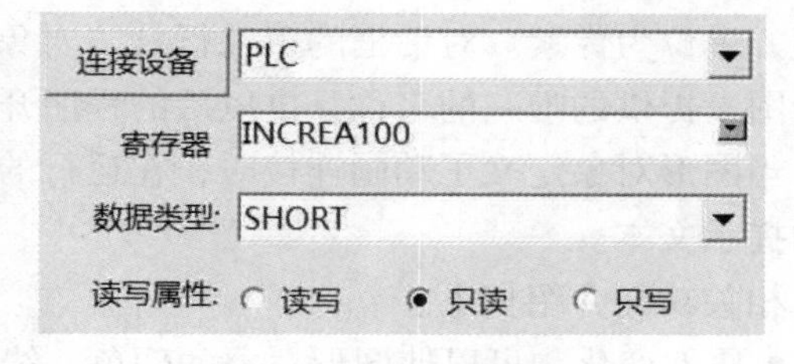

图 2-25　I/O 变量设置选择

2.4　组态画面的动画设计

2.4.1　动画连接的含义与特点

在组态王开发系统中制作的画面都是静态的，为了实现动态效果，需要通过实时数据库，因为只有数据库中的变量才是与现场状况同步变化的。“动画连接”就是建立画面的图素与数据库变量的对应关系。当工业现场的数据（如温度、液面高度等）发生变化时，通过 I/O 接口，将引起实时数据库中变量的变化，如果定义了一个画面图素（比如指针）与这个变量相关，将会看到指针在同步偏转。

图形对象可以按动画连接的要求改变颜色、尺寸、位置、填充百分数等，一个图形对象可以同时定义多个连接，不同的图形所能设置的动画连接数量会有所不同。

2.4.2　动画连接的类型

在画面中双击图形或文字，就会弹出“动画连接”对话框，如图 2-26 所示。

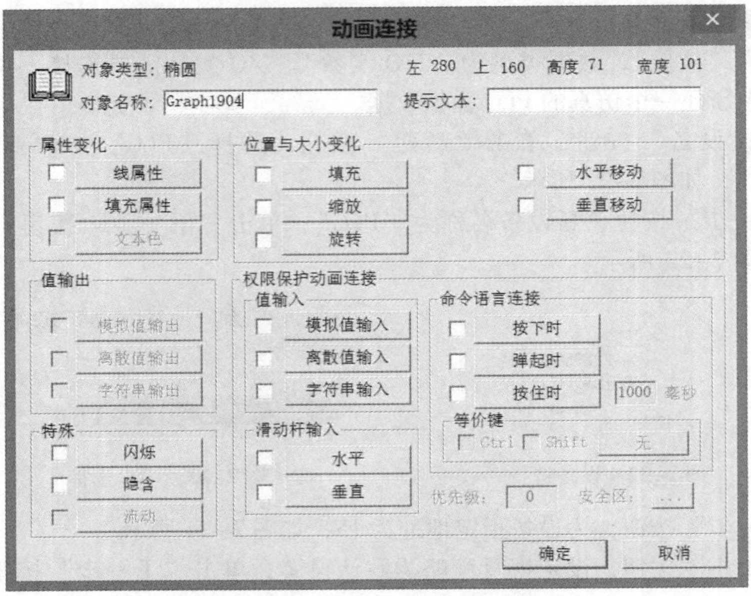

图 2-26 “动画连接”对话框

对话框的第一行显示出连接对象的名称、左上角在画面中的坐标以及图形对象的宽度和高度，单位为像素。对话框的第二行是“对象名称”和“提示文本”编辑框。“对象名称”是为图素提供的唯一的名称，供以后的程序开发使用，暂时不能使用。“提示文本”的含义为：当图形对象定义了动画连接时，在运行的时候，鼠标放在图形对象上，将出现开发中定义的提示文本。

相关功能介绍如下。

- 属性变化：可以使图形对象的颜色、线型、填充类型等属性如何随变量或连接表达式的值而变化。
- 位置与大小变化：可以定义图形对象如何随变量值的变化而改变位置或大小。
- 值输出：可以用来在画面上输出文本图形对象的连接表达式的值，输出连接只能为一种。运行时文本字符串将被连接表达式的值所替换，输出的字符串的大小、字体和文本对象相同。
- 值输入：可以平动输入改变变量的值，输入连接只能为一种。当系统运行时，用鼠标或键盘选中此触敏对象，在弹出的输入对话框中键入数据以改变数据库中变量的值。
- 特殊：可以定义闪烁、隐含两种连接，这是两种规定图形对象可见性的连接。
- 滑动杆输入：可以在画面中以运动的方式改变变量的值。当系统运行时，用鼠标左键拖动带滑动杆的输入连接的图形对象，即可改变数据库中变量的值。
- 命令语言连接：可以为对象设置单独的执行目标，通过鼠标或键盘选中此触敏对象，就会执行定义命令语言连接时输入的命令语言程序。
- 优先级：可以用于输入被连接的图形元素的访问优先级级别。当系统运行时，只有优先级级别不小于此值的操作员才能访问它，这是组态王保障系统安全的一个重要功能。

● 安全区：可以用于设置被连接元素的操作安全区。当工程处在运行状态时，只有在设置安全区内的操作员才能访问它，安全区与优先级一样是组态王保障系统安全的一个重要功能。

2.4.3 动画连接操作实例

1. 详细示例

首先新建一个工程，在工程浏览器中的“变量”标签下新建一个变量“左右”，变量类型为“内存整数”，最小值为“0”，最大值为“100”，其余设置为默认值。

新建一个画面“1”并打开，从浮动的“工具箱”中单击一次“文本”，移动鼠标在画面空白处单击一次，输入任意字符，再移动鼠标在画面空白处单击一次，完成“文本”的添加。如图 2-27 所示。

双击文本“##”，勾选动画连接“模拟值输出”，在右侧单击“?”，双击选择变量“左右”，如图 2-28 所示，并将“整数位数”设置成 3，单击“确定”完成“模拟值输出”的设置。

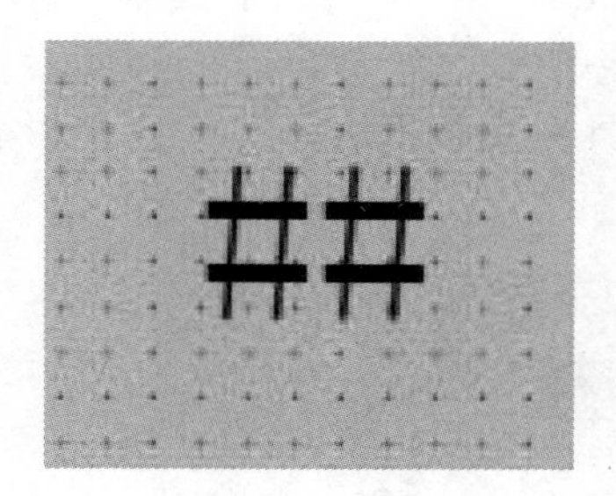

图 2-27　添加文本

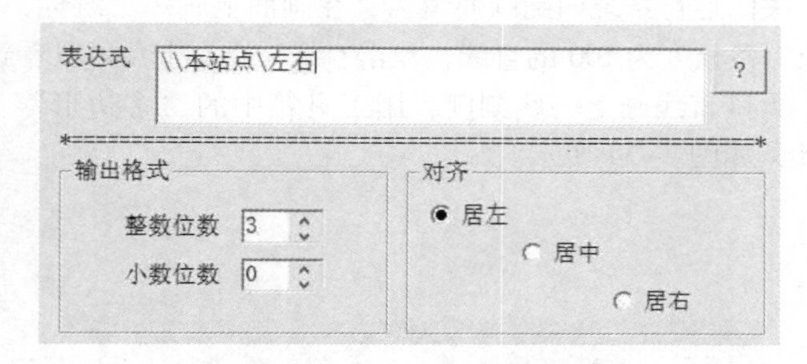

图 2-28　模拟值输出连接

在工程浏览器的“画面”选项卡中单击“文件”→“全保存”，单击“文件”→“切换到 view”，进入“运行系统”，单击“画面”→“打开”，双击选择画面“1”打开，如图 2-29 所示，因为变量“左右”的初始值是 0，而且整数位数设置成 3，所以文本“##”显示的是“000”。

关闭“运行系统”回到画面编辑界面，双击“##”，勾选动画连接“模拟值输入”，单击“?”，选择“左右”（一般情况下，如果上一次的操作选择过某个变量，则该次类似的操作中会默认选择好该变量），最大值为 100，最小值为 0，如图 2-30 所示，单击“确定”按钮，回到画面。

图 2-29　模拟值输出运行系统

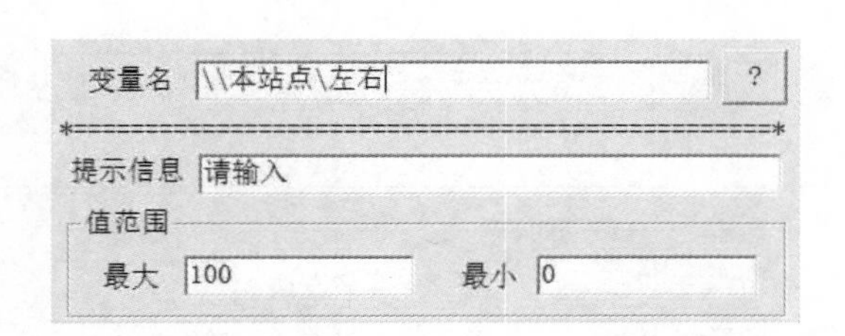

图 2-30　模拟值输出运行系统

保存画面后进入运行系统并打开画面“1”，单击“000”，弹出输入框，输入100以内的数字，比如56，单击“确定”按钮，此时文本“##”显示的是“056”，如图2-31所示。

关闭运行系统回到画面编辑，双击“##”，勾选“文本色”，变量名选择“\\本站点\左右”，在“文本属性色”中会有两条默认选项“0 红色、100 蓝色”，双击“100 红色”，修改阈值为50，如图2-32所示，单击“确定”按钮回到画面编辑。

图2-31　模拟值输出运行系统

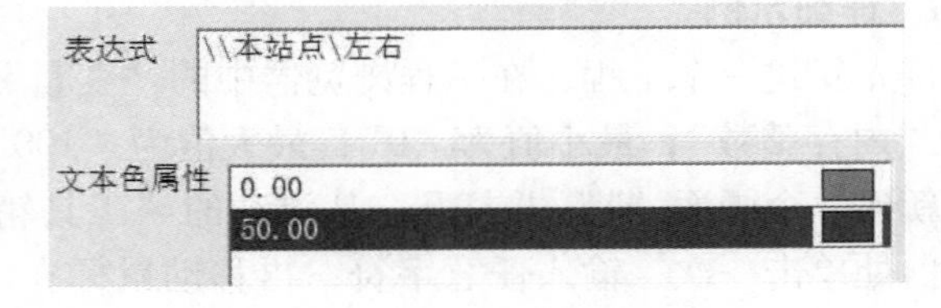

图2-32　文本色设置

保存画面后进入运行系统并打开画面“1”，可以看到“000”为红色，因为设置中有“50 蓝色”的属性，所以单击输入50～100中的任意一个数后，颜色会变为蓝色。

关闭运行系统回到画面编辑，在画面上画一个游标，首先从“工具箱”中选择“直线”，画出一条长度为100的直线，双击直线，在右上角可以看到线的大小值，如图2-33所示。

为该直线画上一些刻度，用工具箱中的“多边形”工具在直线下方画一个三角形表示指针，如图2-34所示。

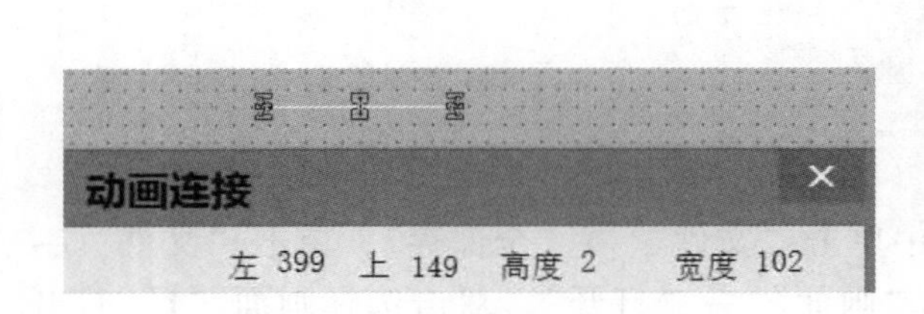

图2-33　查看图素大小

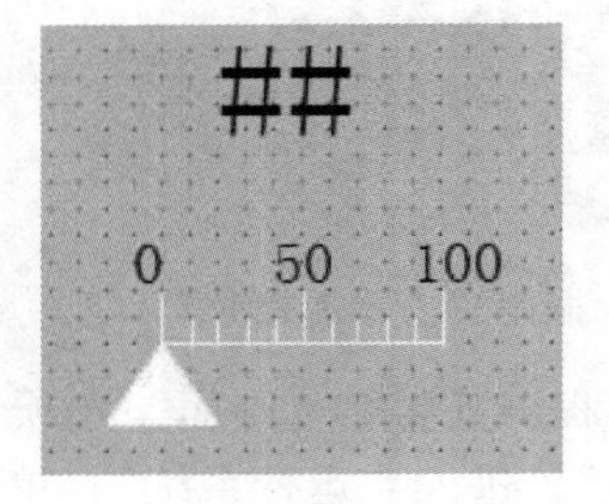

图2-34　绘制刻度

双击指针，勾选动画连接“水平”，变量名选择“\\本站点\左右”，向左移动的距离及对应值为0，向右移动的距离及对应值为100，如图2-35所示，单击“确定”按钮回到画面编辑。

保存画面后进入运行系统并打开画面“1”，用鼠标向右拖动指针，指针会移动，同时文本“##”也会显示相应的变化，如图2-36所示。

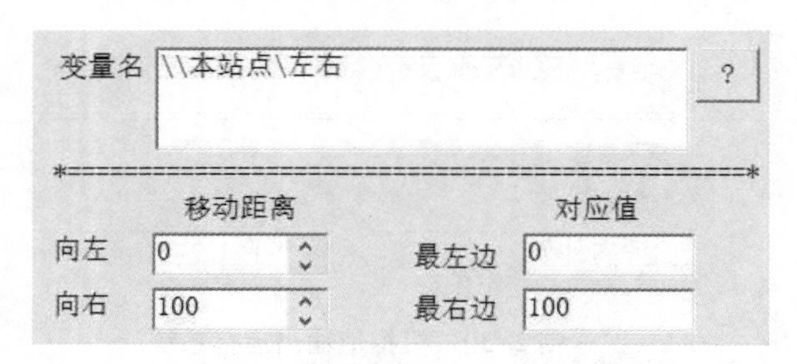

图2-35　水平滑动杆输入设置

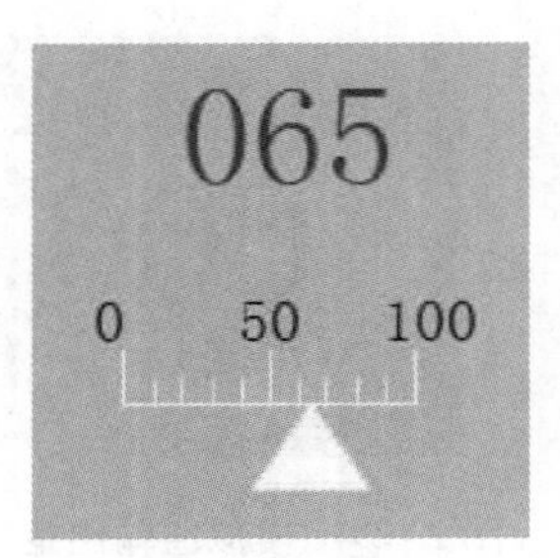

图2-36　运行系统

关闭运行系统回到画面编辑，将文本“##”调整成合适的大小后拖动到指针的下面，如图 2-37 所示。双击“##”，勾选动画连接“水平移动”，表达式选择“\\本站点\左右”，向左移动的距离及对应值为 0，向右移动的距离及对应值为 100，如图 2-38 所示。

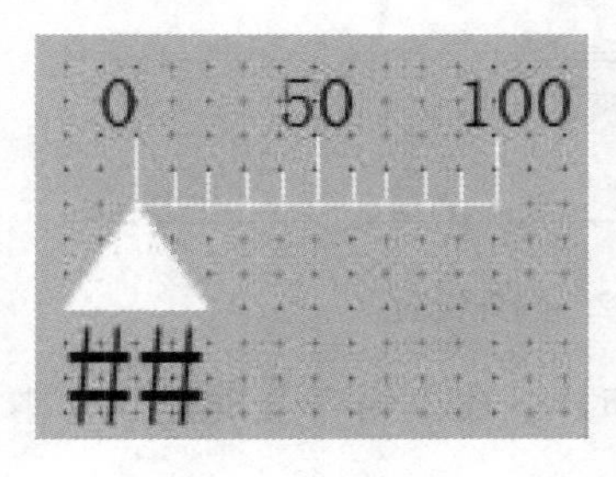

图 2-37　画面设计

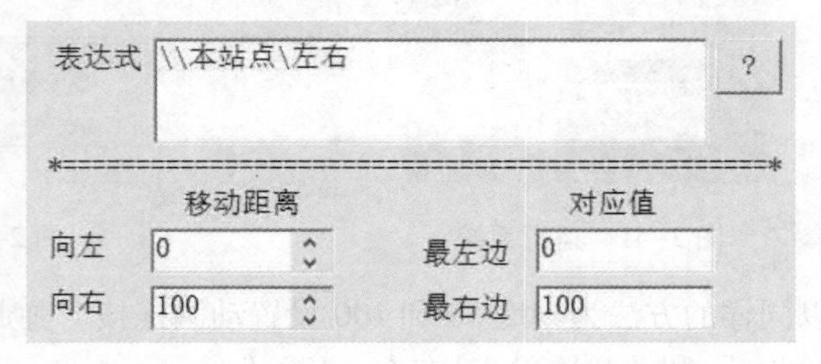

图 2-38　“水平移动”动画连接设置

保存画面后进入运行系统并打开画面“1”，可以看到，拖动指针时，“##”除了显示数字外，还会随着指针移动，如图 2-39 所示。

关闭运行系统回到画面编辑，双击指针，勾选动画连接“填充”，表达式选择“\\本站点\左右”，最小填充高度对应值为 0，占据百分比为 0%，最大填充高度对应值为 100，占据百分比为 100%，单击“A”，选择填充方向为上，按住缺省画刷，类型选择第一个（若选择第二个，则填充缺省部分为透明），缺省颜色为黑色，因为要与画面中指针的颜色区别开，否则无法观察填充变化，如图 2-40 所示。

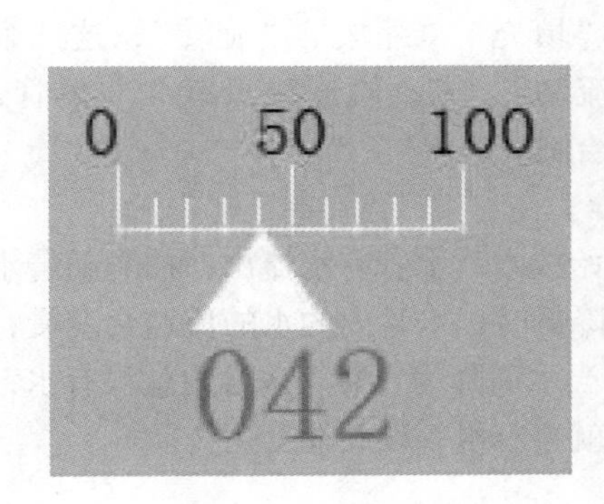

图 2-39　运行系统

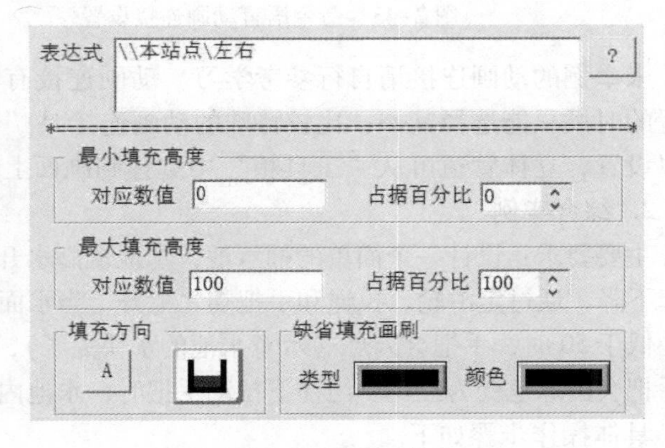

图 2-40　填充设置

保存画面后进入运行系统并打开画面“1”，可以看到，拖动指针时，指针会从下往上填充黑色，当拖动到 100 时，指针全部填充为黑色，如图 2-41 所示。

关闭运行系统回到画面编辑，双击“##”，勾选动画连接“闪烁”，闪烁条件为“\\本站点\左右 >90”，闪烁速度为 500 ms（闪烁时间应大于等于运行系统基准频率，运行系统基准频率是画面运行时的刷新频率，否则闪烁速度无法达到效果，运行系统基准频率设置在“工程浏览器”→“配置”→“运行系统”→“特殊”中），如图 2-42 所示。

保存画面后进入运行系统并打开画面“1”，拖动指针时，当数值大于 90 时，数值就会闪烁，当数值小于等于 90 时，停止闪烁。

关闭运行系统回到画面编辑，双击刻度“0”，勾选动画连接“弹起时”，输入命令语言

"\\本站点\左右 =0;"，如图 2-43 所示。

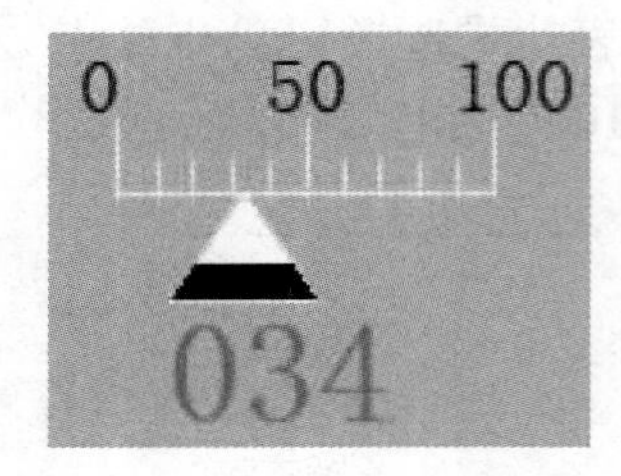

图 2-41　运行系统

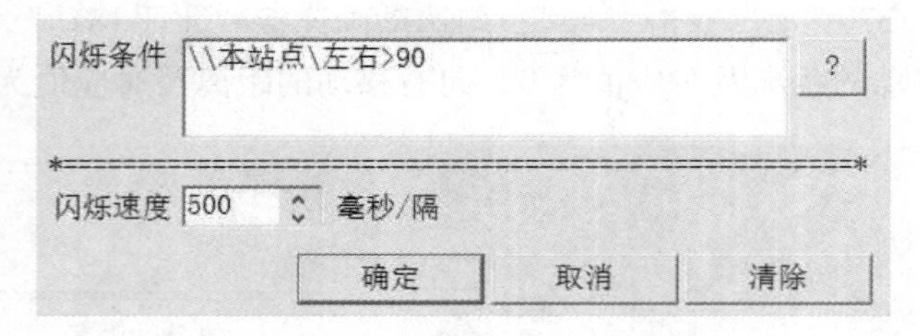

图 2-42　闪烁设置

以同样的方法为刻度 50 和 100 设置动画连接"弹起时"，命令语言分别是"\\本站点\左右 =50;"和"\\本站点\左右 =100;"。

保存画面后进入运行系统并打开画面"1"，用鼠标选中刻度 0、50、100 其中一个并放开后，数字会直接变成对应的值，如图 2-44 所示。

图 2-43　命令语言动画连接设置

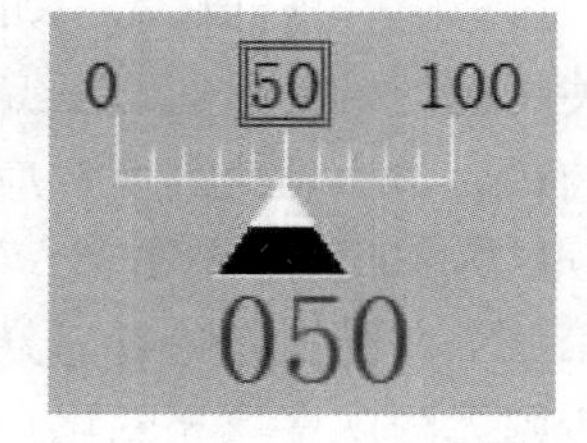

图 2-44　运行系统

未举例的动画连接请自行参考学习。动画连接有"填充""缩放""旋转"，这三个在设置的时候只能选择其一；比较特殊的动画连接是"流动"，该动画连接只有"立体管道"可以设置，立体管道可从"工具箱"中选择到画面上绘制。

2. 综合实例

主要要求：设计一个简单的抽水池，水池从满水开始放水，水管有水流出，抽绳随着水面一起下降，通过定滑轮，拉绳和手把随之上升，当水面降低时，水管内的水的流速会变慢，当水位低于 50 时，手把会闪烁（示意水池的水快完了），当水面降为 0 后，水管内就没有水，同时手把会由绿色变为红色。当往下拉动手把时，水池内就会有水，以此往复运作。

具体操作步骤如下。

（1）首先新建一个工程，打开工程，在"数据词典"中新建一个变量："变化—— 内存整数、最小值 200、最大值 500、初始值 500"。

（2）在"画面"中新建一个"抽水池"画面并打开。绘制图 2-45 中的《画面成品》，操作方法如下：使用"工具箱"里的"圆角矩形"画出拉绳、手把和水池；使用"多边形"画出抽绳；使用"椭圆"和"直线"画出定滑轮，选中整个定滑轮，单击"工具箱"里的"合成组合图素"；使用"立体管道"画出水管；使用"直线"和"文本"画出坐标以及字样"长度"。

（3）双击"拉绳"，设置"缩放"连接，具体如下。

- 表达式：\\本站点\变化。
- 最小时：对应值 0，占据百分比为 0。

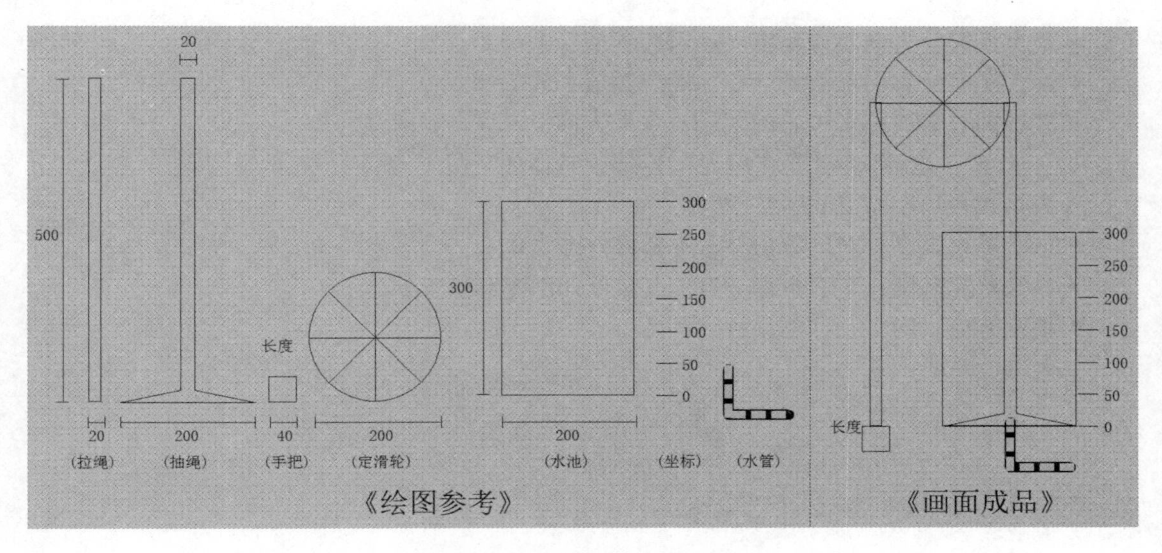

图 2-45 “抽水池”画面设计

- 最大时：对应值 500，占据百分比为 100。
- 变化方向：向上。

（4）双击“抽绳”，设置“缩放”连接，具体如下。

- 表达式：\\本站点\变化 - 200。
- 最小时：对应值 500；占据百分比 0。
- 最大时：对应值 0；占据百分比 100。
- 变化方向：向上。

（5）双击“手把”，设置“填充属性”“垂直”“闪烁”的连接，具体如下。

1）“填充属性”设置如下。

- 表达式：\\本站点\变化。
- 刷属性：200 - 红，201 - 绿，如图 2-46 所示。

图 2-46 添加“手把”刷属性

2）“垂直”设置如下。

- 表达式：\\本站点\变化。
- 移动距离：向上 500；向下 0。
- 对应值：最上边 0；最下边 500。

3）“闪烁”设置如下。

- 闪烁条件：200 < \\本站点\变化 &&\\本站点\变化 < 250。
- 闪烁速度：100。

（6）双击“定滑轮”，设置“旋转”连接，具体如下。

- 表达式：\\本站点\变化。

● 最大逆时针方向对应角度——对应数值：0～500。

● 最大顺时针方向对应角度——对应数值：360～0。

● 旋转圆心偏离图素中心的大小：水平方向 0、垂直方向 0。

（7）双击“水池”，设置“填充”连接，具体如下。

● 表达式：\\本站点\变化－200。

● 最小填充高度：对应数值 0，占据百分比为 0。

● 最大填充高度：对应数值 300，占据百分比为 100。

● 填充方向：向上，如图 2-47 所示。

图 2-47　选择“水池”颜色

● 缺省填充画刷：颜色为蓝色。

（8）双击“水管”，设置“流动”连接。完成后选中水管，单击鼠标右键－管道属性，设置流线颜色为蓝色。流动条件为（\\本站点\变化－171）/30。

（9）在画面灰色处单击鼠标右键，选择“画面属性”→“命令语言”，设置时间为“每 100 毫秒”，在“存在时”下写入下面程序：

```
\\本站点\变化 = \\本站点\变化 -1;
```

（10）动画连接设置完成后保存画面，回到工程浏览器界面，单击“配置→运行系统”，在“主画面配置”中选中“抽水池”，在“特殊”中设置运行系统基准频率为 100 毫秒，单击“确定”返回到工程浏览器。单击“VIEW”进入运行系统后，可以拉动手把，观察动画效果。

2.5　本章小结

本章主要介绍了“组态王”软件的基本使用方法和过程。首先是创建一个工程，进入工程中；其次是新建画面，合理使用工具箱，设计自己需要的图形元素；然后是新建相关的变量，在画面中，给需要的图素设置动画连接；最后是进入运行系统。在举例中，还涉及了命令语言（命令语言的使用在第 3 章中详细讲解），是因为图素要“动”起来，需要关联的变量的值在变化，而变量的值要改变的话，主要通过程序来实现。通过本章的学习，掌握好基本的操作，对后续的学习会有很大的帮助。

第3章　命令语言程序设计

3.1　命令语言介绍

组态王软件中的命令语言是一种在语法上类似于C语言的程序，工程人员可以利用这些程序来增强应用程序的灵活性、处理一些算法和操作等。

命令语言都是靠事件触发执行的，如定时、数据的变化、键盘键的按下、鼠标的点击等。根据事件和功能的不同，包括应用程序命令语言、热键命令语言、事件命令语言、数据改变命令语言、自定义函数命令语言、动画连接命令语言和画面命令语言等。具有完备的词法语法查错功能和丰富的运算符、数学函数、字符串函数、控件函数、SQL函数和系统函数。各种命令语言通过“命令语言编辑器”编辑输入，在“组态王”运行系统中被编译执行。

3.2　后台命令语言

如图3–1所示，应用程序命令语言、热键命令语言、事件命令语言、自定义函数命令语言和数据改变命令语言可以统称为“后台命令语言”，它们的执行不受画面打开与否的限制，只要符合条件就可以执行。另外可以使用运行系统中的菜单“特殊/开始执行后台任务”和“特殊/停止执行后台任务”来控制所有这些命令语言是否执行。而画面和动画连接命令语言的执行不受影响。也可以通过修改系统变量“$启动后台命令语言”的值来实现上述控制，该值置0时停止执行，置1时开始执行。

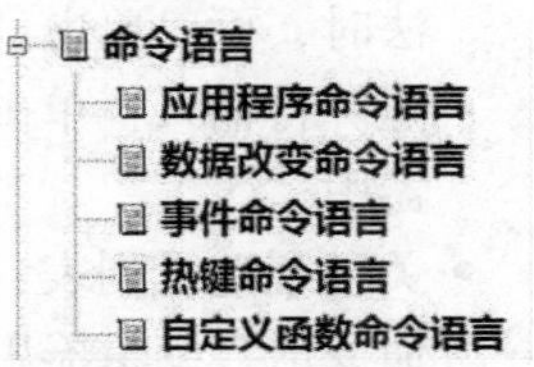

图3–1　命令语言的种类

3.2.1　应用程序命令语言

应用程序命令语言只能定义一个。选择“应用程序命令语言”，则在右边的内容显示区出现“请双击这儿进入<应用程序命令语言>对话框…”图标。双击图标，则弹出“应用程序命令语言”对话框。如图3–2所示。

其中包含的内容块如下。

- 触发条件：触发命令语言执行的条件。选择“启动时”选项卡，在该编辑器中输入命令语言程序，该段程序只在运行系统程序启动时执行一次；选择“停止时”选项卡，在该编辑器中输入命令语言程序，该段程序只在运行系统程序退出时执行一次；选择“运行时”选项卡，会有输入执行周期的编辑框“每……毫秒”。输入执行周期，则组态王运行系统运行时，将按照该时间周期性地执行这段命令语言程序，无论打开画面与否。

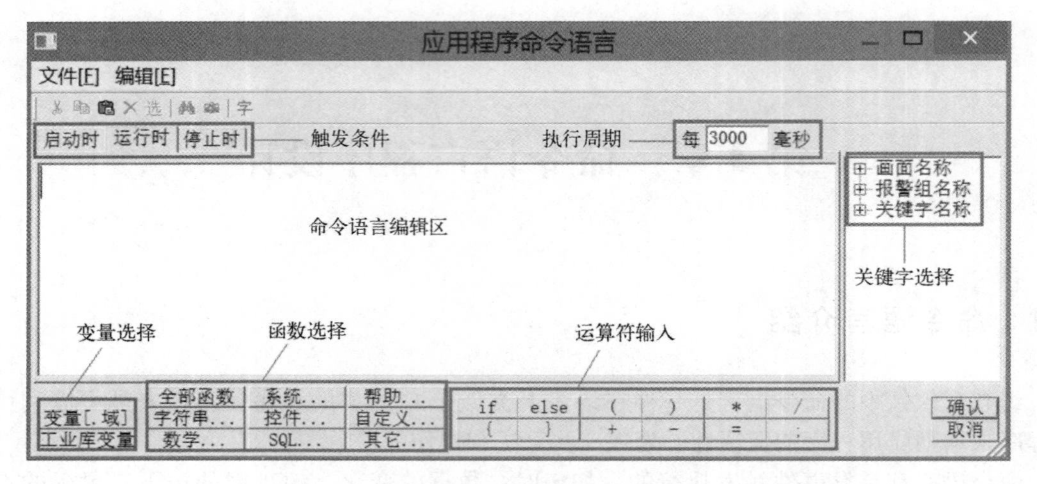

图 3-2 “应用程序命令语言”对话框

- 执行周期：每经过一个周期，执行一次该命令语言的内容。
- 命令语言编辑区：输入命令语言程序的区域。
- 变量选择：选择变量或变量的域到编辑器中。
- 函数选择：单击某一按钮，弹出相关的函数选择列表，直接选择某一函数到命令语言编辑器中。函数选择按钮有“全部函数”— 显示组态王提供的所有函数列表；“系统”—只显示系统函数列表；“字符串”—只显示与字符串操作相关的函数列表；“数学”— 只显示数学函数列表；“SQL”—只显示 SQL 函数列表；“控件”—选择 Active X 控件的属性和方法；“自定义”— 显示自定义函数列表。当不知道函数的用法时，可以单击“帮助”进入在线帮助，查看使用方法。
- 运算符输入：单击某一个按钮，按钮上标签表示的运算符或语句自动被输入到编辑器中。
- 关键字选择列表：可以在这里直接选择现有的画面名称、报警组名称、关键字名称到命令语言编辑器里。如选中一个画面名称，然后双击它，则该画面名称就被自动添加到了编辑器中。

3.2.2 数据改变命令语言

数据改变命令语言触发的条件为连接的变量或变量的域的值发生了变化，按照需要可以定义多个。选择“数据改变命令语言”，则在右边的内容显示区出现“新建”图标。双击图标，则弹出“数据改变命令语言”对话框。如图 3-3 所示。

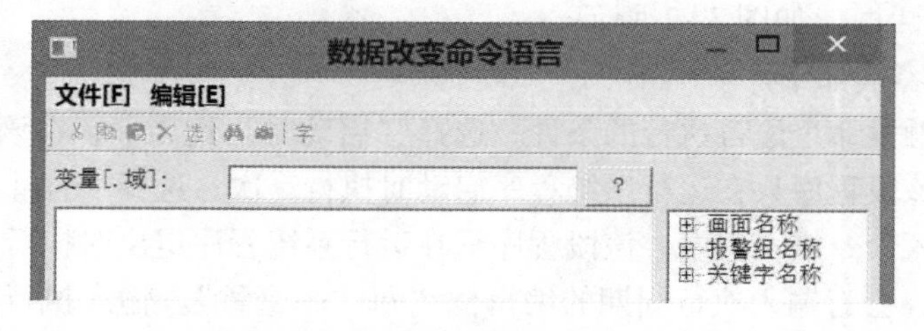

图 3-3 “数据改变命令语言”对话框

在命令语言编辑器“变量[. 域]”编辑框中输入或通过单击“?”按钮来选择变量名称（如：原料罐液位）或变量的域（如：原料罐液位 . Alarm）。这里可以连接任何类型的变量和变量的域，如离散型、整型、实型、字符串型等。当连接的变量的值发生变化时，系统会自动执行该命令语言程序。

3.2.3 事件命令语言

事件命令语言是指当规定的表达式的条件成立时执行的命令语言，按照需要可以定义多个。选择“事件命令语言”，则在右边的内容显示区出现“新建”图标。双击图标，弹出“事件命令语言”对话框，如图 3-4 所示。

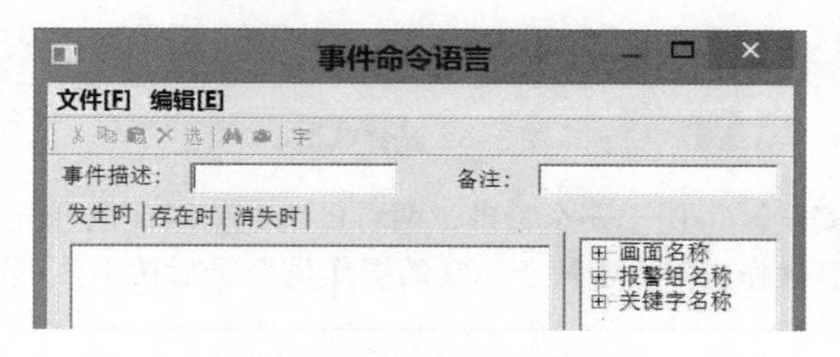

图 3-4 “事件命令语言”对话框

“事件描述”是指定命令语言执行的条件，“备注”是对该命令语言做一些说明性的文字。事件命令语言有三种类型：“发生时”是指事件条件初始成立时执行一次；“存在时”是指事件存在时定时执行，在“每……毫秒”编辑框中输入执行周期，则当事件条件成立存在期间周期性执行命令语言；“消失时”是指事件条件由成立变为不成立时执行一次。

3.2.4 热键命令语言

热键命令语言链接到工程人员指定的热键上，软件运行期间，工程人员随时按下键盘上相应的热键都可以启动这段命令语言程序。热键命令语言可以指定使用权限和操作安全区，按照需要可以定义多个。选择“热键命令语言”，则在右边的内容显示区出现“新建”图标。双击图标，则弹出“热键命令语言”对话框，如图 3-5 所示。

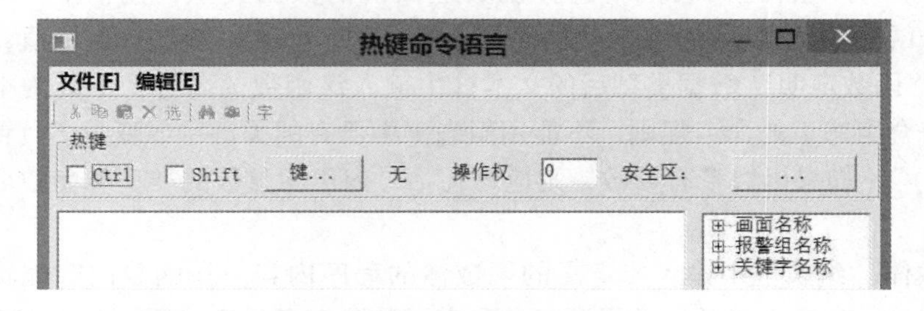

图 3-5 “热键命令语言”对话框

当〈Ctrl〉和〈Shift〉左边的复选框被选中时，表示此键有效。若想选择更多的键，可单击“键…”按钮，弹出如图 3-6 所示的对话框，在对话框中选择一个键，则该键被定义为热键，还可以与〈Ctrl〉和〈Shift〉形成组合键。

选择键.　　关闭

BackSpace	PrtSc	Add	F10	J	X
Tab	Insert	Separator	F11	K	Y
Clear	Del	Subtract	F12	L	Z
Enter	Numpad0	Decimal	NumLock	M	0
Esc	Numpad1	Divide	Break	N	1
Space	Numpad2	F1	A	O	2
PageUp	Numpad3	F2	B	P	3
PageDown	Numpad4	F3	C	Q	4
End	Numpad5	F4	D	R	5
Home	Numpad6	F5	E	S	6
Left	Numpad7	F6	F	T	7
Up	Numpad8	F7	G	U	8
Right	Numpad9	F8	H	V	9
Down	Multiply	F9	I	W	无

图 3-6　选择热键

“操作权”和“安全区”用于安全管理，两者可单独使用，也可合并使用。比如：设置操作权限为 100。只有操作权限大于等于 100 的操作员登录后按下热键时，才会激发命令语言的执行。

3.2.5　自定义函数命令语言

如果组态王系统提供的各种函数不能满足工程的特殊需要，可以使用自定义函数功能。使用该功能可以自己定义各种类型的函数，通过这些函数能够实现工程的特殊需要。如特殊算法、模块化的公用程序等，都可通过自定义函数来实现。自定义函数是利用类似 C 语言来编写的一段程序，其自身不能直接被组态王系统触发调用，必须通过其他命令语言来调用执行。选择“自定义函数命令语言”，则在右边的内容显示区出现“新建”图标。双击图标，弹出“自定义函数命令语言”对话框，如图 3-7 所示。

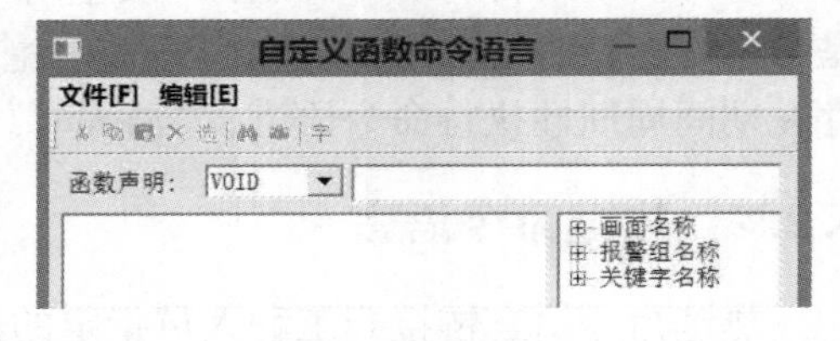

图 3-7　“自定义函数命令语言”对话框

在“函数声明”后的列表框中选择函数返回值的数据类型，包括下面 5 种：VOID、LONG、FLOAT、STRING 和 BOOL。按照需要选择一种，如果函数没有返回值，则直接选择“VOID”。在“函数声明”数据类型后的文本框中输入该函数的名称，不能为空。函数名称的命名应该符合组态王的命名规则，不能用组态王中已有的关键字或变量名。函数名后应该加小括号“()”，如果函数带有参数，则应该在括号内声明参数的类型和参数名称。参数可以设置多个。

在“函数体”编辑框中输入要定义的函数体的程序内容。在函数内容编辑区内，可以使用自定义变量，自定义函数中的函数名称和在函数中定义的变量不能与组态王中定义的变量、系统关键字、函数名等相同。函数体内容是指自定义函数所要执行的功能。函数体中的最后部分是返回语句。如果该函数有返回值，则使用 Return Value（Value 为某个变量的名称）。对于无返回值的函数也可以使用 Return，但只能单独使用 Return，表示当前命令语言或函数执行结束。

3.3 画面命令语言

画面命令语言就是与画面显示与否有关系的命令语言程序。只有画面被关闭或被其他画面完全遮盖时，画面命令语言才会停止执行。只与画面相关的命令语言可以写到画面命令语言里，如画面上动画的控制等，而不必写到后台命令语言中，如应用程序命令语言等，这样可以减轻后台命令语言的压力，提高系统运行的效率。画面命令语言定义在画面属性中，打开一个画面，选择菜单“编辑/画面属性”，或用鼠标右键单击画面，在弹出的快捷菜单中选择“画面属性”菜单项，或按下〈Ctrl + W〉键，均可打开画面属性对话框，在对话框上单击“命令语言…”按钮，弹出“画面命令语言”对话框，如图3-8所示。

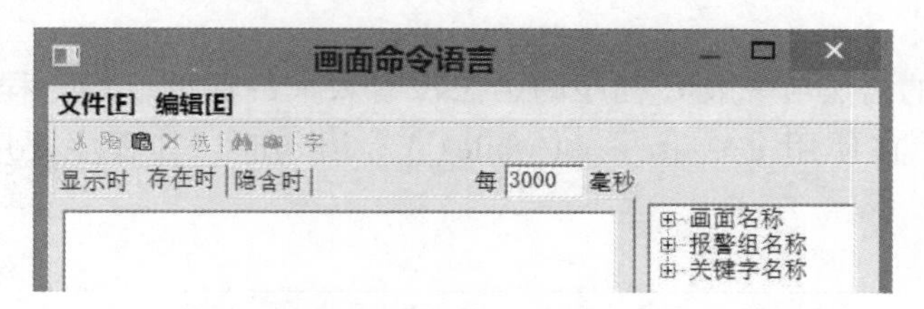

图3-8 “画面命令语言”对话框

画面命令语言的执行条件包括“显示时”“存在时”和“隐含时”。“显示时”表示打开或激活画面为当前画面，或画面由隐含变为显示时执行一次；“存在时”表示画面在当前显示时，或画面由隐含变为显示时周期性执行，可以定义执行周期，在“存在时”中的“每……毫秒”编辑框中输入执行的周期时间；“隐含时”表示画面由当前激活状态变为隐含或被关闭时执行一次。

3.4 动画连接命令语言

对于图素，有时一般的动画连接表达式完成不了工作，而程序只需要单击一下画面上的按钮等图素才执行，如单击一个按钮，执行一连串的动作，或执行一些运算、操作等。这时可以使用动画连接命令语言。该命令语言是针对画面上的图素的动画连接的，组态王中的大多数图素都可以定义动画连接命令语言。如在画面上放置一个按钮，双击该按钮，弹出“动画连接”对话框，如图3-9所示。勾选其中一个，会弹出动画连接“命令语言”对话框，如图3-10所示。

命令语言的用法与其他命令语言编辑器用法相同。“按下时”表示当鼠标在该按钮上按下时，或与该连接相关联的热键按下时执行一次；“弹起时”表示当鼠标在该按钮上弹起时，或与该连接相关联的热键弹起时执行一次；“按住时”表示当鼠标在该按钮上按住，或与该连接相关联的热键按住，没有弹起时周期性执行该段命令语言。按住时命令语言连接可以定义执行周期，在按钮后面的“毫秒”标签编辑框中输入按钮被按住时命令语言执行的周期。

动画连接命令语言可以定义关联的动作热键，如图3-9所示，单击“等价键”中的“无”按钮，可以选择关联的热键，也可以选择〈Ctrl〉或〈Shift〉与之组成组合键。运行时，按下此热键，效果与在按钮上按下鼠标键相同。

定义有动画连接命令语言的图素可以定义操作权限和安全区，只有符合安全条件的用户登录后，才可以操作该按钮。

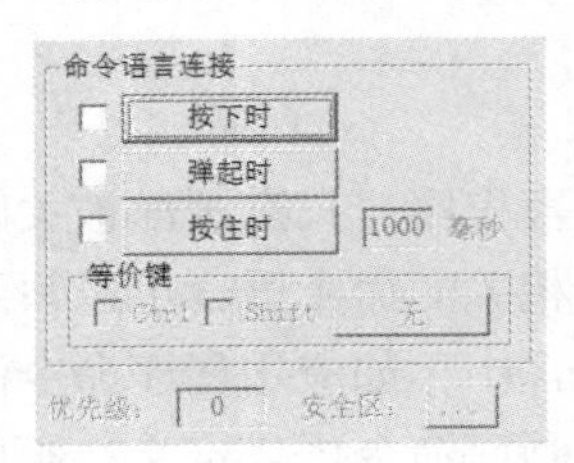

图 3-9 “动画连接”对话框

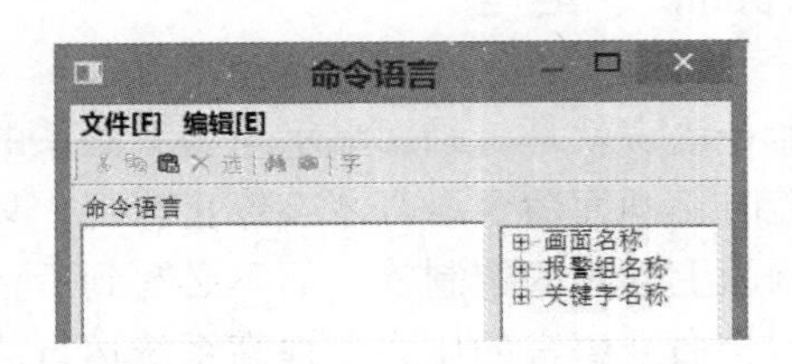

图 3-10 “命令语言”对话框

3.5 命令语言语法

命令语言程序的语法与一般 C 程序的语法没有太大的区别，每一程序语句的末尾应该用分号“;”结束，在使用 if…else…和 while( )等语句时，其程序要用花括号“{}”括起来。

1. 运算符

表 3-1 列出了命令语言的运算符及其说明。

表 3-1 运算符

<table>
<tr><td>=</td><td>赋值</td><td></td><td>最低</td></tr>
<tr><td>&&</td><td>逻辑与</td><td></td><td></td></tr>
<tr><td>||</td><td>逻辑或</td><td></td><td></td></tr>
<tr><td>&</td><td>整型量按位与</td><td></td><td></td></tr>
<tr><td>|</td><td>整型量按位或</td><td></td><td></td></tr>
<tr><td>^</td><td>整型量异或</td><td></td><td></td></tr>
<tr><td>==</td><td>等于</td><td></td><td></td></tr>
<tr><td>!=</td><td>不等于</td><td></td><td></td></tr>
<tr><td>></td><td>大于</td><td></td><td></td></tr>
<tr><td><</td><td>小于</td><td></td><td></td></tr>
<tr><td>>=</td><td>大于或等于</td><td></td><td>优先级</td></tr>
<tr><td><=</td><td>小于或等于</td><td></td><td></td></tr>
<tr><td>+</td><td>加法</td><td></td><td></td></tr>
<tr><td>-</td><td>减法（双目）</td><td></td><td></td></tr>
<tr><td>%</td><td>模运算</td><td></td><td></td></tr>
<tr><td>*</td><td>乘法</td><td></td><td></td></tr>
<tr><td>/</td><td>除法</td><td></td><td></td></tr>
<tr><td>~</td><td>取补码，将整型变量变成“2”的补码</td><td></td><td></td></tr>
<tr><td>!</td><td>逻辑非</td><td></td><td></td></tr>
<tr><td>-</td><td>取反，将正数变为负数（单目）</td><td></td><td></td></tr>
<tr><td>( )</td><td>括号，保证运算按所需次序进行</td><td></td><td>最高</td></tr>
</table>

2. 赋值语句

使用赋值运算符“ = ”可以给一个变量赋值，也可以给可读写变量的域赋值。

3. if - else 语句

if - else 语句用于按表达式的状态有条件地执行不同的程序，可以嵌套使用。if - else 语句里如果是单条语句可省略花括弧“{}”，多条语句必须在一对花括弧“{}”中，else 分支可以省略。

4. while( ) 语句

当 while( ) 括号中的表达式条件成立时，循环执行后面“{}”内的程序。同 if 语句一样，while 里的语句若是单条语句，可省略花括弧“{}”，但若是多条语句必须在一对花括弧“{}”中。这条语句要慎用，使用不当易造成死循环。

5. 命令语言程序的注释方法

命令语言程序添加注释，有利于程序的可读性，也方便程序的维护和修改。组态王的所有命令语言中都支持注释。注释的方法分为单行注释和多行注释两种。注释可以在程序的任何地方进行。单行注释在注释语句的开头加注释符“//”即可。

3.5.1 在命令语言中使用自定义变量

自定义变量是指在组态王的命令语言里单独指定类型的变量，这些变量的作用域为当前的命令语言，在命令语言里，可以参加运算、赋值等。当该命令语言执行完成后，自定义变量的值随之消失，相当于局部变量。自定义变量不被计算在组态王的点数之中，适用于应用程序命令语言、事件命令语言、数据改变命令语言、热键命令语言、自定义函数、画面命令语言、动画连接命令语言、控件事件函数等。自定义变量功能的提供可以极大地方便用户编写程序。

自定义变量在使用之前必须要先定义，自定义变量的类型有 BOOL（离散型）、LONG（长整型）、FLOAT（实数型）、STRING（字符串型）和自定义结构变量类型。其在命令语言中的使用方法与组态王变量相同。自定义变量没有“域”的概念，只有变量的值。

3.5.2 命令语言函数及使用方法

“组态王”支持使用内建的复杂函数，其中包括字符串函数、数学函数、系统函数、控件函数、报表函数、SQL 函数、配方函数、报警函数及其他函数，具体见《组态王命令语言函数速查手册》，或者是打开“帮助”→“产品帮助”，从“组态王帮助”窗口的“函数列表”中进行查看，如图 3-11 所示。

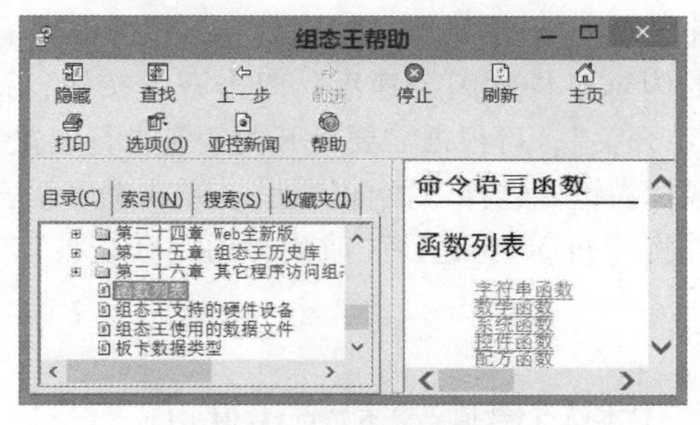

图 3-11　函数列表

3.6 整数变量与数值显示工程实例

本例程通过简单的命令语言实现利用整数累加的动态显示，并在不同的数值区域控制不同指示灯的亮灭，同时调用图库中的仪表进行同步动态显示，通过整数变量的累加与数值显示工程将前面所学内容结合在一起。

（1）在组态王工程管理器中，新建“整数累加与数值显示工程”，并将此工程设为当前工程。进入组态王工程浏览器，在数据词典中新建所需变量（见表3-2）。

表3-2 定义变量

变 量 名	变量类型	初 始 值	最 小 值	最 大 值
数值	内存整数	0	0	100
开关	内存离散	关		
指示灯1～指示灯3	内存离散	关		

（2）在组态王开发系统中新建“整数变量和数值显示”画面。在工具箱中选择插入文本控件添加文字；单击工具箱中的“按钮”控件，在画面中创建“清零”按钮和“关闭”按钮；打开图库，在图库列表中点开“指示灯”，选中一个指示灯，双击鼠标左键，在画面中拖动鼠标画出一个指示灯，选中指示灯，按下键盘中的〈Ctrl + C〉键，再在画面空白处按下〈Ctrl + V〉键，可复制指示灯。在图库列表中点开“开关”，选择一个开关放在画面上，在图库列表中点开“仪表”，选中一个仪表放在画面上即可。新建画面如图3-12所示。

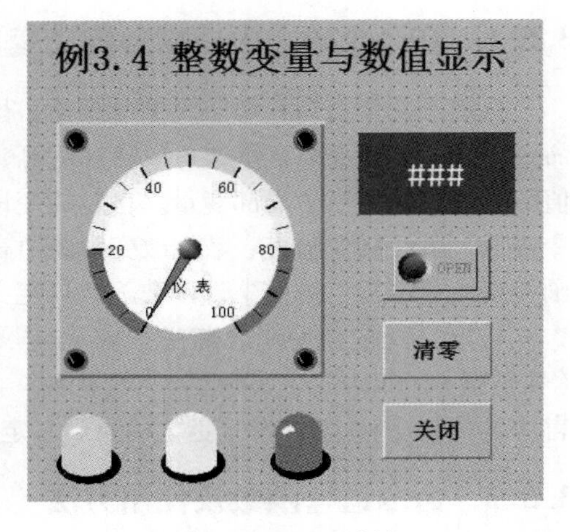

图3-12 画面设计

（3）双击文本“##”弹出“动画连接”界面，在模拟值输入、模拟值输出处关联变量名“\\本站点\数值”；双击仪表，弹出“仪表向导”界面，关联变量名“\\本站点\数值”，在仪表向导中可根据需要设置仪表表盘、仪表量程、仪表刻度、提醒标志等参数；双击指示灯，弹出“指示灯向导”界面，分别关联三个指示灯对应的离散变量，如：“\\本站点\指示灯3”，并可根据需要设置指示灯的正常色和报警色，以及闪烁时的闪烁条件和闪烁速度；双击开关按钮，弹出“按钮向导”界面，关联离散变量“\\本站点\开关”，可根据需要对开关按钮进行设置。

（4）在画面中单击鼠标右键，选择“画面属性”，单击命令语言进入编辑程序界面，选择“存在时”选项卡，并将“每3000毫秒”改为“每500毫秒”，在“存在时”编辑页面编写程序，程序脚本如下：

```
if( \\本站点\开关 ==1)
                    \\本站点\数值 = \\本站点\数值 +1;
if( \\本站点\数值 >=20 && \\本站点\数值 <50)
```

```
            \\本站点\指示灯 1 =1;
else
            \\本站点\指示灯 1 =0;
if( \\本站点\数值 >= 50 && \\本站点\数值 < 80)
            \\本站点\指示灯 2 =1;
else
            \\本站点\指示灯 2 =0;
if( \\本站点\数值 >= 80 && \\本站点\数值 <= 100)
            \\本站点\指示灯 3 =1;
else
            \\本站点\指示灯 3 =0;
```

（5）双击“清零”按钮，在“动画连接”中选择“弹起时”，进入命令语言编辑画面，编写命令语言如下：

```
\\本站点\数值 =0;
\\本站点\指示灯 1 =0;
\\本站点\指示灯 2 =0;
\\本站点\指示灯 3 =0;
\\本站点\开关 =0;
```

（6）双击“关闭”按钮，双击“清零”按钮，在“动画连接”中选择“弹起时”，进入命令语言编辑画面，使用 Exit 函数，编写命令语言如下：

```
Exit(0);
```

（7）画面编辑完成后，单击“全部存”按钮，然后单击“切换到 View”按钮，打开运行系统，进入运行画面。单击“Open”按钮，数值从零开始累加，仪表指针随数值同步显示。当数值累加至 20 ~ 50 区间时，只有绿灯闪亮；当数值累加至 50 ~ 80 时，只有黄灯闪亮；当数值累加至 80 ~ 100 时，只有红灯闪亮。再单击“开关”按钮，数值停止累加，单击“清零”按钮，仪表、指示灯和数值均复位清零，单击“关闭”按钮，画面将退出运行系统。运行效果如图 3-13 所示。

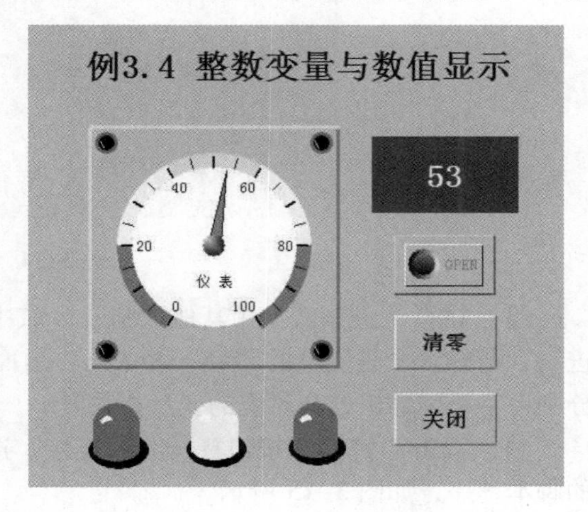

图 3-13 运行系统画面

3.7 数制转换工程实例

数制转换是指将一个数从一种计数制转换成另外一种计数制表示法，常用的数制有十进制、二进制、十六进制等。人们在实际生活中使用的是十进制，而计算机使用的是二进制。本例程通过按钮的命令语言实现十进制与十六进制、二进制等之间的相互转换。

（1）在组态王工程管理器中，新建“数制转换工程”，并将此工程设为当前工程。进入组态王工程浏览器，在数据词典中新建所需变量，新建变量如表 3-3 所示。

表 3-3　定义变量

变量名称	变量类型	变量初始值
十进制	内存整型	0
二进制	内存字符串	0
八进制	内存字符串	0
十六进制	内存字符串	0
Input	内存字符串	0
Output	内存整型	0

（2）在组态王开发系统中新建数制转换画面，在画面中写下文字并插入按钮。单击工具箱中的“文本”控件，在画面中写入文本内容。单击工具箱中“按钮”控件，单击鼠标右键，选择“字符串替换”，将按钮名称改为“转换”，画面如图 3-14 所示。

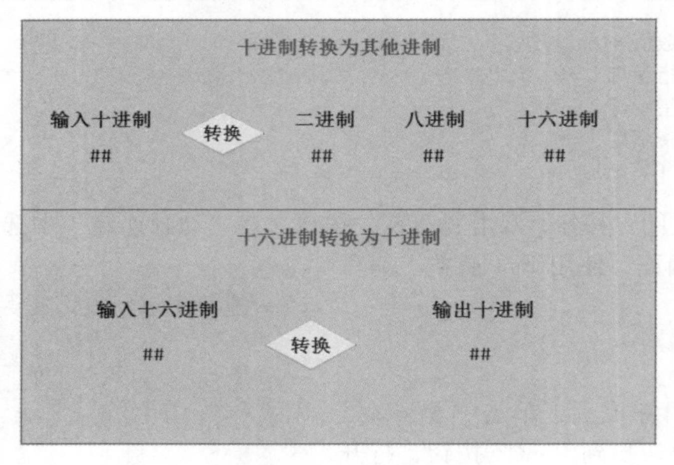

图 3-14　画面设计

（3）在“十进制转换为其他进制”区域中，在模拟值输入、模拟值输出处将变量“十进制”与输入十进制下的“##”相关联，后面的二进制、八进制、十六进制所对应的“##”分别在字符串输出处与对应的变量相关联。

（4）双击“转换”按钮打开动画连接，选择“弹起时”，编辑十进制转换为其他进制的脚本程序，如图 3-15 所示。

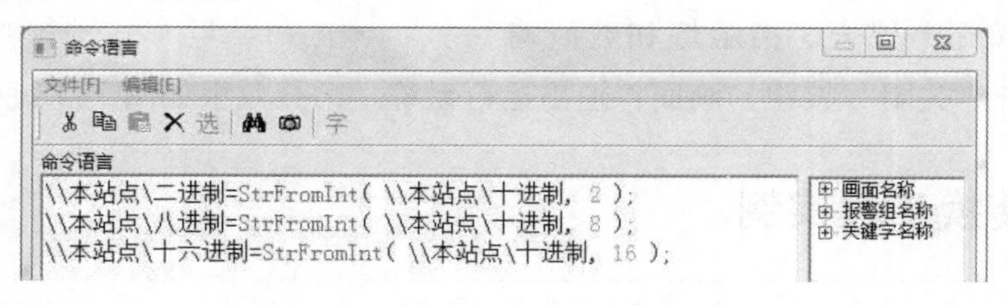

图 3-15　“转换”按钮命令语言

（5）在“十六进制转换为十进制”区域中，在字符串输入、字符串输出处将变量“Input”与输入十六进制下的“##”相关联，在模拟值输出处将变量“Output”与输出十进制下的“##”相关联。由十六进制转换为十进制的转换按钮命令语言如下：

```
long Result;
long ASC_0 = StrASCII("0");
long ASC_9 = StrASCII("9");
long ASC_A = StrASCII("A");
long ASC_F = StrASCII("F");
longASC_Get_str;
\\本站点\Output = 0;//单击一次重新计算结果,否则会累加
while(Count <= sLength)
{
    Get_str = StrMid(\\本站点\Input,count,1 );//依次取出字符串的每一位
    ASC_Get_str = StrASCII(Get_str );//然后转换出该位的 ASC 码
    if( ASC_0 <= ASC_Get_str&&ASC_Get_str <= ASC_9)//如果该位在 0 ~ 9 之间,则保持 0 ~ 9
        Get_Value = StrASCII(Get_str ) - ASC_0;
    if(ASC_A <= ASC_Get_str&&ASC_Get_str <= ASC_F)//如果该位在 A ~ F 之间,则为 10 ~ 15
        Get_Value = StrASCII(Get_str ) - ASC_A + 10;
    Result = Get_Value;//获取该位的值,然后乘以 16 的 N 次幂
    Count_1 = Count;
    while(Count_1 < sLength)
    {
        Result = Result * 16;
        Count_1 = Count_1 + 1;
    }
    \\本站点\Output = \\本站点\Output + Result;
    Count = Count + 1;
}
```

（6）画面编辑完成后，选择“全部存”，然后单击“切换到 View”按钮，打开运行系统，运行画面。在输入十进制下输入一个十进制数，单击“转换”按钮，即可得出相对应的二进制、八进制、十六进制的结果。在输入十六进制下输入一个十六进制数，单击“转换”按钮，即可转换为相应的十进制数。如图 3-16 所示。

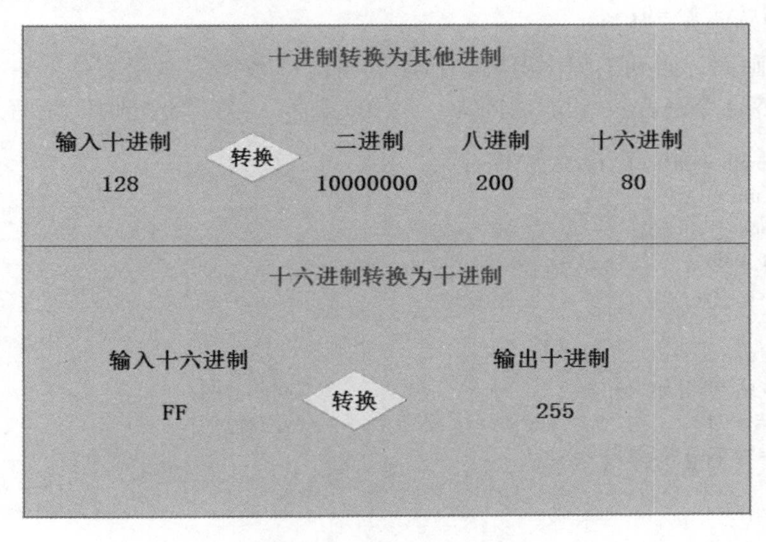

图 3-16　运行系统画面

3.8 流水灯延时工程实例

设计一个开关控制、延时可调的流水灯。

（1）首先新建一个工程，打开工程，在“数据词典”中新建10个变量（见表3-4）。

表3-4 定义变量

变 量 名	变 量 类 型	初 始 值
延时	内存整数	
开始	内存离散	关
灯1～灯8	内存离散	关

（2）在“画面”中新建一个“流水灯”画面并打开。绘制图3-17所示画面。（单击“图库”→“打开图库”→“指示灯”，双击其中一个灯放到画面上，然后复制出另外7个，字样“间隔：## ×0.1 s”是由文本“间隔：______ ×0.1 s”、“##”组成。）

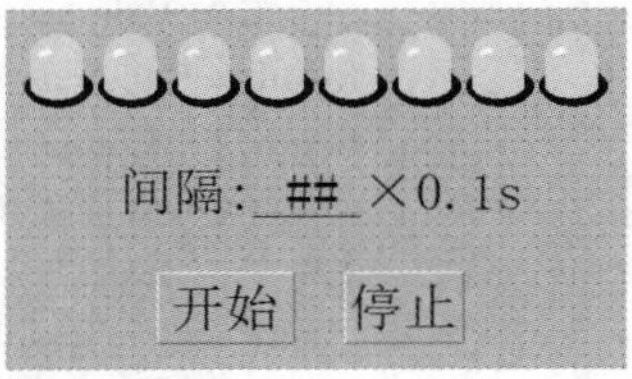

图3-17 画面设计

（3）分别双击这8个灯，依次关联变量“\\本站点\ 灯1～\\本站点\灯8”。

（4）双击文本“##”，分别选择“模拟值输出”和“模拟值输入”，表达式为“\\本站点\ 延时”。

（5）双击“开始”按钮，选择“弹起时”，输入下面程序：

```
\\本站点\开始 =1;
```

（6）双击“停止”按钮，选择“弹起时”，输入下面程序：

```
\\本站点\开始 =0;
```

（7）保存画面，回到工程浏览器，在左侧单击“系统”→“文件”→“命令语言”，双击“应用程序命令语言”，设置时间为“每100毫秒”，在“运行时”下写入下面程序：

```
longsLength = StrLen( \\本站点\Input );
long Count =1;
long Count_1;
longGet_Value;
stringGet_str;
long a;
long b;
if( \\本站点\开始 ==1)                    //间隔时间//
    a =a +1;                              //开始流动//
if(a >= \\本站点\延时)
{
    a =0;
    b =b +1;
}
```

```
if(b==15)
      b=1;                                    //花
if(b==1)
      \\本站点\灯1=1;
else
      \\本站点\灯1=0;                          //
if(b==2 || b==14)
      \\本站点\灯2=1;
else
      \\本站点\灯2=0;                          //
if(b==3 || b==13)
      \\本站点\灯3=1;
else
      \\本站点\灯3=0;                          //
if(b==4 || b==12)
      \\本站点\灯4=1;
else
      \\本站点\灯4=0;                          //
if(b==5 || b==11)
      \\本站点\灯5=1;
else
      \\本站点\灯5=0;                          //
if(b==6 || b==10)
      \\本站点\灯6=1;
else
      \\本站点\灯6=0;                          //
if(b==7 || b==9)
      \\本站点\灯7=1;
else
      \\本站点\灯7=0;                          //
if(b==8)
      \\本站点\灯8=1;
else
      \\本站点\灯8=0;                          //样
```

（8）回到工程浏览器，单击“配置”→“运行系统”，在“主画面配置”中选中“流水灯”，在“特殊”中设置运行系统基准频率为100毫秒，单击“确定”按钮返回到工程浏览器。单击“VIEW”按钮进入运行系统。单击“##”输入时间间隔，单击“开始”按钮，可以看到8个灯左右循环逐个点亮。设置的间隔时间越长，闪灯的速度越慢，如图3-18所示。

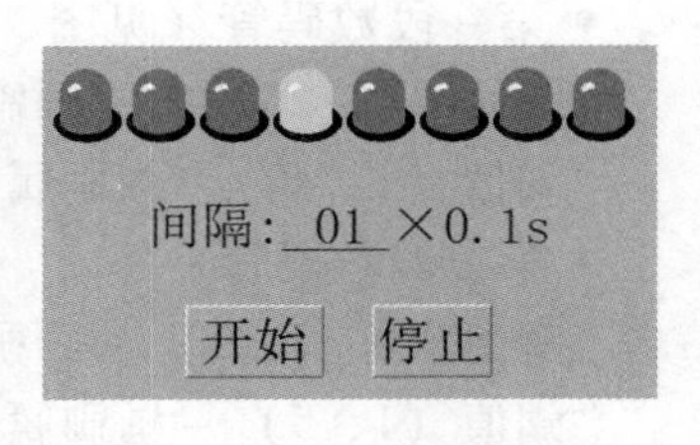

图3-18　系统运行画面

3.9　倒计时工程实例

设计一个两位数的数码管倒计时。

（1）首先新建一个工程，打开工程，在“数据词典”中新建4个变量（见表3-5）。

表3-5　定义变量

变 量 名	变量类型	最 小 值
个位	内存整数	-1
十位	内存整数	-1
倒计时	内存整数	
状态	内存整数	

（2）在“画面”中新建一个“倒计时”画面并打开。绘制图3-19中的“画面成品”，具体方法为：使用工具箱中的“多边形”画出其中一段数码管，然后在复制出领完6段，字样“请输入倒计时：数字 s”是由文本“请输入倒计时：s”、“数字”组成。

图3-19　画面设计

（3）根据“真值表”双击各数码管设置对应的“填充属性”：做“个位”的七段数码管的表达式都关联“\\本站点\个位”，做“十位”的七段数码管的表达式都关联“\\本站点\十位”；对于个位和十位的数码管刷属性设置如下。

- 第一段数码管（见图3-20）：

“阈值（0、2、5）－画刷属性类型（第一个）－颜色（红）”。

“阈值（1、4）－画刷属性类型（第二个）－颜色（白）”。

- 第二段数码管：

“阈值（0、2、7）－画刷属性类型（第一个）－颜色（红）”。

“阈值（1、5）－画刷属性类型（第二个）－颜色（白）”。

- 第三段数码管：

“阈值（0、3）－画刷属性类型（第一个）－颜色（红）”。

“阈值（1）－画刷属性类型（第二个）－颜色（随意）”。

- 第四段数码管：

“阈值（0、2、5、8）－画刷属性类型（第一个）－颜色（红）”。

“阈值（1、4、7）－画刷属性类型（第二个）－颜色（白）”。

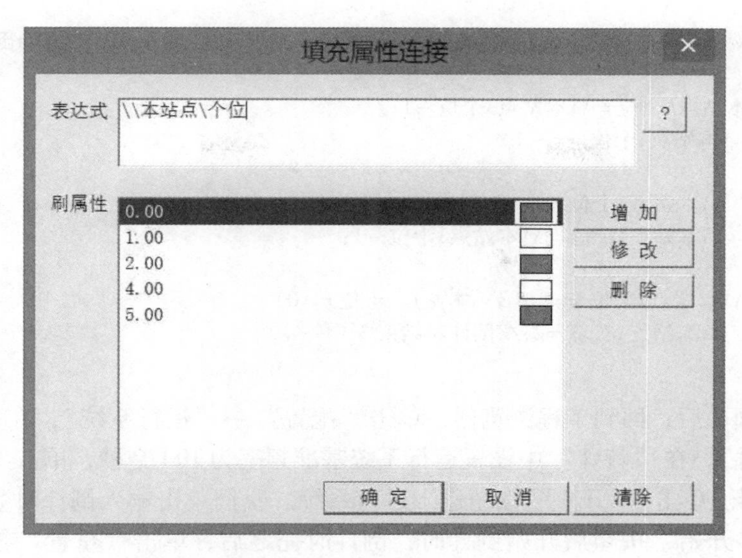

图 3-20　填充属性设置

● 第五段数码管：
“阈值（0、6、8）－画刷属性类型（第一个）－颜色（红）”。
“阈值（3、7、9）－画刷属性类型（第二个）－颜色（白）”。
● 第六段数码管：
“阈值（0、4、8）－画刷属性类型（第一个）－颜色（红）”。
“阈值（2、7）－画刷属性类型（第二个）－颜色（白）”。
● 第七段数码管：
“阈值（2、8）－画刷属性类型（第一个）－颜色（红）”。
“阈值（0、7）－画刷属性类型（第二个）－颜色（白）”。

（4）双击文本“数字”，在“模拟值输出/输入”表达式选择“\\本站点\倒计时”。

（5）双击“开始”按钮，选择“弹起时”，输入下面程序：

```
\\本站点\状态 =1;
```

（6）双击“重置”按钮，选择“弹起时”，输入下面程序：

```
\\本站点\状态 =0;
```

（7）在画面灰色处单击鼠标右键，选择“画面属性”→“命令语言”，设置时间为“每 1000 毫秒”，在“存在时”下写入下面程序：

```
if( \\本站点\状态 ==0)                //显示输入值//
{
    if( \\本站点\倒计时 ==0)
        \\本站点\十位 =0;
    else
        \\本站点\十位 =( \\本站点\倒计时 -5)/10; //凑“十”位//
    \\本站点\个位 = \\本站点\倒计时 - \\本站点\十位 * 10;//凑“个”位//
}
```

```
if(\\本站点\状态==1 && (\\本站点\十位+\\本站点\个位)! =0) //开始倒计时//
{
    \\本站点\个位=\\本站点\个位-1;
    if(\\本站点\个位== -1)
    {
        \\本站点\个位=9;
        \\本站点\十位=\\本站点\十位-1;
    }
    if(\\本站点\个位==0 &&\\本站点\十位==0)
        \\本站点\状态=2;//倒计时结束//
}
```

（8）保存画面后，回到工程浏览器，单击“配置”→“运行系统”，在“主画面配置”中选择“倒计时”，在“特殊”中设置运行系统基准频率为100毫秒，单击“确定”按钮返回到工程浏览器。单击“VIEW”按钮进入运行系统。我们单击输入倒计时数，数码管会跟着显示，单击“开始”按钮后开始倒计时，倒计时完之后，单击“重置”按钮，或者先改变倒计时数后再单击“重置”按钮，数码管恢复显示，再次单击“开始”按钮后又开始倒计时，如图3-21所示。

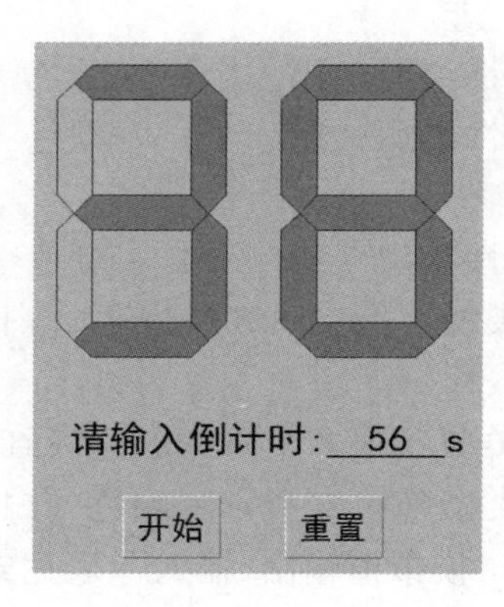

图3-21 系统运行画面

3.10 本章小结

本章主要讲述了命令语言的类型和命令语言函数的基本使用。命令语言的类型主要有程序命令语言、数据改变命令语言、事件命令语言、热键命令语言以及自定义函数命令语言。程序命令语言可分为画面命令语言、动画连接命令语言和后台命令语言，其中前两种只在画面显示时有效，后一种具有全局性，只要系统处于运行状态，无论画面是否打开都有效。命令语言函数的基本使用同C语言类似，组态王系统中其他函数多数是为特定的功能而规定的，需要通过查看帮助来理解。

第4章　趋势曲线和其他曲线

本章介绍组态王软件中的历史趋势曲线、内置温控曲线、超级XY曲线以及配方管理等基础理论知识和历程应用，这是学习组态必要部分。

4.1　历史趋势曲线控件

KVHTrend曲线控件是组态王以Active X控件形式提供的绘制历史曲线和ODBC数据库曲线的功能性工具。该曲线可以连接组态王的历史库，也可以连接工业库服务器，还可以通过ODBC数据源连接到其他数据库上。连接组态王历史库或工业库服务器时，可以定义查询数据的时间间隔。可实现某条曲线在某个时间段上的曲线比较。

4.1.1　创建历史曲线控件

在组态王工程浏览器中新建画面，在工具箱中单击“插入通用控件”按钮，或选择菜单“编辑”下的“插入通用控件”命令，在“插入控件”对话框的列表中选择“历史趋势曲线”，单击“确定”按钮，鼠标箭头变为“+”字形，在画面上选择一点位置作为控件的左上角，按下鼠标左键并拖动，画面上显示出一个虚线的矩形框，该矩形框为创建后的曲线的外框。当达到所需大小时，松开鼠标左键，则历史曲线控件创建成功，画面上显示出该曲线，如图4-1所示。

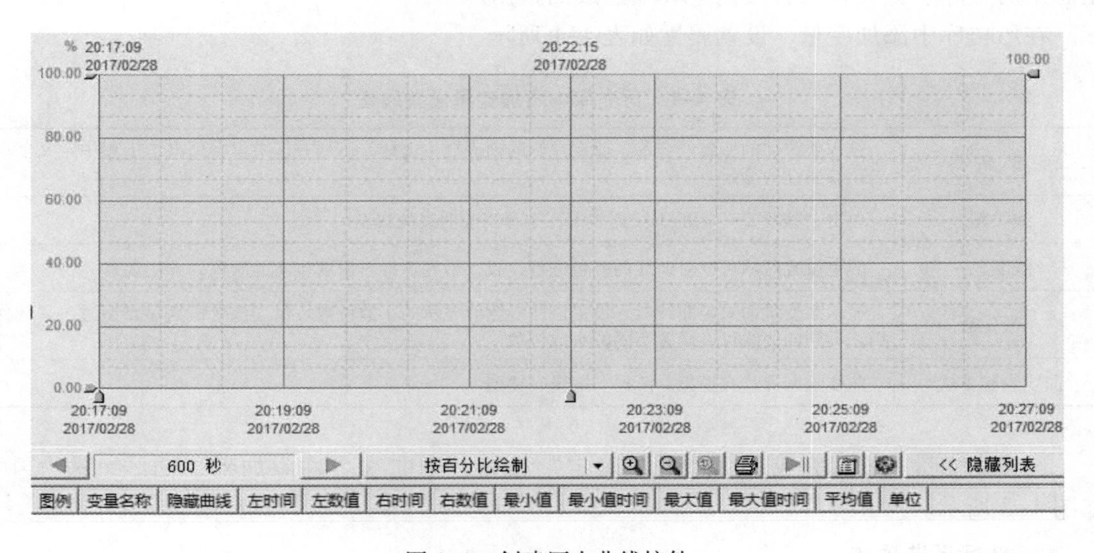

图4-1　创建历史曲线控件

4.1.2 设置历史曲线的固有属性

历史趋势曲线控件创建完成后，在控件上单击鼠标右键，在弹出的快捷菜单中选择“控件属性”命令，弹出历史曲线控件的固有属性对话框，如图 4-2 所示。

控件固有属性含有以下几个选项卡：曲线、坐标系、预置打印选项、报警区域选项、游标配置选项。

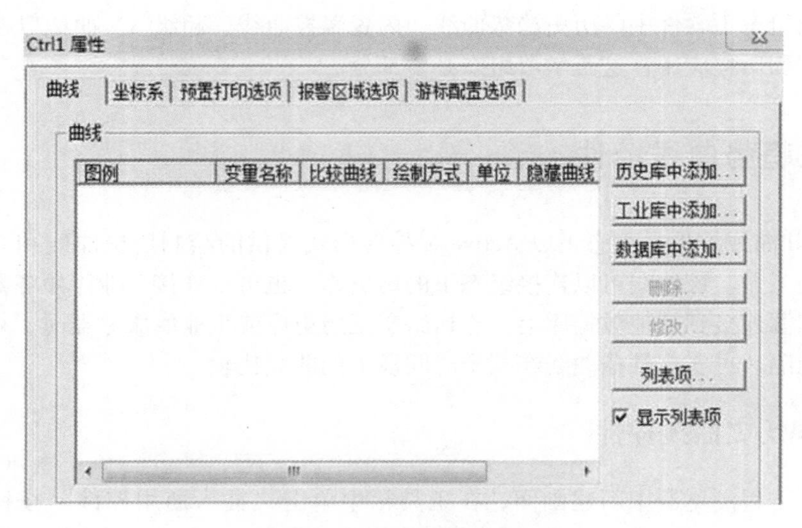

图 4-2 历史曲线固有属性

1. 曲线选项卡

曲线选项卡用于说明定义的绘制曲线时，历史数据的来源。曲线中数据的来源，可以是组态王历史库、工业库或者其他 ODBC 连接的数据源。

在历史库中添加变量，设置属性如表 4-1 所示。

表 4-1 历史库中添加变量设置属性

变量名称	输入要添加的变量的名称，或在左侧的列表框中选择，该列表框中仅会列出本工程中定义了历史记录属性的变量
线类型	单击“线类型”后的下拉列表框，选择当前曲线的线型
线颜色	颜色设置区域可以对曲线的颜色进行设置，最好选择辨识度较高的颜色，方便观察
小数位数	显示某变量的对应曲线时，设置该曲线数值显示的小数位数。仅当该变量是浮点型时，才起作用。不同的曲线可以设置不同的小数位数
曲线绘制方式	曲线绘制方式有模拟、阶梯、逻辑、棒图

选择完变量并配置完成后，单击“确定”按钮，则曲线名称添加到“曲线列表”中。如图 4-3 所示。

2. 坐标系选项卡

坐标属性如表 4-2 所示。

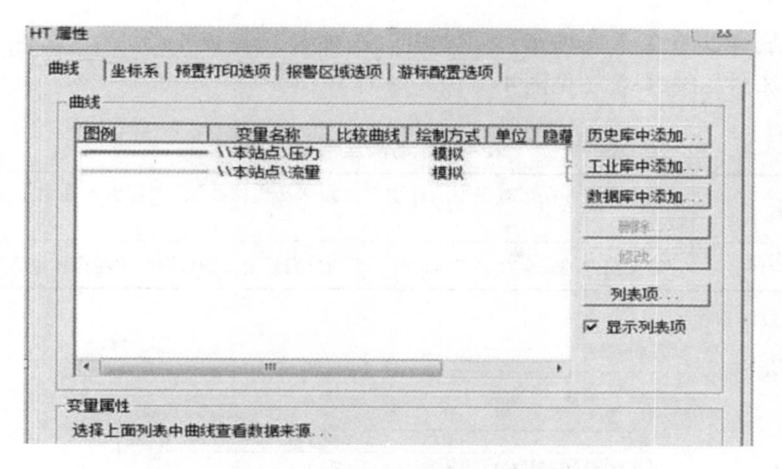

图 4-3　增加历史库变量到曲线列表

表 4-2　坐标属性

边框颜色和颜色背景	设置曲线图表的边框颜色和图表背景颜色
绘制坐标轴选项	是否在图表上绘制坐标轴
分割线	定义时间轴、数值轴主次分割的数目、线的类型、颜色等
标记数值 Y 轴	定义 Y 轴的各种属性
标记数值 X 轴	定义 X 轴的各种属性
游标显示	如果选中，在绘图区显示左游标和右游标

4.1.3　设置历史曲线的动画连接属性

由于该历史曲线以控件形式出现，因此，该曲线还具有控件的属性，即可以定义“属性”和“事件”。用鼠标双击该控件，弹出“动画连接属性”对话框，如图 4-4 所示。

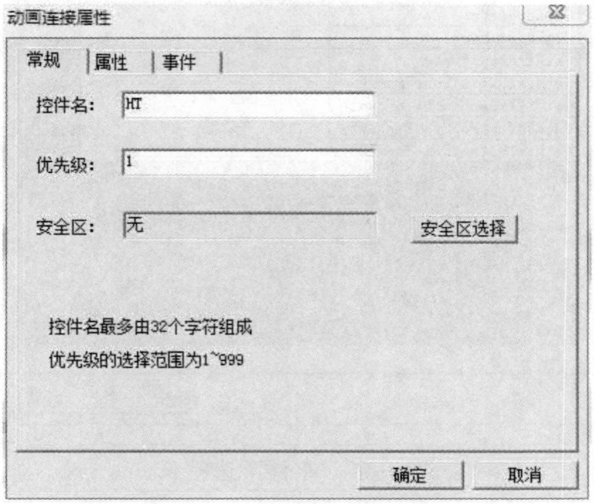

图 4-4　动画连接属性对话框

动画连接属性共有 3 个选项卡：“常规”选项卡（见表 4-3）、“属性”选项卡（见图 4-5）和“事件”选项卡（见图 4-6）。

表 4-3　动画连接属性

控　件　名	定义该控件在组态王中的标识名，如“历史曲线”，该标识名在组态王当前工程中应该唯一
优先级、安全区	定义控件的安全性。在运行时，当用户满足定义的权限时才能操作该历史曲线

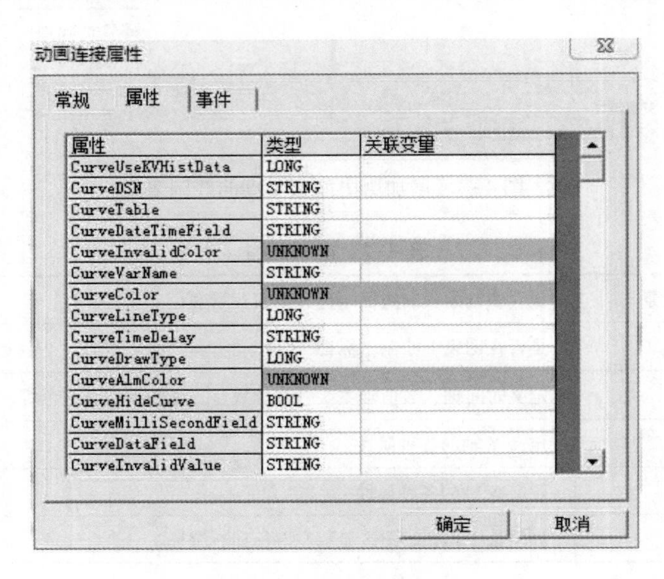

图 4-5　“属性”选项卡

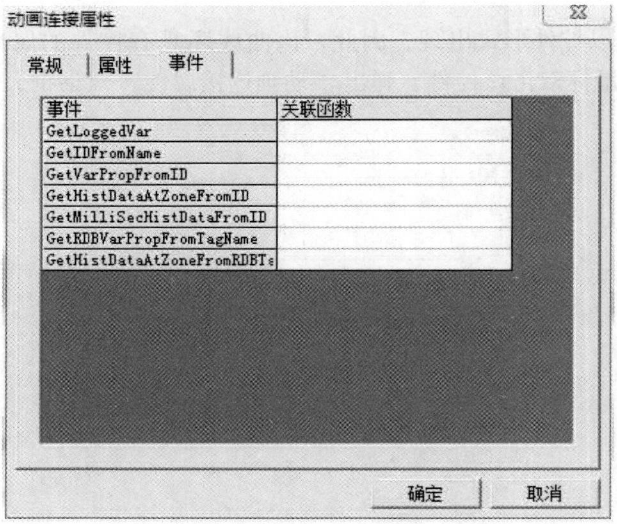

图 4-6　“事件”选项卡

4.1.4 历史曲线属性和方法

历史曲线属性及含义如表4-4所示。

表4-4 历史曲线属性及含义

序号	名称	数据类型	含义
1	CurveUseKVHistData	Long（只读）	曲线历史数据来源的类型：0：数据库；1：历史库；2：工业库
2	CruveDSN	String	使用数据源名称
3	CurveTable	String	数据库的表名
4	CurveDateTimeField	String	数据库的时间字段名
5	CurveVarName	String	连接变量名
6	CurveDataField	String	数据字段名称
7	CuryeInvalidValue	String	无效值字段名称
8	CurveUser	String	ODBC 数据源用户名
9	CurvePwd	String	ODBC 数据源密码
10	CurveShowDotDataVal	Bool	是否显示数据点的数值

历史曲线控件提供了很多控件方法，供用户在命令语言中调用。表4-5给出了常用的历史曲线控件方法的说明。

表4-5 历史曲线控件说明

序号	控件方法	功能	参数说明	返回值
1	Void ChangeCurveVarName (x,e)	改变历史曲线所连接的变量，该变量数据来自组态王历史库	x：曲线索引号 e：变量名	无
2	Void HTUpdateToCurrentTime()	将曲线的终止时间设为当前时间	无	无
3	Void HTSetLeftScooterTime (T,s)	设置曲线时间坐标起点	T：时间的年月日时分秒部分，将该时间用 HTConvertTime()函数转换为自1970年1月1日0时到指定时间的秒数 s：时间的毫秒部分	无
4	Void SetTimeParam (Time, s,X,W)	设置历史曲线时间坐标起点、时间轴长度	T：时间年月日时分秒部分 s：时间的毫秒部分 X：时间轴长度 W：时间轴长度单位。0-秒 1-分 2-时 3-日 4-毫秒	无
5	voidPrintCurve()	打印，与控件打印按钮实现相同功能	无	无

4.1.5　历史趋势曲线控件例程

1. 工程概述

很多工业现场都会要求反映出实际测量值按设定曲线变化的情况。在历史趋势曲线中，纵轴代表一个或多个变量值，横轴对应时间的变化，同时将每一个变量数据采样点显示在曲线中。组态王中的实现方法：利用组态王内置温控曲线及其函数来反映出实际测量值按设定曲线变化的情况。主要适用于压力、流量、温度等变化，该例程中为电压、电流随时间变化的曲线变化。

2. 操作步骤

（1）创建新工程

打开工程管理器，新建工程名为“历史趋势曲线”。

（2）定义变量

在数据词典中新建三个变量：第一个为“电压”，数据类型为“I/O 实数”，寄存器类型选择“INCREA100”，数据类型为“SHORT”；第二个为“电流”，数据类型为“I/O 实数”，寄存器类型选择“DECREA100”，数据类型为“SHORT”；第三个为“功率”，数据类型为“内存实数”。

（3）创建历史趋势曲线

在组态王开发系统中新建“历史趋势曲线”画面，单击工具箱中的“插入通用控件”按钮，弹出“插入控件”对话框。在“插入控件”对话框内选择“历史趋势曲线”控件。双击控件，鼠标变成十字形。然后在画面上画一个矩形框，历史趋势曲线控件就放到画面上了。可以任意移动、缩放温控曲线控件。双击控件，弹出“属性设置”，将控件名命名为“Ctrl0”。

单击鼠标右键选择“控件属性”，从历史库中添加“电压”及“电流”两个变量，如图 4-7 所示。

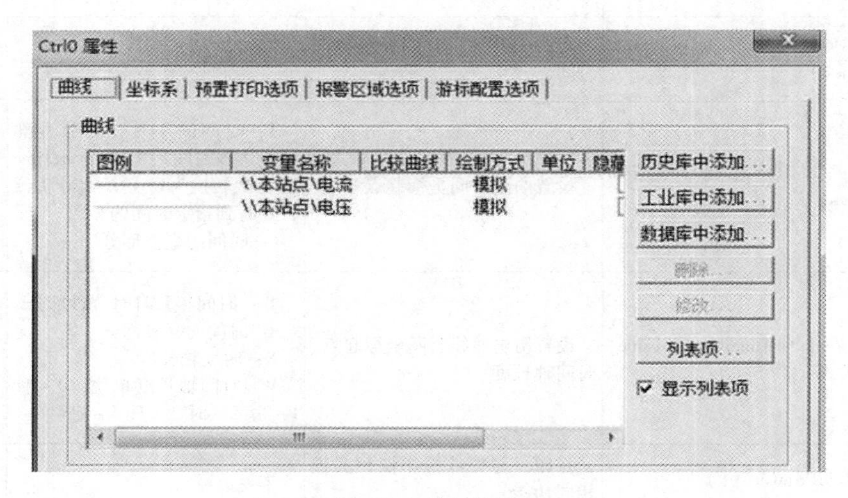

图 4-7　曲线设置

曲线添加后，单击“坐标系”，在“数值（Y）轴”中选择“自适应实际值”，其余各项属性设置详见如图 4-8 所示。

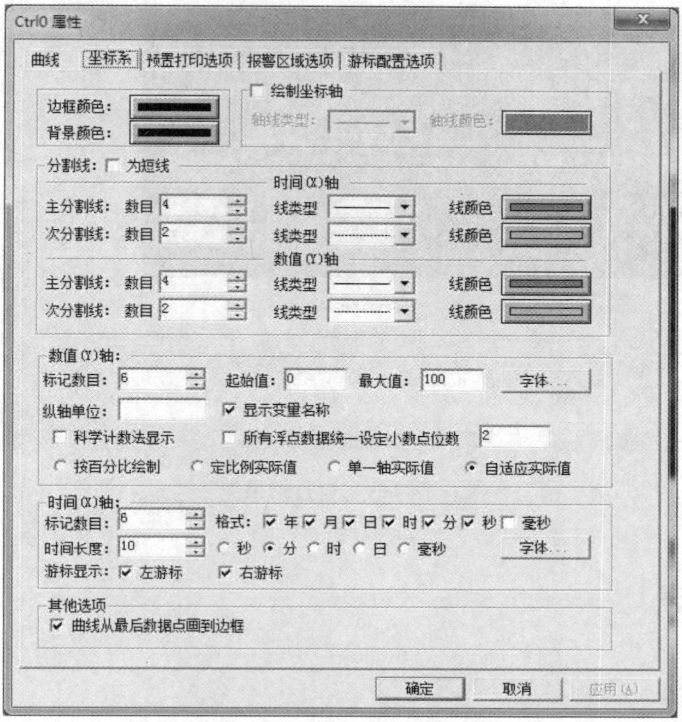

图 4-8　曲线设置

（4）编辑画面

在画面中写入文本“电流”“电压”“功率”，并分别关联对应变量，动画连接都为模拟值输出。单击鼠标右键，选择“画面属性”，在画面命令语言中写入程序：

```
Ctrl0. HTUpdateToCurrentTime( );
\\本站点\功率 = (\\本站点\电压 * \\本站点\电流)/1000;
```

其中，“Ctrl0”为历史趋势曲线控件名；函数 HTUpdateToCurrentTime( )将趋势曲线的终止时间设置为当前时间，时间轴长度保持不变，主要用于查看最新数据；而功率计算则根据公式：功率 = 电压 * 电流，单位为“kW”，所以要除以 1000。

（5）切换到运行系统

保存画面后，在工程浏览器的“系统配置”→“设置运行系统”中进行“主画面配置”，将“历史趋势曲线”画面设置为主画面。然后切换到运行系统。运行如图 4-9 所示。

历史趋势曲线控件自带的工具栏中提供了很多方便实用的控制按钮功能供用户使用，包括：放大曲线，缩小曲线，插入设置段、修改设置段、删除设置段、调整坐标值、左右移动曲线、左边界右移和右边界左移等。

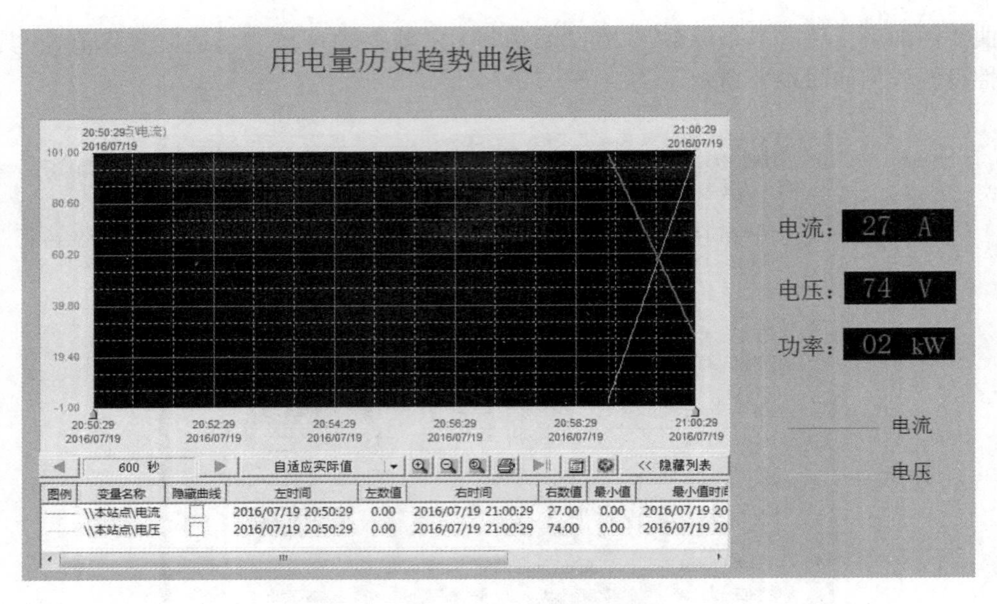

图 4-9　运行结果

4.2　配方管理

4.2.1　配方概述

配方是生产过程中一些变量对应的参数设定值的集合，在制造领域，配方用来描述生产一件产品所用的不同配料之间的比例关系。组态王提供的配方管理由两部分组成：配方管理器和配方函数集。配方管理器用于创建和维护配方模板文件，配方函数允许组态王运行时对包含在配方模板文件中的各种配方进行选择、修改和删除等处理。

4.2.2　配方的工作原理

组态王中的所有配方都在配方模板文件中定义和存储，每一个配方模板文件以扩展名为csv 的文件格式存储，一个配方模板文件通过配方定义模板产生。配方定义模板用于定义配方中的所有项目名、项目类型、数据变量（与每一个项目名对应）和配方名。每一个配方对应每一个配料成分所要求的数量大小。

配方定义模板完成后，在组态王运行时可以通过配方函数进行各种配方的调入、修改等，工作原理结构如下所示：

项目和变量名				配方		
项目名	项目类型	变量名		配方 1	配方 2	配方 3
配料 1	实数型	变量 1	配方	11	21	31
配料 2	实数型	变量 2		12	22	32
配料 3	实数型	变量 3	分配	13	23	33
配料 Q	实数型	变量 Q		1Q	2Q	3Q

配方分配的功能是由配方函数完成的，能将指定的配方（如配方 1）传递到相应的变量中。

4.2.3 创建配方模板

在组态王的工程浏览器中创建和管理配方模板文件，在“文件”选项卡列表中选中“配方”，并单击“新建”按钮，弹出“配方定义”对话框。如图 4-10 所示。

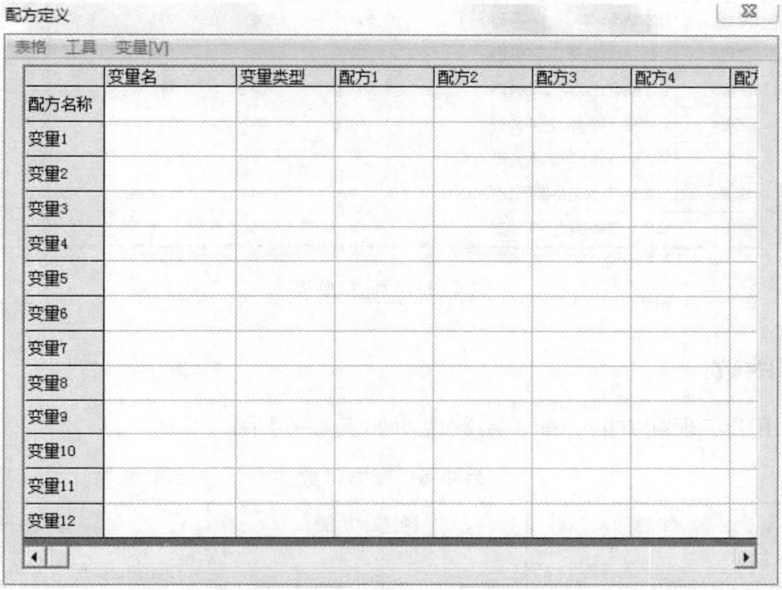

配方定义

表格 工具 变量[V]

	变量名	变量类型	配方1	配方2	配方3	配方4	配方
配方名称							
变量1							
变量2							
变量3							
变量4							
变量5							
变量6							
变量7							
变量8							
变量9							
变量10							
变量11							
变量12							

图 4-10 “配方定义”对话框

变量名为组态王中已经定义的数据变量名，定义配方之前必须先在数据词典中定义所有配方中要用到的变量。

变量类型为整数型、实数型、离散型或字符串型中的一种，当用户选择变量名后，变量类型会自动加入，不需要用户输入。若用户手动输入变量名，变量类型不自动加入，需用户输入。

在“配方定义”窗口有“表格”“工具”和“变量”菜单，用于在创建配方时进行编辑处理。

创建配方模板的步骤如下。

（1）添加变量

选中“变量 1”所在列名为“变量名”的单元格，单击“变量”菜单栏，弹出“选择变量名”窗口，选中一个已经定义好的变量，单击“确定”按钮，完成变量选择。“配方定义”窗口中相应变量的变量类型自动显示出来。如果变量名是由手动输入的，则需要手动输入相应的变量类型。加入多个变量的方法相同。

（2）建立配方

在第一行中各个配方名称对应的单元格中输入各配方的名称。单击“配方 1”下面的单元格，输入配方名称即可。再在下面对应变量中输入每种配方不同的变量的量值。

（3）修改配方属性

编辑完配方之后，单击“工具”菜单中的“配方属性”，定义配方模板的名称为“奶茶配方”，按照实际配方种类和使用的变量输入数据。创建完成的配方如图 4-11 所示。

配方定义

表格 工具 变量[V]

	变量名	变量类型	配方1	配方2	配方3	配方4
配方名称			原味	果味	咖啡	巧克力
变量1	\\本站点\水	实数型	500	500	500	500
变量2	\\本站点\奶精	实数型	150	150	150	150
变量3	\\本站点\白糖	实数型	100	100	100	70
变量4	\\本站点\果味剂	实数型	0	80	0	0
变量5	\\本站点\咖啡粉	实数型	0	0	80	0
变量6	\\本站点\食用香料	实数型	30	30	30	30
变量7	\\本站点\巧克力	实数型	0	0	0	110

图 4-11 配方模板

4.2.4 配方函数

配方函数用于实现配方的分配，函数说明如表 4-6 所示。

表 4-6 配方函数

序 号	函数名称	函数功能	参数说明
1	RecipeDelete("filename", "recipeName")	删除指定配方模板文件中当前指定的配方	filename：配方模板文件存放的路径和相应的文件名。recipeName：配方模板文件中特定配方的名字
2	RecipeLoad("filename","recipeName")	将指定配方调入模板文件中的数据变量中	filename：同上 recipeName：同上
3	RecipeSave("filename","recipeName")	用于存放一个新建配方或把对原配方的修改变化存入已有的配方模板文件中	filename：同上 recipeName：同上
4	RecipeSelectNextRecipe("filename","recipeName")	在配方模板文件中选择指定配方的下一个配方	filename：同上 recipeName：同上
5	RecipeSelectPreviousRecipe("filename","recipeName")	在配方模板文件中选择当前配方的前一个配方	filename：同上 recipeName：同上
6	RecipeSelectRecipe("filename", "recipeNameTag", "Mess")	在指定的配方模板文件中选取工程人员输入的配方，运行此函数后，工程人员可以输入指定的配方，并把此配方名送入字符串变量中存放	filename：同上 recipeNameTag：是一个字符串变量，存放工程人员选择的配方名字 Mess：字符串提示信息，由工程人员自己设定
7	RecipeInsertRecipe(filename, InsertRecipeName)	用于在配方中选定的位置插入一个新的配方	filename：同上 InsertRecipeName：要插入的新配方的名称

4.2.5 配方管理的工程实例

1. 工程概述

利用组态王中的配方管理列出奶茶各种口味可选配料成分表（如水、奶精、巧克力等），而这些可选配料可以被添加到基本配方中用于生产各种口味的奶茶。

2. 操作步骤

（1）创建新工程

打开组态王工程管理器，创建一个新工程。

（2）定义变量

在数据词典中新建 8 个变量，变量名称依次为：水，奶精，白糖，果味剂，咖啡粉，食用香精，巧克力，奶茶口味；变量类型为内存实数，初始值为 0.00000 的实数，最大值为 1000。

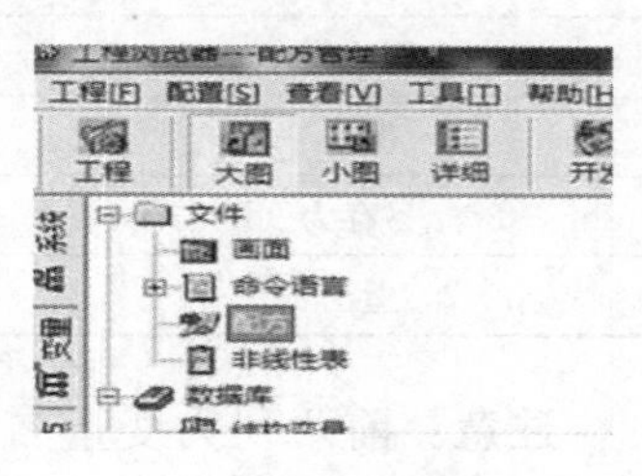

图 4-12 创建新配方

（3）创建配方模板

在工程浏览器的目录显示区中，选中大纲项“文件”下的成员“配方”，如图 4-12 所示。

双击右侧的“新建”，弹出如图 4-13 所示对话框。

图 4-13 配方定义

“配方定义”对话框具体说明如表 4-7 所示。

表 4-7 配方定义窗口说明

名　称	含　义
变量名	组态王中已定义的数据变量名
变量类型	可以为整数型、实数型、离散型、字符串型中的一种，当选择变量名后，变量类型会自动加入，不需要输入

（续）

名　称	含　义
增加行	在鼠标所点行的位置上面增加一行
删除行	删除鼠标所点的行
增加列	在鼠标所点列的位置前面增加一列
删除列	删除鼠标所点的列
保存	把指定文件保存在相应目录下
另存为	把指定文件保存在指定目录下
退出	退出配方

注意：前两列为变量名、变量类型。对话框中的第一行中的一二列是不可操作的，即无法在这两个单元格中输入任何内容。

单击“工具”菜单栏，选择“配方属性”，弹出“定义配方”对话框，如图4–14所示。

本次项目有4种口味，7种配料，即配方为4，变量为7。

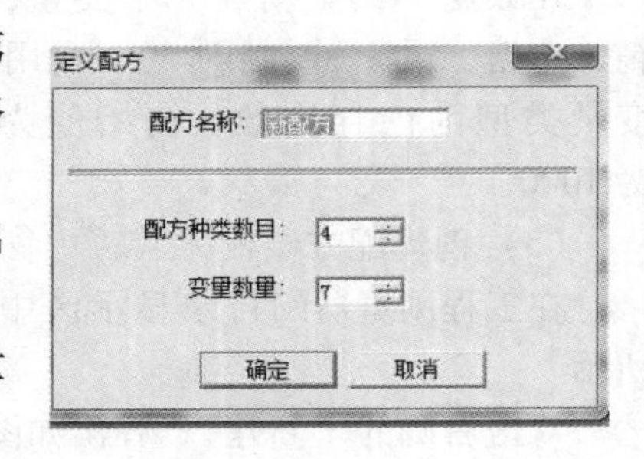

图4–14　“定义配方”对话框

注意：配方种类数目和变量数量要与实际配方中种类数目、变量数量相同，否则运行过程中不能正确调用配方。

单击“变量”，选择数据词典中的变量，加载进配方，如图4–15所示。

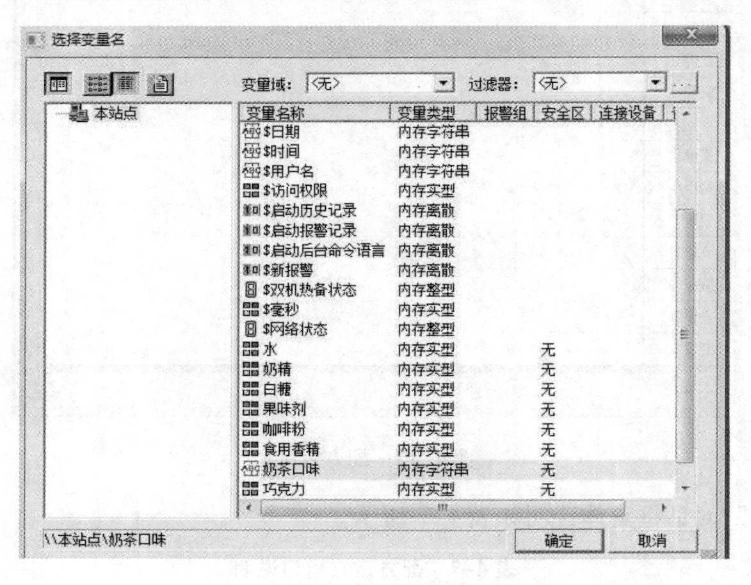

图4–15　选择配方

将已定义的变量水、奶精、白糖、果味剂、咖啡粉、食用香精、巧克力、奶茶口味添加到配方中，并添加配方相对应的具体数值，数值可根据配方的实际情况进行填写，如

图 4-16 所示。

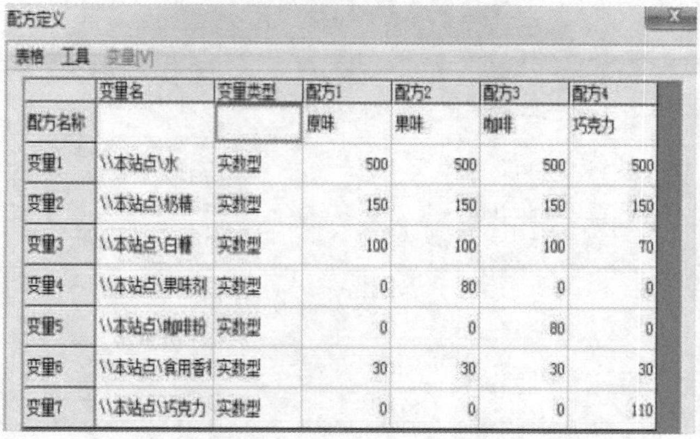

配方定义

表格 工具 变量[V]

	变量名	变量类型	配方1	配方2	配方3	配方4
配方名称			原味	果味	咖啡	巧克力
变量1	\\本站点\水	实数型	500	500	500	500
变量2	\\本站点\奶精	实数型	150	150	150	150
变量3	\\本站点\白糖	实数型	100	100	100	70
变量4	\\本站点\果味剂	实数型	0	80	0	0
变量5	\\本站点\咖啡粉	实数型	0	0	80	0
变量6	\\本站点\食用香料	实数型	30	30	30	30
变量7	\\本站点\巧克力	实数型	0	0	0	110

图 4-16 配方定义

填写完成后进行保存，保存路径必须在当前工程文件夹下，否则无法调用配方。保存名称可任取，但需要记住所取的名字，以备后面需要。

（4）编辑画面

创建“配方管理”画面，背景色可自选。如图 4-17 所示。

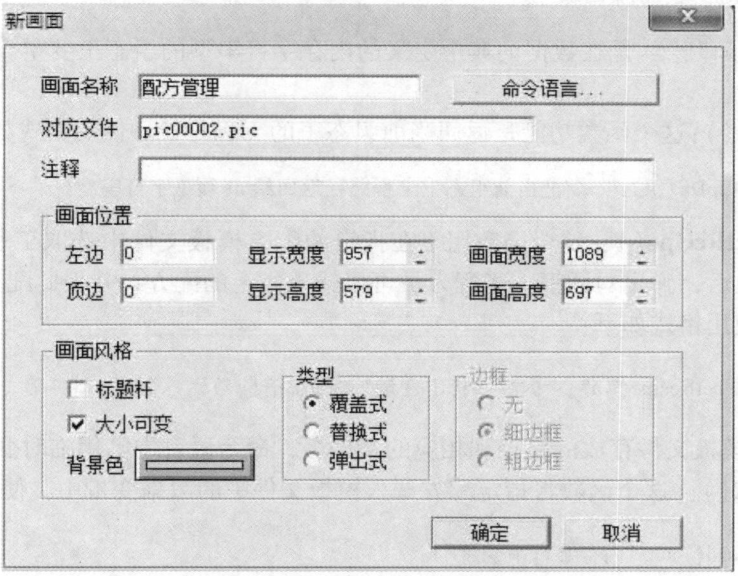

新画面

画面名称 配方管理 命令语言...

对应文件 pic00002.pic

注释

画面位置

左边 0 显示宽度 957 画面宽度 1089

顶边 0 显示高度 579 画面高度 697

画面风格

标题杆 大小可变 背景色

类型 覆盖式 替换式 弹出式

边框 无 细边框 粗边框

确定 取消

图 4-17 新画面

在配方管理画面上建立配料变量显示（见图 4-18），并进行变量关联，绘制多个按钮，给每个按钮连接配方管理命令语言函数。

变量关联时，需要关联输入及输出。

- “选择口味”

按钮弹起时的命令语言如下：

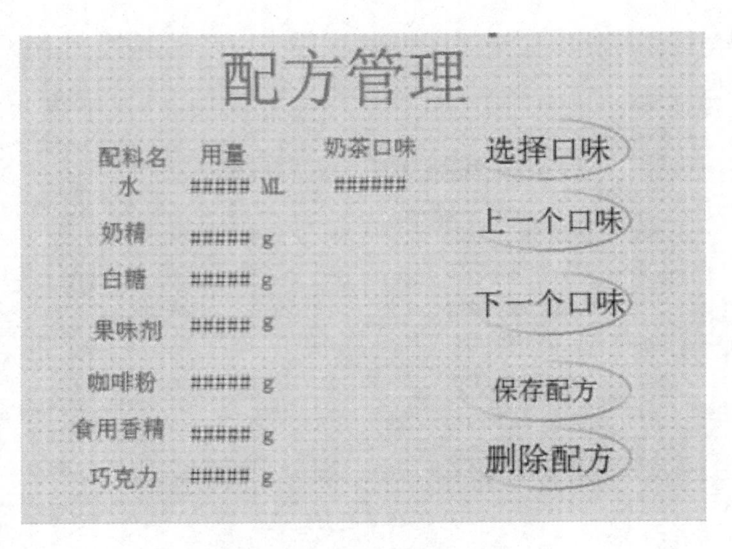

图 4-18 “配方管理” 画面

```
string a;
a = InfoAppDir( ) + "\新配方 . CSV";  //把工程文件中"\新配方 . CSV"配方返回给 a
RecipeSelectRecipe(a,奶茶口味, "请输入配方" );
RecipeLoad( a, 奶茶口味 );
```

其中,“奶茶口味” 是在数据词典中定义的内存字符串型的组态王变量。

函数说明:

InfoAppDir( ): 这个函数功能是返回当前组态王的工程路径。使用格式如下:

```
a = InfoAppDir( );      //把当前组态王工程路径返回给 a(须是字符串型)
```

RecipeSelectRecipe( ): 这个函数用于在指定的配方模板文件中选取工程人员输入的配方, 运行此函数后, 弹出对话框, 工程人员可以输入指定的配方, 并把此配方名送入字符串变量中存放。使用格式如下:

```
RecipeSelectRecipe( "a" , "内存字符串变量" ,"提示信息" );
```

a: 指配方模板文件存放的路径和相应的文件名, 命令语言中已用临时变量 a 代替。

RecipeLoad( ): 这个函数将指定配方调入模板文件中的数据变量中。使用格式如下:

```
RecipeLoad( "a" ,"内存字符串变量" );
```

注: 文件名和配方名如果加上双引号, 则表示是字符串常量, 若不加双引号, 则可以是组态王中的字符串变量。

●“上一个口味”

按钮命令语言如下:

```
string a;
a = InfoAppDir( ) + "\新配方 . CSV";
RecipeSelectPreviousRecipe( a, 奶茶口味 );
```

```
RecipeLoad(a, 奶茶口味 );
```

函数说明:

RecipeSelectPreviousRecipe( ): 此函数用于在配方模板文件中选择当前配方的上一个配方。使用格式如下:

```
RecipeSelectPreviousRecipe("a","内存字符串变量");
```

- **"下一个口味"**

按钮命令语言如下:

```
string a;
a = InfoAppDir( ) + "\新配方.CSV";
RecipeSelectNextRecipe( a, 奶茶口味 );
RecipeLoad( a,奶茶口味 );
```

函数说明:

RecipeSelectNextRecipe( ): 此函数用于在配方模板文件中选择指定配方的下一个配方。使用格式如下:

```
RecipeSelectNextRecipe("a","内存字符串变量");
```

- "保存配方"

按钮命令语言如下:

```
string a;
a = InfoAppDir( ) + "\新配方.CSV";
RecipeSave( a, \\本站点\奶茶口味 );
```

函数说明:

RecipeSave( ): 此函数用于存放一个新建配方或把对原配方的修改变化存入已有的配方模板文件中。使用格式如下:

```
RecipeSave("a","内存字符串变量");
```

- **"删除配方"**

按钮命令语言如下:

```
string a;
a = InfoAppDir( ) + "\新配方.CSV";
RecipeDelete( a, \\本站点\奶茶口味 );
```

函数说明:

RecipeDelete( ): 此函数用于删除指定配方模板文件中当前指定的配方。使用格式如下:

```
RecipeDelete("a","内存字符串变量" );
```

(5) 运行画面

配方管理画面就制作好了,保存画面,全部存入,然后切换到运行系统中。单击配方操作按钮,对配方进行各种操作,单击"选择口味"按钮打开配方模板并选择某口味,将配方中的数据调入画面中;也可以选择配方模板中的上下口味,改掉各个配料用量,还可创建新的配方存入配方模板中,或者删除配方模板中的配方。

运行画面如图 4-19 所示。

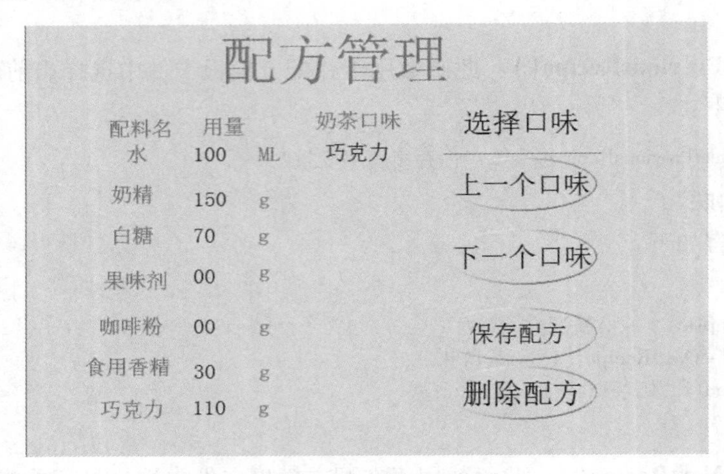

图 4-19　运行系统

4.3　内置温控曲线

温控曲线可以反映实际测量值按设定曲线变化的情况，广泛应用在实际的工业现场中。温控曲线在组态王中以控件形式提供。

4.3.1　内置温控曲线简述

在温控曲线中，纵轴代表温度值，横轴对应时间变化，同时将每一个温度采样点显示在曲线中。温控曲线主要适用于温度控制，流量控制等。利用组态王内置温控曲线及其函数、配方及其函数能够反映出实际测量值按设定曲线变化的情况。

4.3.2　创建温控曲线

在组态王工程浏览器中新建画面，单击工具箱中的“插入控件”按钮或选择菜单命令“编辑→插入控件”，弹出“创建控件”对话框。

在“创建控件”对话框内选择“趋势曲线”下的“温控曲线”控件，如图 4-20 所示。

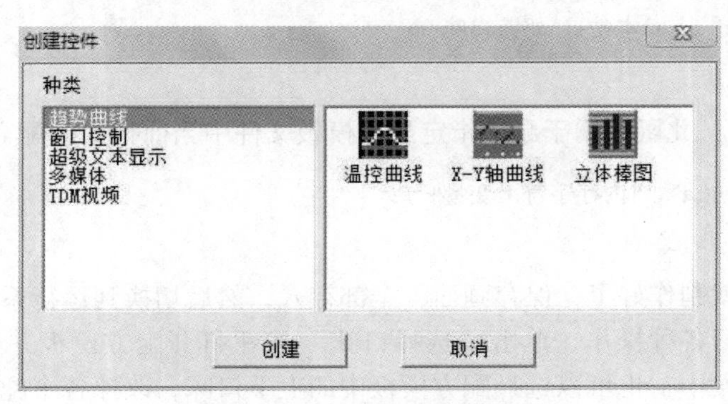

图 4-20　创建温控曲线控件

4.3.3　温控曲线属性及设置

双击控件可弹出温控曲线“属性设置”对话框，在此对话框中可对温控曲线的名称、刻度、设定方式、颜色设置、显示属性等基本属性进行设置，设置后可在运行画面中显示出效果，如图 4-21 所示。温控曲线常用属性设置页面的各项说明见表 4-8。

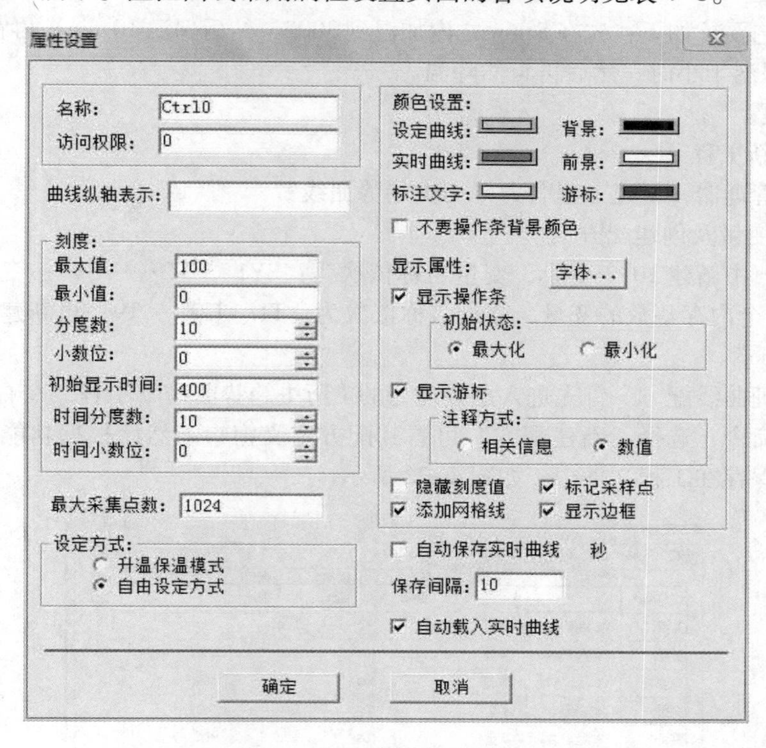

图 4-21　温控曲线属性设置

表 4-8　温控曲线常用属性设置页面的各项说明

刻　度	最大值	设置温控曲线纵轴坐标的最大/最小值 设定纵轴所代表变量的变化范围
	最小值	
	分度数	指定纵轴的最大坐标值与最小坐标值的等间隔数，默认为 10 等份间隔
	小数位	设置纵轴坐标刻度值的有效小数位
	初始显示时间	设定曲线横轴坐标的初始显示时间
	时间分度数	设定横轴的时间分度值，设定值越大，时间分得越细
	时间小数位数	设置横柱坐标刻度值的有效小数位
设定方式	升温保温模式	不可以在温控曲线上添加设定点
	自由设定方式	可以再温控曲线上直接添加设定点
颜色设置	颜色设置区域可以对曲线、背景等部分的颜色进行设置，最好选择辨识度较高的颜色，方便观察	
显示属性	字体	设置刻度和游标的字符串字体
	显示操作条	设置显示/隐藏曲线中的操作条，默认显示，且初始状态为最大化
	显示游标	设置显示/隐藏游标，默认显示，且注释方式为数值

注意：温控曲线的时间轴单位依赖于添加曲线的基本时间单位，如：以秒为基本单位添加数据采集点，则曲线时间轴的单位为秒。

4.3.4 内置温控曲线工程实例

1. 工程概述

热处理工艺要求如下：先在5 min之内加温到300°，然后保温10 min，再在5 min之内升温到800℃，保温半小时，然后再自然降温。

2. 操作步骤

（1）创建新工程

打开工程管理器，新建工程名为“历史趋势曲线”。

（2）定义变量及创建配方

在数据词典中新建10个变量，变量名称依次为：SV1、SV2……SV9；变量类型为内存实数；新建10个内存整数的变量，变量名称依次为：T1、T2……T9；再新建内存字符串变量“RecipeName”。

创建热处理曲线配方。首先进入已创建好的“历史趋势曲线”工程，在右边命令窗口处即可看见配方命令，选择“新建配方”可看到配方定义窗口。然后根据功能要求创建3个合适的配方并保存在工程文件中。如图4-22所示。

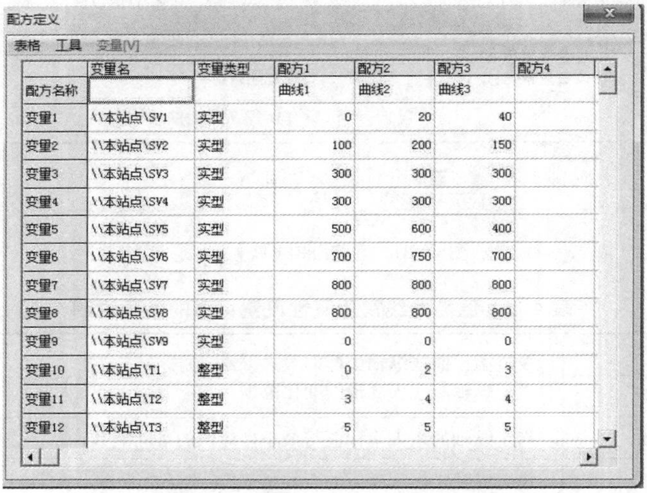

配方定义

表格 工具 变量[V]

	变量名	变量类型	配方1	配方2	配方3	配方4
配方名称			曲线1	曲线2	曲线3	
变量1	\\本站点\SV1	实型	0	20	40	
变量2	\\本站点\SV2	实型	100	200	150	
变量3	\\本站点\SV3	实型	300	300	300	
变量4	\\本站点\SV4	实型	300	300	300	
变量5	\\本站点\SV5	实型	500	600	400	
变量6	\\本站点\SV6	实型	700	750	700	
变量7	\\本站点\SV7	实型	800	800	800	
变量8	\\本站点\SV8	实型	800	800	800	
变量9	\\本站点\SV9	实型	0	0	0	
变量10	\\本站点\T1	整型	0	2	3	
变量11	\\本站点\T2	整型	3	4	4	
变量12	\\本站点\T3	整型	5	5	5	

图4-22 热处理曲线配方

（3）新建画面

新建“热处理温控曲线”画面，在工具箱中选择“插入控件”，在“创建控件”对话框内选择“趋势曲线”下的“温控曲线”控件。

单击温控曲线，在画面放置温控控件。如图4-23所示。

双击控件，弹出“属性设置”对话框，将控件名命名为“热处理曲线”，详细参数设置如图4-24所示。

设置完温控控件参数后，在画面中创建几个功能按钮以及创建时间和温度的变量文

开发系统--开发系统
文件[F] 编辑[E] 排列[L] 工具[T] 图库[Z] 画面[W] 帮助[H]
120
100
80
60
40
20
0
0 20 40 60 80 100 120 140 160 180 200

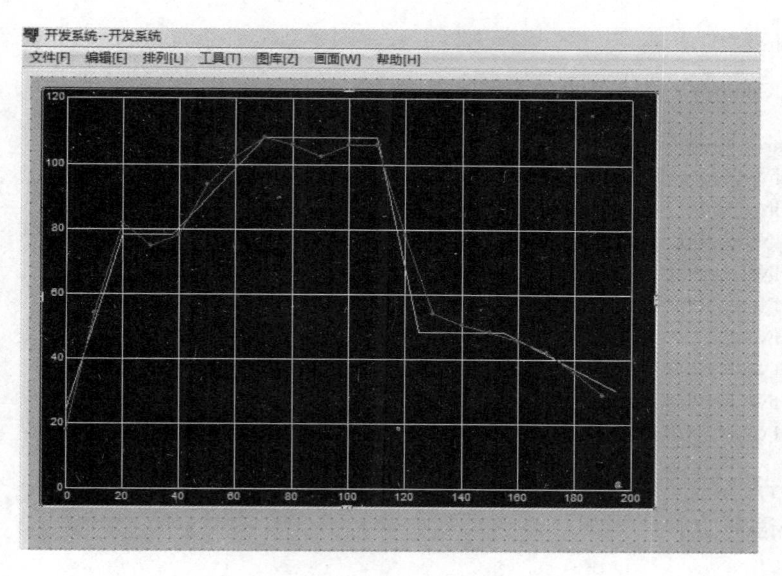

图 4-23　温控曲线控件

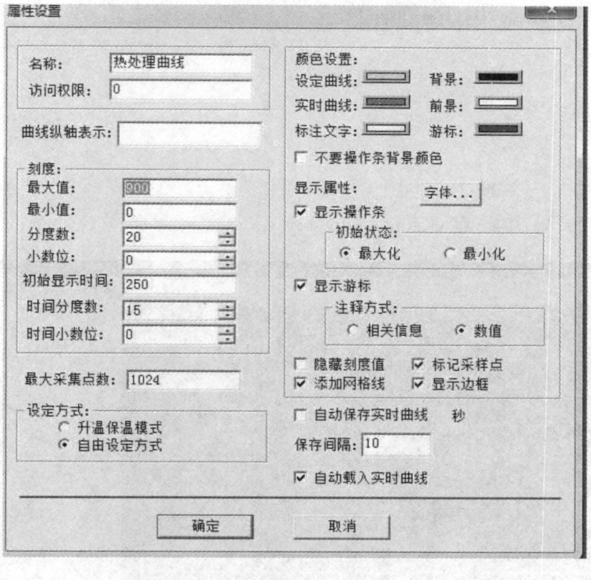

属性设置
名称: 热处理曲线
访问权限: 0
曲线纵轴表示:
刻度:
最大值: 900
最小值: 0
分度数: 20
小数位: 0
初始显示时间: 250
时间分度数: 15
时间小数位: 0
最大采集点数: 1024
设定方式:
升温保温模式
自由设定方式
颜色设置:
设定曲线:
背景:
实时曲线:
前景:
标注文字:
游标:
不要操作条背景颜色
显示属性:
字体...
显示操作条
初始状态:
最大化
最小化
显示游标
注释方式:
相关信息
数值
隐藏刻度值
标记采样点
添加网格线
显示边框
自动保存实时曲线
秒
保存间隔: 10
自动载入实时曲线
确定
取消

图 4-24　“属性设置”对话框

本，再将 SV1、SV2……SV9 和 T1、T2……T9 “RecipeName” 变量进行对应的变量关联。如图 4-25 所示。

- “选择曲线”

按钮弹起时的命令语言如下：

```
string a;
a = InfoAppDir( ) + "\新配方 . CSV" ;
RecipeSelectRecipe( a, RecipeName, "请输入配方" ) ;
RecipeLoad( a, \\本站点\RecipeName) ;
```

●“加载曲线”

按钮弹起时的命令语言如下：

```
pvClear("热处理曲线",0);
pvAddNewSetPt("热处理曲线",T1,SV1);
pvAddNewSetPt("热处理曲线",T2,SV2);
pvAddNewSetPt("热处理曲线",T3,SV3);
pvAddNewSetPt("热处理曲线",T4,SV4);
pvAddNewSetPt("热处理曲线",T5,SV5);
pvAddNewSetPt("热处理曲线",T6,SV6);
pvAddNewSetPt("热处理曲线",T7,SV7);
pvAddNewSetPt("热处理曲线",T8,SV8);
pvAddNewSetPt("热处理曲线",T9,SV9);
```

●“存配方”

按钮命令语言如下：

```
string a;
a = InfoAppDir() + "\新配方.CSV";
RecipeSave(a,\\本站点\RecipeName);
```

●“删除配方”

按钮命令语言如下：

```
string a;
a = InfoAppDir() + "\新配方.CSV";
RecipeDelete(  a,\\ 本站点\RecipeName);
```

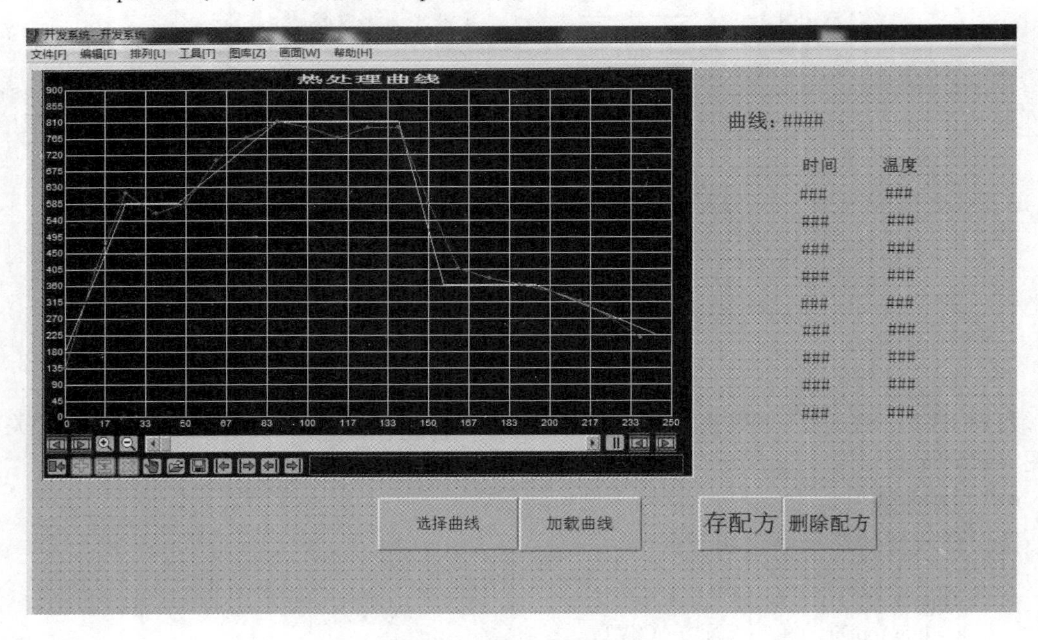

图 4-25 组态王界面

（4）运行画面

单击“切换到 View”切换到运行系统，系统运行画面如图 4-26 所示。系统运行后，可通过按钮“选择曲线”打开配方模板并选择某一曲线配方，将曲线配方中的数据调入画面中，通过“加载曲线”按钮可将已选配方的数值显示在曲线上。还可以在运行系统下对配方进行修改、保存或删除。

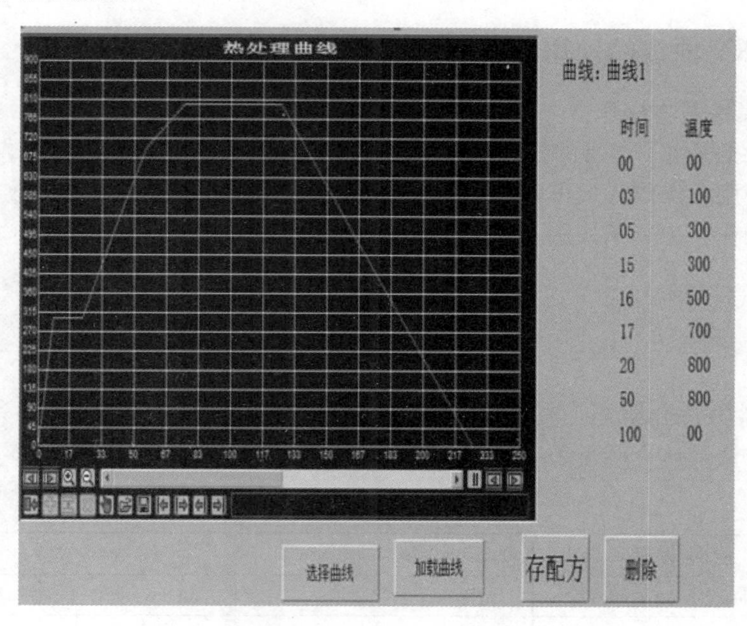

图 4-26　运行系统画面

4.4　超级 XY 曲线控件

超级 XY 曲线控件是组态王以 Active X 控件形式提供的 XY 曲线，与组态王内置的 XY 曲线相比，功能更强大，使用更方便。其主要优势在于提供了更加灵活方便的控件方法来实现更多的功能，该曲线控件可以同时显示 16 条曲线和每条曲线对应的 Y 轴。而且曲线可以保存、调用等，所有的功能都提供了相应的控件方法，可以根据需要灵活地在各种命令语言脚本程序中进行调用。

4.4.1　创建超级 XY 曲线

在组态王画面的工具箱中单击“插入通用控件”或选择菜单“编辑”→“插入通用控件”命令，弹出“插入控件”对话框。在列表中选择“超级 XY 曲线”，单击“确定”按钮，即可开始创建超级 XY 曲。

4.4.2　设置超级 XY 曲线的属性

1. 固有属性

选中画面上创建的控件，单击鼠标右键，在弹出的快捷菜单中选择控件属性”，系统弹出曲线的“固有属性”对话框。固有属性包括颜色、字体、标题、图例、边框、控制。

2. 动画连接属性

在使用该控件之前，需要定义控件的动画连接属性。双击控件，弹出控件的动画连接属性对话框，在“常规”选项卡中的“控件名”输入框中输入控件名称，并定义控件的操作优先级和安全区。

4.4.3 超级 XY 曲线的使用

1. 工具条属性基本操作

超级 XY 曲线提供了丰富的控件方法供用户调用，另外在控件界面上提供了功能全面的工具条供操作使用，操作人员可以利用曲线工具条功能对曲线进行属性修改、缩放、移动、保存、打印等操作，工具条如图 4-27 所示。

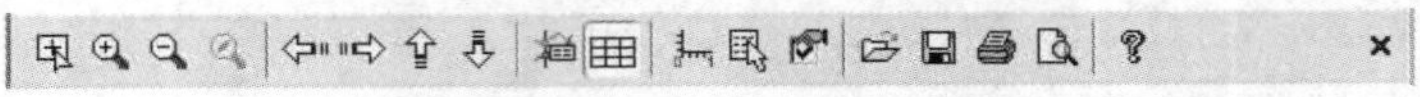

图 4-27 超级 XY 曲线工具条

2. 常用控件方法介绍

常用控件方法具体介绍见表 4-9。

表 4-9 常用控件方法介绍

序号	控件方法	功能	参数	返回值
1	voidClear（short nIndex）	清除一条曲线数据	nIndex：同 1	无
2	voidSetXAxesRange（double XMax，double XMin）	设置 X 轴的最大最小值	Xmax：X 轴的最大值 Xmin：X 轴的最小值。	无
3	voidSetYAxesRange（double YMax，double YMin）	设置 Y 轴的最大最小值	Ymax：Y 轴的最大值 Ymin：Y 轴的最小值	无
4	voidSetXGrids（short nGrids）	设置 X 轴的分度数	nGrids：分度数	无
5	voidSetYGrids（short nGrids）	设置 Y 轴的分度数	nGrids：分度数	无

4.4.4 超级 XY 曲线的工程实例

1. 工程概述

随着工业化的迅速发展，空气质量逐渐恶化，人们的生活环境也开始受到威胁，空气质量的指标需要定时得到监控，对数据进行采集和记录，由于空气质量的相关指标较多，我们在此例程中列举其中 3 项指标进行监控，组态王中的超级 XY 曲线控件能够很好地实现这个功能。

2. 操作步骤

（1）新建工程

在组态王工程管理器中，新建“超级 XY 曲线工程”，并将此工程设为当前工程。

（2）定义变量

进入组态王工程浏览器，在数据词典中新建所需变量，新建变量如表 4-10 所示。

表 4-10　新建变量表

变量名	变量类型	初始值	最大值	最大原始值	连接设备	寄存器	数据类型	数据变化记录
光照度	I/O 整数	0	100	100	PLC	INCREA100	SHORT	0
温度	I/O 整数	0	100	100	PLC	INCREA101	SHORT	0
空气湿度	I/O 整数	100	100	100	PLC	DECREA100	SHORT	0
空气浊度	I/O 整数	100	100	100	PLC	DECREA101	SHORT	0

（3）编辑画面

在组态王开发系统中新建“超级 XY 曲线”画面，单击工具箱中的“插入通用控件”或选择菜单“编辑”下的“插入通用控件”命令，弹出“插入控件”对话框，在列表中选择“超级 XY 曲线”控件，单击“确定”按钮，之后在画面中创建“超级 XY 曲线”控件。双击控件，为控件命名为：XY，保存画面。

选中控件，单击鼠标右键，选择“控件属性”，弹出“XY 属性”界面，单击“坐标”选项卡，对 X、Y 轴的坐标进行设置，选中“X 轴标题”并设置为“光照度”，最大值为 100，如图 4-28 所示，最小值设为 0。在 Y 轴信息区域中，首先设置 Y Axis 0，选中“显示 Y 轴”，将 Y 轴标题设为“温度”，最大值为 100，最小值为 0，在曲线画图区水平位置选择“左边”，并设置其为画图区边界的第 0 条纵轴；然后设置 Y Axis 1，Y 轴标题为“湿度”，最大值为 100，最小值为 0，将其设为画图区边界的第 1 条纵轴；最后设置 Y Axis 2，Y 轴标题为“浊度”，最大值为 100，最小值为 0，在曲线画图区水平位置选择“右边”，将其设为画图区边界的第 2 条纵轴，单击更新 Y 轴信息，曲线控件上即可显示坐标轴信息。在曲线界面中，将 3 条坐标轴选择不同的线性样式，单击“应用”按钮，再单击“确定”按钮，控件属性设置完成，保存画面。属性设置如图 4-29 所示。

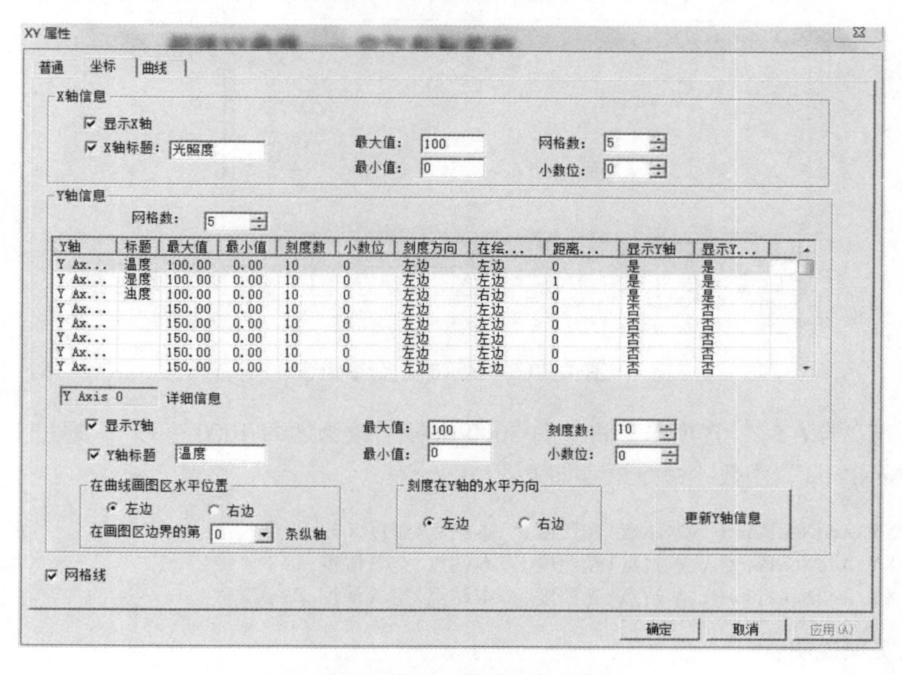

图 4-28　超级 XY 曲线坐标轴设置

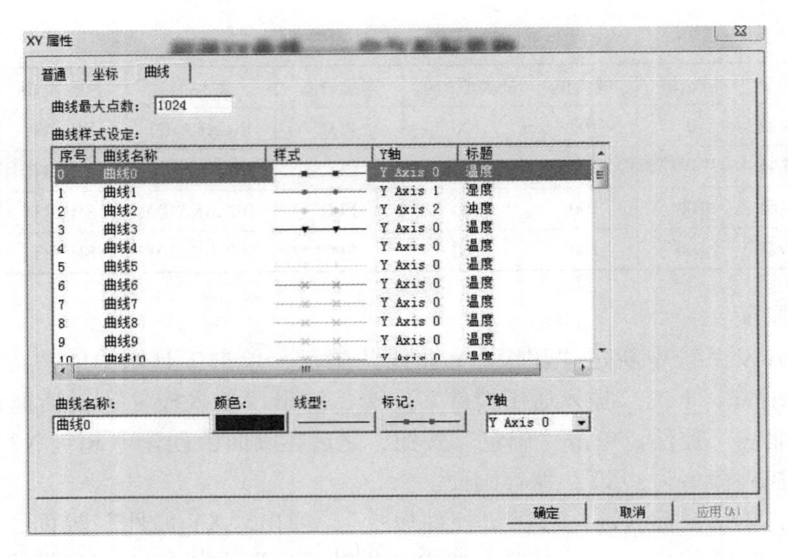

图 4-29　超级 XY 属性设置

在画面中单击鼠标右键，选择“画面属性”，单击“命令语言”，在“画面命令语言”界面中选择“显示时”选项卡，单击编辑窗口下方的“控件”按钮，弹出“控件属性和方法”对话框，在控件名称处选中“XY”，在“查看类型”处选择“控件方法”，在“属性或方法”列表中选择“ClearAll”，单击“确定”按钮，脚本程序如图 4-30 所示。

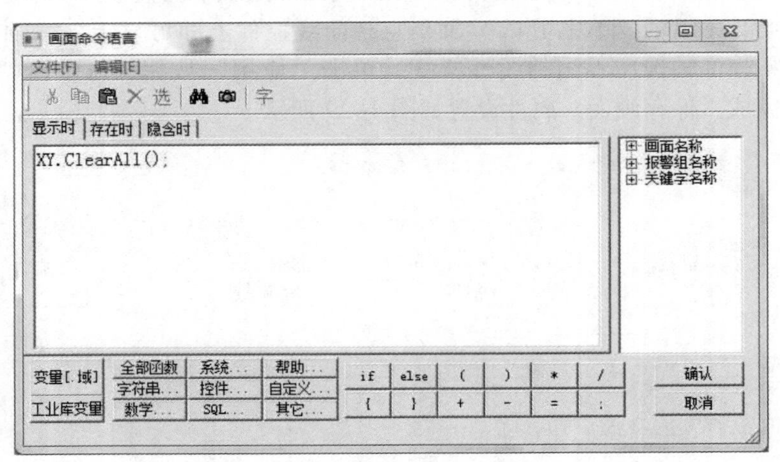

图 4-30　“显示时”命令语言

切换到“存在时”选项卡，将“每 3000 毫秒”改为“每 1000 毫秒”，通过上述方法调用“AddNewPoint”函数，命令语言如下：

```
XY. AddNewPoint(\\本站点\光照度,\\本站点\温度,0);
XY. AddNewPoint(\\本站点\光照度,\\本站点\空气湿度,1);
XY. AddNewPoint(\\本站点\光照度,\\本站点\空气浊度,2);
```

功能实现说明：

我们通过调用控件的方法来实现描点的功能，主要用到的控件方法为：

```
voidAddNewPoint( double x,double y,short nIndex);
```

给指定曲线添加一个数据点，可以在程序开始时定义要显示的曲线。

参数：

x：设置数据点的 x 轴坐标值；y：设置数据点的 y 轴坐标值；nIndex：给出 X－Y 轴曲线控件中的曲线索引号，取值范围为 0～7。

为了方便数据的监控，在画面中添加文本：光照度、温度、空气湿度、空气浊度，并将其对应的“##”通过动画连接在“模拟值输出”处关联变量，用于实时监控数值的变化。编辑完成后保存画面。画面如图 4-31 所示。

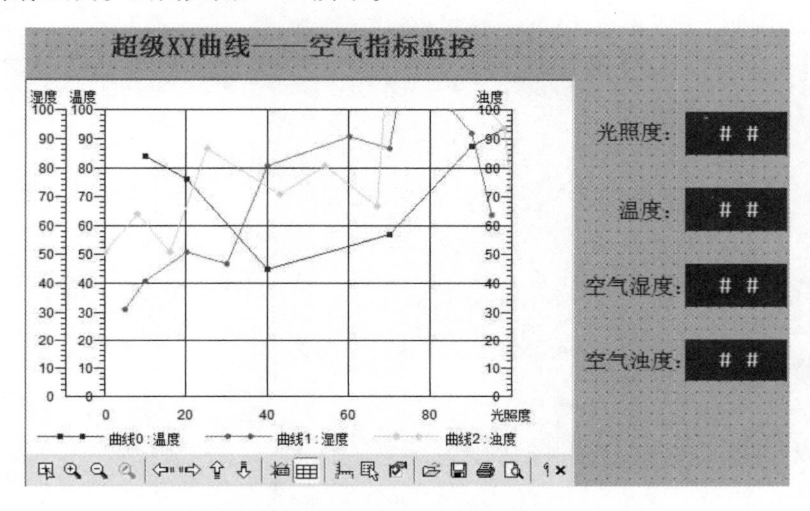

图 4-31　超级 XY 曲线画面

（4）运行画面

单击“切换到 View”切换到运行系统，系统运行画面如图 4-32 所示。

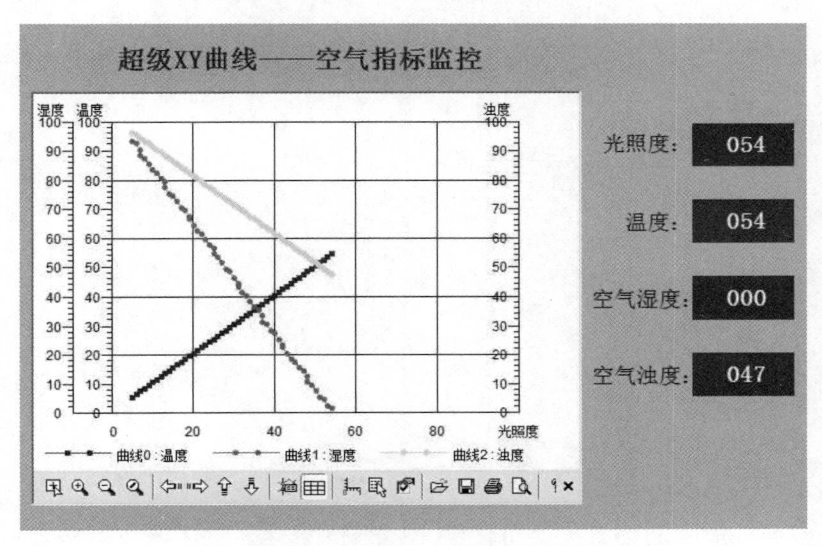

图 4-32　超级 XY 曲线运行画面

4.5 本章小结

本章主要介绍了历史趋势曲线、内置温控曲线、超级 XY 曲线和配方管理 4 个部分的内容，对曲线的控件方法及控件函数的使用进行了详细的说明，每一部分给出了有实际意义的参考例程，以便读者上机操作学习。组态王的趋势曲线、温控曲线和超级 XY 曲线为实时数据和历史数据提供了很直观的显示形式和简单实用的数据分析方法。

第 5 章　报警和事件系统

5.1　报警和事件概述

报警是指当系统中某些量的值超过了所规定的界限时，系统自动产生相应警告信息，表明该量的值已经超限，提醒操作人员。事件是指用户对系统的行为、动作。如修改了某个变量的值，用户的登录、注销，站点的启动、退出等。

组态王中报警和事件的处理方法是：当报警和事件发生时，组态王把这些信息存于内存中的缓冲区中，报警和事件在缓冲区中是以先进先出的队列形式存储，所以只有最近的报警和事件在内存中。当缓冲区达到指定数目或记录定时时间到时，系统自动将报警和事件信息进记录。报警的记录可以是文本文件、开放式数据库或打印机。另外，用户可以从人机界面提供的报警窗中查看报警和事件信息。

5.2　报警定义

5.2.1　定义报警组

在监控系统中，为了方便查看、记录和区别，要将变量产生的报警信息归到不同的组中，即使变量的报警信息属于某个规定的报警组。报警组是按树状组织的结构，缺省时只有一个根节点，缺省名为 RootNode（可以改成其他名字）。可以通过报警组定义对话框为这个结构加入多个节点和子节点。报警组结构如图 5-1 所示。

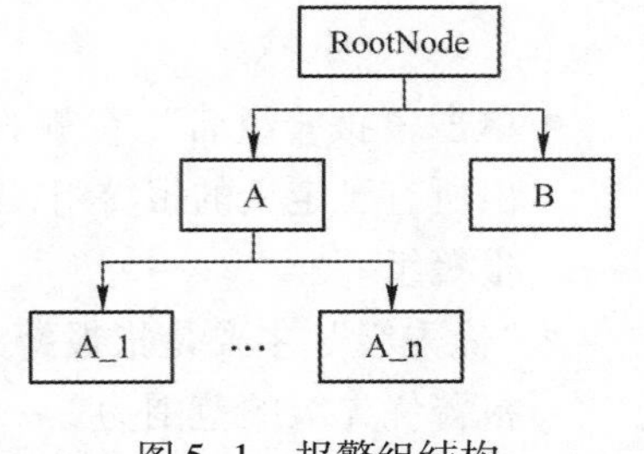

图 5-1　报警组结构

组态王中最多可以定义 512 个节点的报警组。通过报警组名可以按组处理变量的报警事件。定义报警组后，组态王会按照定义报警组的先后顺序为每一个报警组设定一个 ID 号。在工程浏览器单击“系统”→“数据库”→“报警组”，在左侧内容框里双击“请双击这里进入 <报警组>对话框...”图标，出现“报警组定义”对话框，选中“RootNode”（默认为选中），单击“增加”按钮，弹出“增加报警组”对话框，如图 5-2 所示，在对话框内输入“反应车间”。

单击“确定”按钮后，在“RootNode”报警组下，会出现一个“反应车间”报警组节点。选中“RootNode”报警组，单击“增加”按钮，输入“炼钢车间”，单击“确定”按钮，在“RootNode”报警组下，会再出现一个“炼钢车间”报警组节点。选中“反应车间”报警组，单击“增加”按钮，输入“液位”，则在“反应车间”报警组下，会出现一个

"液位"报警组节点。最后在"报警组定义"框下单击"确定"按钮完成整个定义的过程。如图 5-3 所示。

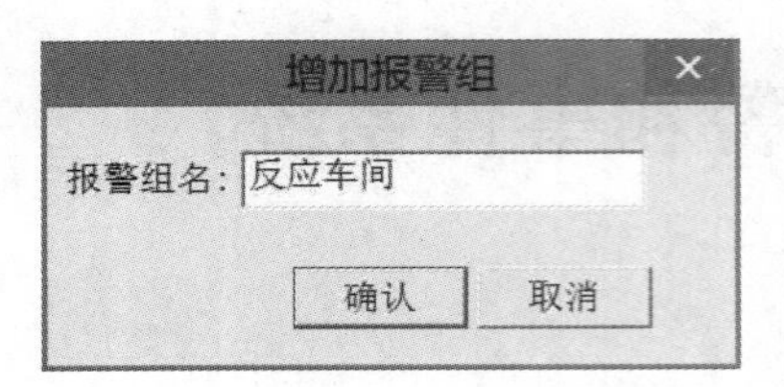

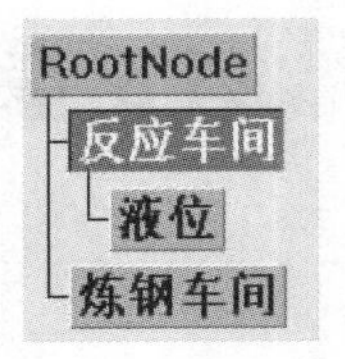

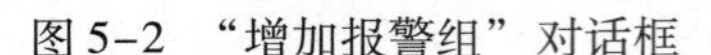

图 5-2 "增加报警组"对话框　　　　图 5-3 定义报警组

5.2.2 定义变量的报警属性

在组态王工程浏览器"数据库"→"数据词典"中新建一个变量或双击一个原有变量，在弹出的"定义变量"对话框上选择"报警定义"选项卡，如图 5-4 所示。

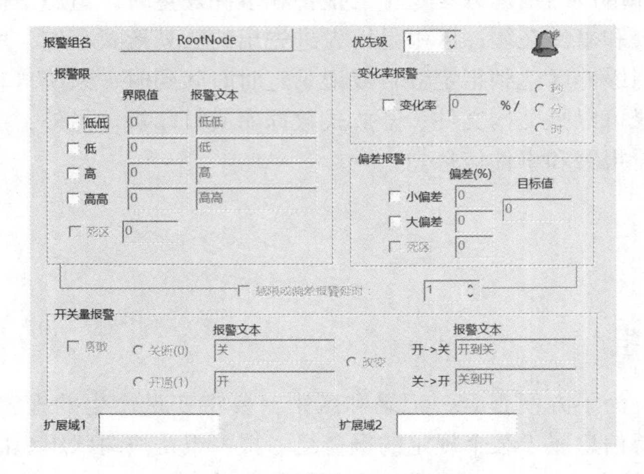

图 5-4 "报警定义"选项卡

- 单击"报警组名"右侧的按钮，会弹出"选择报警组"对话框，在该对话框中将列出所有已定义的报警组，选择其一，确认后，则该变量的报警信息就属于当前选中的报警组。
- "优先级"主要是指报警的级别，设置优先级有利于操作人员区别报警的紧急程度。报警优先级的范围为 1～999，1 为最高，999 为最低。
- "报警限"是指模拟量的值在跨越规定的高低报警限时产生的报警。越限类型的报警可以定义其中一种、任意几种或全部类型，在变量值发生变化时，如果跨越某一个限值，立即发生越限报警，某个时刻，对于一个变量，只可能越一种限，因此只产生一种越限报警。
- "变化率报警"是指模拟量的值在一段时间内产生的变化速度超过了指定的数值而产生的报警，即变量变化太快时产生的报警。系统运行过程中，每当变量发生一次变化，系统都会自动计算变量变化的速度，以确定是否产生报警。其中报警类型单位对应的值定义为：如果报警类型为秒，则该值为 1；如果报警类型为分，则该值为 60；

如果报警类型为时，则该值为 3600。取计算结果的整数部分的绝对值作为结果，若计算结果大于等于报警极限值，则立即产生报警。变化率小于报警极限值时，报警恢复。

- “偏差报警”是指模拟量的值相对目标值上下波动超过指定的变化范围时产生的报警。偏差报警可以分为小偏差和大偏差报警两种。在使用时可以按照需要定义一种偏差报警或两种都使用。变量变化的过程中，当波动的数值超出大小偏差范围时，分别产生大偏差报警和小偏差报警，同一时刻不会产生两种类型的偏差报警。
- “报警死区”的作用是为了防止变量值在报警限上下频繁波动时，产生许多不真实的报警，在原报警限上下增加一个报警限的阈值，使原报警限界线变为一条报警限带，当变量的值在报警限带范围内变化时，不会产生和恢复报警，而一旦超出该范围，才产生报警信息。这样对消除波动信号的无效报警有积极的作用。
- “报警延时”是对系统当前产生的报警信息并不提供显示和记录，而是进行延时，在延时时间到后，如果该报警不存在了，表明该报警可能是一个误报警，不用理会，系统自动清除；如果延时时间到后，该报警还存在，表明这是一个真实的报警，系统将其添加到报警缓冲区中，进行显示和记录。如果定时期间，有新的报警产生，则重新开始定时。
- “开关量报警”只有离散型变量能设置，在“报警”选项卡中报警组名、优先级和扩展域的定义与模拟量定义相同。在“开关量报警”组内选择“离散”选项，三种类型的选项变为有效。定义时，三种报警类型只能选择一种：“开通”表示变量的值由 0 变为 1 时产生报警；“关断”表示变量的值由 1 变为 0 时产生报警；“改变”表示变量的值有 0 变为 1 或由 1 变为 0 为都产生报警。选择完成后，在报警文本中输入不多于 15 个字符的类型说明。

5.3 事件类型

事件是不需要用户来应答的。事件在组态王运行系统中人机界面的输出显示是通过历史报警窗实现的。组态王中根据操作对象和方式等的不同，事件分为以下几类。

- “操作事件”是指用户对由“生成事件”定义的变量的值或其域的值进行修改时，系统产生的事件。如修改重要参数的值，或报警限值、变量的优先级等。这里需要注意的是，同报警一样，字符串型变量和字符串型的域的值的修改不能生成事件。操作事件可以进行记录，使用户了解当时的值是多少，修改后的值是多少。
- “用户登录事件”是指用户向系统登录时产生的事件。系统中的用户，可以在工程浏览器——用户配置中进行配置，如用户名、密码、权限等，用户登录时，如果登录成功，则产生“登录成功”事件；如果登录失败或取消登录过程，则产生“登录失败”事件；如果用户退出登录状态，则产生“注销”事件。
- “工作站事件”是指某个工作站站点上的组态王运行系统的启动和退出事件，包括单机和网络。组态王运行系统启动，产生工作站启动事件；运行系统退出，产生退出事件。
- 如果变量是 IO 变量，变量的数据源为 DDE 或 OPC 服务器等应用程序，对变量定义

“生成事件”属性后，当采集到的数据发生变化时，产生该变量的应用程序事件。

5.3.1 报警记录与显示

组态王系统提供了多种报警记录和显示的方式，如报警窗口、数据库、打印机等。

报警的实时显示是通过报警窗口实现的。报警窗口分为“实时报警窗”和“历史报警窗”两种。实时报警窗主要显示当前系统中存在的符合报警窗显示配置条件的实时报警信息和报警确认信息，当某一报警恢复后，不再在实时报警窗中显示。实时报警窗不显示系统中的事件；历史报警窗显示当前系统中符合报警窗显示配置条件的所有报警和事件信息。报警窗口中最大显示的报警条数取决于报警缓冲区大小的设置。

1. 报警缓冲区大小的定义

报警缓冲区是系统在内存中开辟的用户暂时存放系统产生的报警信息的空间，其大小是可以设置的。在组态王工程浏览器中选择“系统配置→报警配置”，双击后弹出“报警配置”对话框，在对话框的右上角为“报警缓冲区的大小”设置项，如图 5-5 所示，报警缓冲区大小设置值按存储的信息条数计算，值的范围为 1 ~ 10000。报警缓冲区大小的设置直接影响着报警窗显示的信息条数。

2. 创建报警窗口

在组态王中新建画面并打开，在“工具箱”中单击报警窗口按钮，或选择菜单“工具”→“报警窗口”，鼠标箭头变为单线“十”字形，在画面适当位置按下鼠标左键并拖动，绘出一个矩形框，当矩形框大小符合报警窗口大小要求时，松开鼠标左键，报警窗口创建成功，如图 5-6 所示。

图 5-5 报警缓冲区设置

图 5-6 “报警”画面

3. 配置实时和历史报警窗

双击报警窗口，弹出报警窗口配置对话框，如图 5-7 所示，默认显示的是“通用属性”选项卡。在该选项卡中有一个实时报警窗和历史报警窗的选项：如果选择“实时报警窗”，则当前窗口将成为实时报警窗；如果选择“历史报警窗”，则当前窗口将成为历史报警窗。实时和历史报警窗的配置选项大致相同。在本节的说明中，如果没有特殊说明，则配置选项为公用选项。

“列属性”主要配置报警窗口究竟显示哪些列，以及这些列的顺序。“操作属性”选项卡可以设置“操作安全区”“操作分类”“允许报警确认”“显示工具条”以及“允许双击左键”；“条件属性”在运行期间可以在线修改，包括“报警服务器名”“报警信息源站点”“优先级”“报警组名”“报警类型”以及“事件类型”；“颜色和字体属”选项卡是设置报警窗口的报警和事件信息显示的字体颜色和字体型号、字体大小等。

4. 运行系统中报警窗口的操作

如果报警窗配置中选择了“显示工具条”和“显示状态栏”，则运行时的标准报警窗显示如图 5-8 所示。标准报警窗共分为三个部分：工具条、报警和事件信息显示部分、状态栏。状态栏共分为三栏：第一栏显示当前报警窗中显示的报警数目；第二栏显示新报警出现的位置；第三栏显示报警窗的滚动状态。运行系统中的报警窗可以按需要不配置工具条和状态栏。

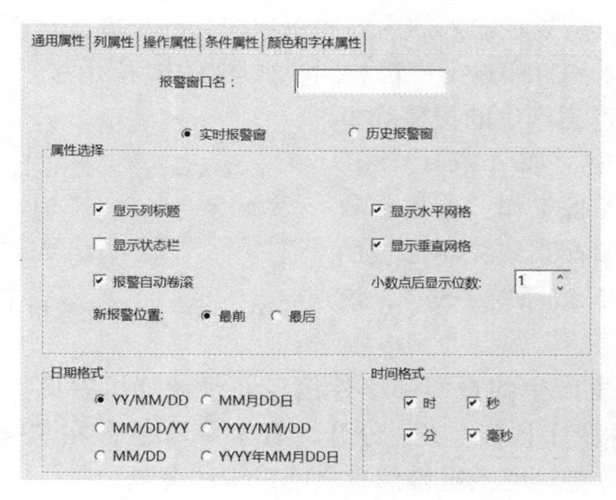

图 5-7 “报警窗口配置”对话框

图 5-8 标准报警窗

5. 报警窗单击事件转发控件使用说明

（1）“报警窗单击事件转发控件”

当用户在报警窗口使用鼠标单击某条报警（报警窗单击事件发生）时，可以通过“报警窗单击事件转发控件”KvAlmWinEv Control 来获得报警窗内某条报警的报警时间、报警类型、报警值等信息。

（2）“创建报警窗单击事件转发控件”

从工具箱中单击“插入通用控件”，在列表中选择“KvAlmWinEv Control”到画面中，该控件在画面上显示为灰色方块。

（3）“报警窗单击事件转发控件的使用”

双击“KvAlmWinEv Control”控件，在事件选项卡中关联函数，如图 5-9 所示，在控件事件函数命令语言中调用控件属性。

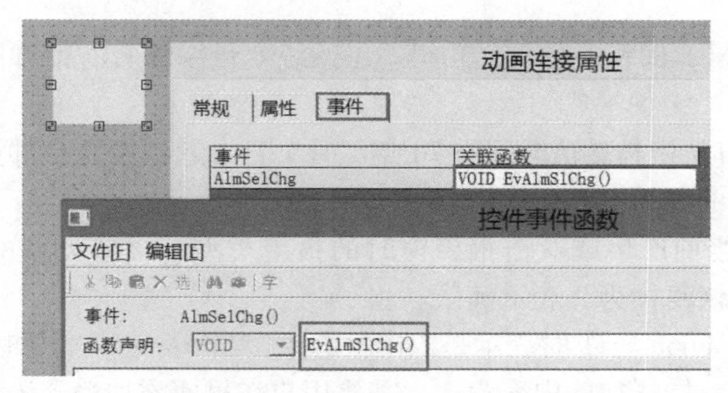

图 5-9 “KvAlmWinEv Control”控件动画连接属性

6. 系统的报警信息的记录

系统的报警信息可以记录到文本文件中，用户可以通过这些文本文件来查看报警记录。

记录的文本文件的记录时间段、记录内容、保存期限等都可定义。打开组态王工程管理器，在工具条中选择“报警配置”，或双击列表项“系统配置”→“报警配置”，弹出“报警配置属性页”对话框。在对话框中可以对记录内容选择、记录报警目录、当前工程路径、指定、文件记录时间、起始时间、文件保存时间、报警组名称以及优先级进行设置。

在规定报警和事件信息输出时，同时可以规定输入的内容和每项内容的长度。这就是格式配置，格式配置在文件输出、数据库输入和打印输出中都相同，如图5-10所示。

在“数据库配置”选项卡中，可将组态王产生的报警和事件信息通过ODBC记录到开放式数据库中，如Access、SQL Server等。在使用该功能之前，应该做些准备工作：首先在数据库中建立相关的数据表和数据字段，然后在系统控制面板的ODBC数据源中配置一个数据源（用户DSN或系统DSN），该数据源可以定义用户名和密码等权限。

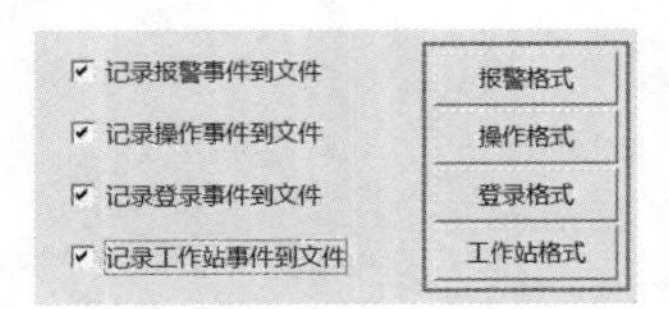

图5-10　报警配置格式

在“打印配置”选项卡中，可将组态王产生的报警和事件信息通过计算机并口实时打印出来。在打印时，某一条记录中间的各个字段以“/”分开，每个字段包含在“< >”内，并且字段标题与字段内容之间用冒号分割，两条报警信息之间以虚线分隔。

5.3.2　反应车间的报警系统设置

在组态王自定义函数中，有三个系统预置的报警自定义函数。分别为实型变量报警事件（$System_RealAlarm）、整型变量报警事件（$System_LongAlarm）和离散型变量报警事件（$System_DiscAlarm）预置自定义函数。

自定义函数的调用执行有两种方式：一种是系统产生报警事件后会自动调用相应数据类型的函数，如整型变量产生报警时，系统自动调用整型预置自定义函数；另一种是如果在配置报警窗的“操作属性”时，选择了“允许双击报警条”，则系统运行时双击报警事件报警条，也会自动调用相应数据类型的函数。

“实型函数”预置如下（以实型为例，其他都相同）：

```
void $System_RealAlarm(RealTag rTag,long time,long nEvent,long nAction)
    {
    }
```

- rTag：表示变量，即普通变量，和组态王系统变量一样具有值和变量所有的域，这些值都是只读的。
- nTime：表示自从格林威治时间1970年1月1日0起到报警事件产生时的秒数，表征报警事件产生的时间。
- nEvent：表示当前产生或双击报警窗时的报警类型。报警类型的返回值为0表示报警，为1表示恢复，为2表示确认。
- nAction：当nAction ==1时表示是双击报警条，当nAction ==0时表示产生报警事件。
- 预置自定义函数体：初始内容为空，需要用户在里面添加命令语言。利用报警预置自定义函数，可以实现用户自己想在报警产生后做的一些处理。

5.4 声光报警工程实例

（1）首先新建一个工程，打开工程，在“数据词典”中新建三个变量（见表5-1）。

表5-1　定义变量

变 量 名	变量类型	初 始 值
温度	内存整数	
喇叭	内存整数	
灯	内存离散	开

（2）在“画面”中新建一个“声光报警”画面并打开。绘制图5-11所示画面：使用“工具箱”中的“圆角矩形”画出游标管（高400）、喇叭背；使用“多边形”画出游标杆、喇叭口；使用“直线”和“文本”画出游标尺并合成组合图素，从“图库”选择一个状态灯放置到画面中。

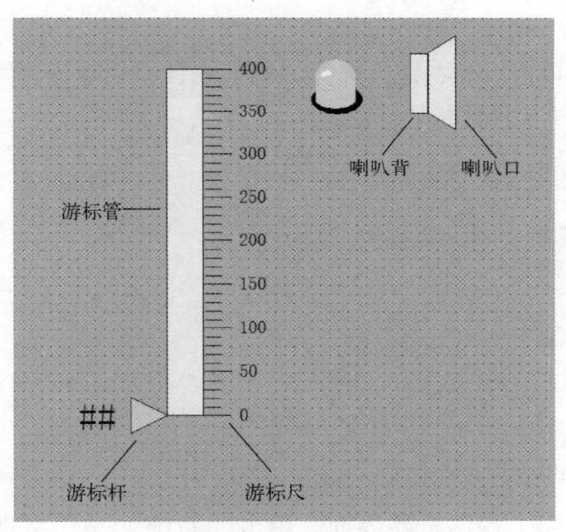

图5-11　画面设计

（3）双击文本“##”，设置“模拟值输出”和“垂直移动”。

1）“模拟值输出”设置。

- 表达式：\\本站点\温度。
- 输出格式：整数位数为3；对齐选择居中；显示格式为十进制。

2）“垂直移动”设置。

- 表达式：\\本站点\温度。
- 移动距离：向上400；向下0。
- 对应值：最上边400；最下边0。

（4）双击游标杆，设置“垂直”：

- 表达式：\\本站点\温度。
- 移动距离：向上400；向下0。

● 对应值：最上边 400；最下边 0。

（5）双击游标尺，设置“填充”的动画连接。

● 表达式：\\本站点\温度。

● 最小填充高度：对应值 400；占据百分比 0。

● 最大填充高度：对应值 0；占据百分比 100。

● 填充方向：向上。

（6）双击指示灯，设置属性。

● 变量名：\\本站点\灯。

● 颜色设置：正常色为绿；报警色为红。

● 闪烁：闪烁条件 \\本站点\温度 >350；闪烁速度 100。

（7）双击喇叭口，设置“缩放”。

● 表达式：\\本站点\喇叭。

● 最小时：对应值 0；占据百分比 0。

● 最大时：对应值 10；占据百分比 100。

● 变化方向：向左。

（8）在画面灰色处单击鼠标右键，选择“画面属性→命令语言”，设置时间为“每 100 毫秒”，在“存在时”写入下面程序：

```
if( \\本站点\温度 >350)
{
    \\本站点\喇叭 = \\本站点\喇叭 +1;
    if( \\本站点\喇叭 ==11)
    {
        \\本站点\喇叭 =0;
    }
}
else
    \\本站点\喇叭 =10;
```

（9）保存画面，回到工程浏览器界面，单击“系统”→“文件”→“命令语言”→“事件命令语言”，双击添加一个“事件命令语言”。

1）“事件描述”：

```
\\本站点\温度 >350
```

2）“发生时”程序：

```
PlaySound("报警.wav",3);
```

3）“消失时”程序：

```
PlaySound("",0);
```

（10）在工程目录下（如 C:\声光报警举例）添加一段名字为“报警”的报警的音乐，格式为 .MAV。

（11）回到工程浏览器，单击“配置 – 运行系统”，在“主画面配置”中选中“声光报警”，在“特殊”中设置运行系统基准频率为100毫秒，单击“确定”按钮返回到工程浏览器。单击“VIEW”进入运行系统。我们可以往上拖动游标杆来模拟温度的变化，当温度大于350时，指示灯闪烁，喇叭口缩放变化，并可以听到报警音乐；当温度小于350℃时恢复正常。

5.5 蜂鸣器报警工程实例

（1）首先新建一个工程，打开工程，在“数据词典”中新建一个变量：“温度——内存整数”。

（2）打开“蜂鸣器”文件夹，根据说明安装蜂鸣器控件。本控件有三个参数：

1）Sart Long 型，为1时蜂鸣。

2）Freq Long 型，发生频率，50～40 k，默认3200。

3）Duration Long 型，发声间隔，50～1000 ms，默认100 ms。

（3）在“画面”中新建一个“蜂鸣器报警”画面并打开，设计如图5-12所示画面：单击“工具箱”中的“通用控件”，找到蜂鸣器控件（KingViewBeep. KingView），双击添加至画面中。从“图库”中的仪表中选择一个至画面中。双击蜂鸣器控件，将控件名改为“报警”。

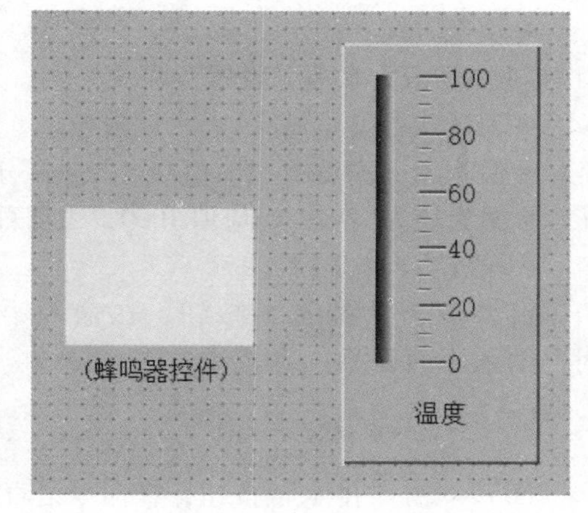

图5-12　画面设计

（4）双击仪表，变量名选择“\\本站点\温度”，标签改为“温度”。回到画面并保存，在画面灰色处单击鼠标右键，选择“画面属性”→“命令语言”，设置时间为“每100毫秒”，在“存在时”写入下面程序：

```
\\本站点\温度 = \\本站点\温度 + 1;
if (\\本站点\温度 >= 80)
    蜂鸣器 . Sart = 1;
else
    蜂鸣器 . Sart = 0;
if (\\本站点\温度 >= 100)
    \\本站点\温度 = 0;
```

（5）再次保存画面，回到工程浏览器，单击“配置”→“运行系统”，在“主画面配置”中选中“蜂鸣器报警”，在“特殊”中设置运行系统基准频率为100毫秒，单击“确定”按钮返回到工程浏览器。单击“VIEW”按钮进入运行系统。我们可以看到仪表的显示再慢慢上升，当超过80时，可以听到滴滴声。

5.6 语音报警工程实例

（1）首先新建一个工程，打开工程，在“数据词典”中新建4个变量（见表5-2）。

表 5-2　定义变量

变量名	变量类型	初始值	最小值	最大值	报警定义
大水池液位	内存整数	500	0	1000	低 100，高 900
小水池液位	内存整数	250	0	500	
管道	内存整数		-10	10	
状态	内存整数				

（2）新建“液位语音报警”画面，绘制如图 5-13 所示画面。

（3）分别双击两个小水池，设置“填充”。

- 表达式：\\本站点\小水池液位。
- 最小填充高度：对应值 0；占据百分比 0。
- 最大填充高度：对应值 500；占据百分比 100。
- 填充方向：向下。

（4）双击大水池，设置“填充”。

- 表达式：\\本站点\大水池液位。
- 最小填充高度：对应值 0；占据百分比 0。
- 最大填充高度：对应值 1000；占据百分比 100。
- 填充方向：向下。

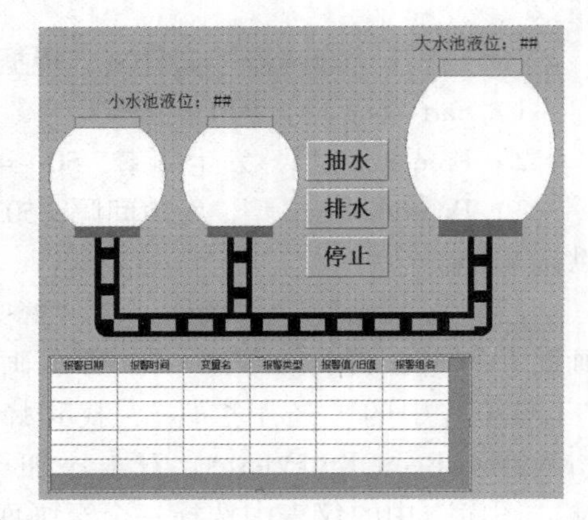

图 5-13　画面设计

（5）双击“抽水”按钮，在命令语言“按下时”写入下面程序：

```
\\本站点\状态 =1;
```

（6）双击“排水”按钮，在命令语言“按下时”写入下面程序：

```
\\本站点\状态 =2;
```

（7）双击“停止”按钮，在命令语言“按下时”写入下面程序：

```
\\本站点\状态 =0;
```

（8）双击显示小水池液位的“##”，设置“模拟值输出”：整数位数 3，小数位数 0，表达式为：

```
\\本站点\小水池液位;
```

（9）双击显示大水池液位的“##”，设置“模拟值输出”：整数位数 3，小数位数 0，表达式为：

```
\\本站点\大水池液位;
```

（10）分别双击两节水管，设置动画连接“流动”，流动条件为；

```
\\本站点\管道;
```

（11）双击报警窗口，设置报警窗口名为“报警”，并勾选为“实时报警窗”。

（12）准备两段音乐作为语音，音乐格式为“.wav”，并放到工程文件夹内。

（13）双击“应用程序命令语言”，将时间改为“每55毫秒”，在“存在时”写入以下程序：

```
if (状态 ==0)
{
    管道 =0;
}
if (状态 ==1)
{
    小水池液位 = 小水池液位 +1;
    大水池液位 = 大水池液位 -2;
    if(大水池液位 ==0)
        管道 =0;
    else
        管道 =10;
}
if (状态 ==2)
{
    小水池液位 = 小水池液位 -1;
    大水池液位 = 大水池液位 +2;
    if(小水池液位 ==0)
        管道 =0;
    else
        管道 = -10;
}
```

（14）双击“事件命令语言”；事件描述为：大水池液位 <100 || 大水池液位 >900。

1）在“发生时”下入以下程序：

```
if(大水池液位 <100)
    PlaySound("警报.wav",2);
if(大水池液位 >900)
    PlaySound("小黄人.wav",2);
```

2）在“消失时”写入以下程序：

```
PlaySound("",0);
```

（15）在工程浏览器界面，单击“配置”→“运行系统”，在“主画面配置”中选择“液位语音报警”，在“特殊”中设置“运行系统基准频率”为55毫秒。单击“确定”按钮返回工程浏览器界面，单击“VIEW”图标进入运行系统，如图5-14所示，单击“抽水”按钮，大水池的水位下降，当低于100时可以听到音乐并显示报警；单击“放水”按钮，大水池的水位上升，当高于900时可以听到音乐并显示报警；单击“停止”按钮，大水池停止

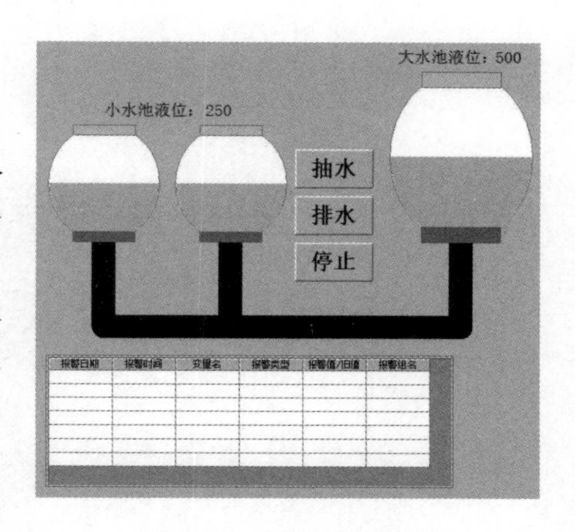

图5-14　系统运行画面

运作。

5.7 本章小结

本章主要讲述了组态王中报警和事件的使用。报警和事件的主要作用是提醒操作人员，方便操作人员的管理和查看。其中报警主要检测的是变量的值是否超出允许范围，而事件主要检测的是变量操作是否发生。在使用报警和事件时，首先要对其进行定义，其次是通过控件或者数据库等，对其进行观察和记录。对于数据库以及其他的控件的使用，将在后面章节具体介绍。

第6章　报表系统及日历控件

本章主要介绍组态王中报表及日历控件的使用，包括报表基本功能、报表函数应用、日历控件的基本属性设置，以及实现日报表实例。通过本章的学习，可以详细了解组态王中报表控件及日历控件的使用方法，在以后应用于各种报表数据处理中。

6.1　创建报表

创建报表是学习组态王报表系统的基础，学会创建报表才能更好地深入学习。

1. 创建报表窗口

打开组态王软件后，新建一个画面。找到工具箱中的报表窗口，单击“报表窗口”按钮，鼠标变成十字形。然后在画面上画一个矩形框，报表控件就放到画面上了。可任意移动、缩放报表控件。如图6-1所示。

2. 配置报表窗口属性

双击空白报表后，弹出“报表设计”对话框，可为报表控件命名，可根据需要设置报表的行数和列数。如图6-2所示，报表控件名为“Report0”，报表的行数和列数都为5，单击“确定”按钮即可完成设置。

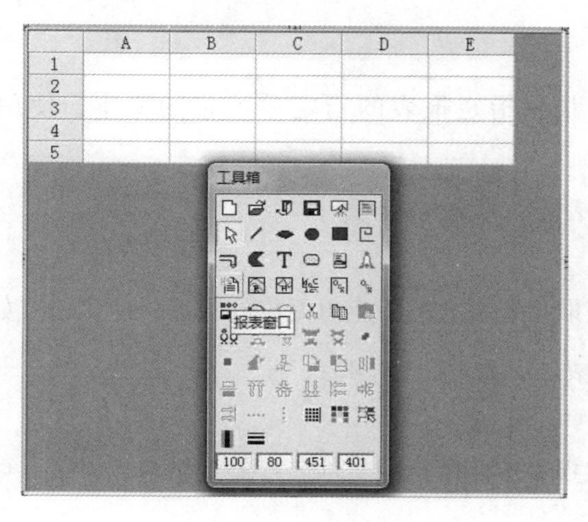

图6-1　创建报表

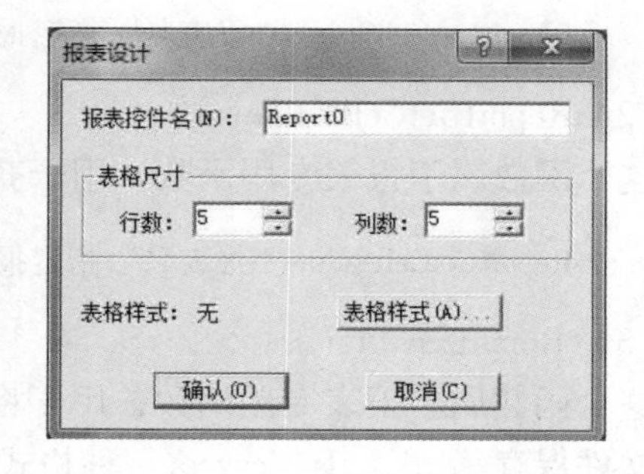

图6-2　“报表设计”对话框

3. 报表工具箱说明

1）单击报表任意单元格即可在组态画面中看到报表工具箱，如图6-3所示。

2）用鼠标选择两个以上单元格可进行单元格的合并及拆分。

3）单击对应的单元格可向其输入文字，也可选择文字在单元格中的对齐方式。

4）单击保存图标可将报表保存到指定的目录。

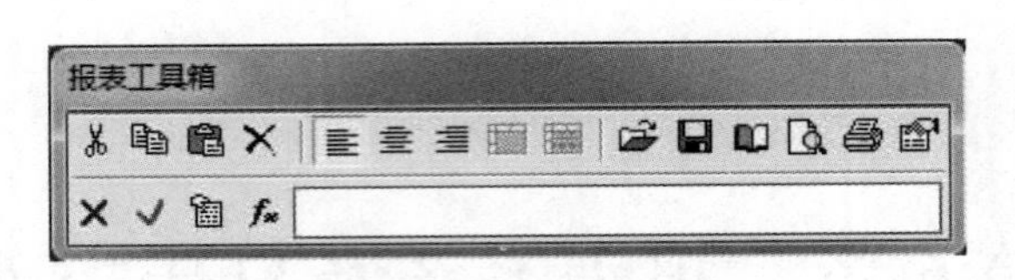

图6-3　报表工具箱

5）单击插入变量或插入函数图标，选择将要插入的变量或插入的函数后，单击“√”即可。

注意：在插入变量或插入函数时，必须在变量或函数前加“=”号，如图6-4所示，否则在运行系统下无法显示变量数据。

图6-4　插入变量

6.2　报表函数

组态王中提供了很多报表函数，各种报表函数都有着各自的功能，熟练应用这些函数，在操作报表时会方便和快速许多。

6.2.1　报表内部函数

（1）ReportGetCellString( )

这个函数属于报表专用函数，用于获取指定报表的指定单元格的文本，使用格式如下：

```
ReportGetCellString(“报表名”,指定报表行号,指定报表列号);
```

（2）ReportGetCellValue( )

这个函数属于报表专用函数，用于获取指定报表的指定单元格的数值，使用格式如下：

```
ReportGetCellValue(“报表名”,指定报表行号,指定报表列号);
```

（3）ReportSaveAs( )

这个函数属于报表专用函数，用于将报表按照所给的文件名存储到指定目录下，可以将报表文件保存为rtl、xls、csv这三种格式。

使用格式如下：

```
ReportSaveAs(“报表名”,”指定目录及:\文件名. 格式”);
```

（4）ReportLoad( )

这个函数属于报表专用函数，用于将指定路径下的报表读取到当前报表中。使用格式如下：

```
ReportLoad(“报表名”,”指定目录及:\文件名. 格式”);
```

（5） ReportSetCellString( )

这个函数属于报表专用函数，用于将指定的字符的赋给指定报表中的指定单元格。使用格式如下：

ReportSetCellString(“目标表格”,指定行号,指定列号,赋予的字符串)；

（6） ReportSetCellString2( )

这个函数属于报表专用函数，用于将指定的字符串的赋给指定报表中的指定区域。使用格式如下：

ReportSetCellString(“目标表格”,指定开始行号,指定开始列号,指定终止行号,指定终止列号,赋予的字符串)；

（7） ReportSetCellValue( )

这个函数属于报表专用函数，用于将指定的数据的赋给指定报表中的指定单元格。使用格式如下：

ReportSetCellValue(“目标表格”,指定行号,指定列号,赋予的数据)；

（8） ReportSetCellValue2( )

这个函数属于报表专用函数，用于将指定的数据赋给指定报表中的指定区域。使用格式如下：

ReportSetCellValue2(“目标表格”,指定开始行号,指定开始列号,指定终止行号,指定终止列号,赋予的字符串)；

（9） ReportGetColumns( )

这个函数属于报表专用函数，用于获取指定报表的行数。使用格式如下：

ReportGetColumns(“指定表”)

（10） ReportGetRows( )

这个函数属于报表专用函数，用于获取指定报表的列数。使用格式如下：

ReportGetRows(“指定表”)

6.2.2 报表历史数据查询函数

（1） ReportSetHistData( )

这个函数属于报表专用函数，依据给定的参数进行历史数据查询。

使用格式如下；

ReportSetHistData(指定表,指定参数,查询开始时间,查询时间间隔,查询填充的单元范围)；

（2） ReportSetHistData2

这个函数属于报表专用函数，用于查询历史数据，

使用格式如下；

ReportSetHistData2(指定表起始行号,指定表起始列号)；

6.2.3 报表打印类函数

（1） ReportPageSetup( )

这个函数属于报表专用函数，用于在运行状态下对指定表格进行页面设置。使用格式如下：

ReportPageSetup(“指定表”)

（2） ReportPrintSetup( )

这个函数属于报表专用函数，用于在运行状态下对指定表格进行打印预览。使用格式如下：

ReportPrintSetup(“指定表”)

（3） ReportPrint2( )

这个函数属于报表专用函数，用于在运行状态下对指定表格进行打印预览。使用格式如下：

ReportPrint2(“指定表”)

（4） ReportSetHistData( )

这个函数属于报表专用函数，依据给定的参数进行历史数据查询。使用格式如下：

ReportSetHistData(指定表,指定参数,查询开始时间,查询时间间隔,查询填充的单元范围)；

（5） ReportSetHistData2

这个函数属于报表专用函数，用于查询历史数据，使用格式如下：

ReportSetHistData2(指定表起始行号,指定表终止列号)；

6.3 日历控件使用说明

6.3.1 插入日历控件

在组态王新建的画面中，单击工具箱中的“插入通用控件”，在列表中选择“Microsoft Date and Time Picker Control”日历控件，单击“确定”按钮，在画面中拖动鼠标画出日历控件，如图6-5所示。

图6-5 日历控件

6.3.2 日历控件的属性和事件

要使用日历控件，必须对日历控件的属性进行设置，还要了解日历控件的事件应用。

（1） 日历控件的属性

右键单击日历控件，选择控件属性，即可弹出日历控件属性设置窗口，如图6-6所示。可设置日历控件的一些基本属性，详见表6-1。

表 6-1　属性详细介绍

属　性	设置内容
General	当前系统时间（Value），最大显示时间（MaxDate），最小显示时间（MinDate），时间显示格式（Forrmat），其他项保留默认设置
Font	日历控件显示字体属性
Color	日历控件显示颜色属性
Picture	此项在组态王中已固定，无法设置

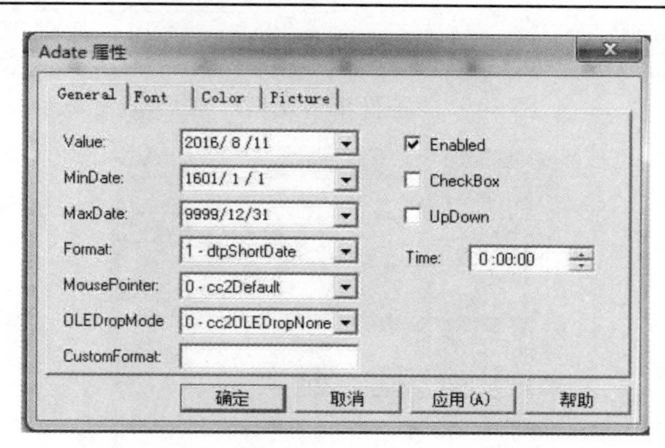

图 6-6　日历控件属性设置

（2）日历控件的事件

双击日历控件，弹出日历控件的“动画连接属性”对话框，如图 6-7 所示。

在“动画连接属性”对话框中可对日历命名，我们在日历控件属性中已设置所以无须在“属性”中再次设置。单击“事件”选项卡，即看到日历控件的所有事件，如图 6-8 所示。

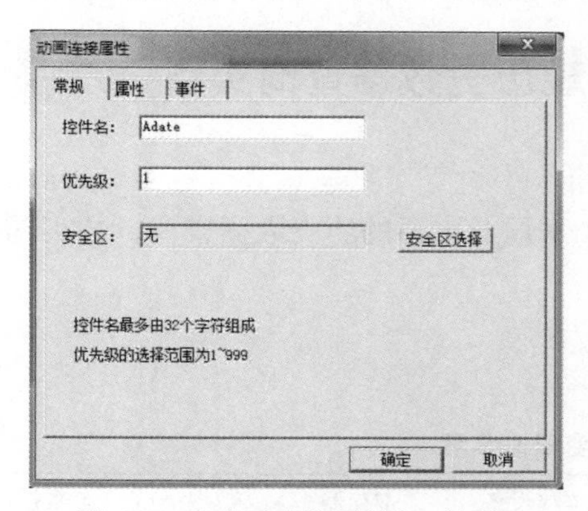

图 6-7　“动画连接属性”对话框

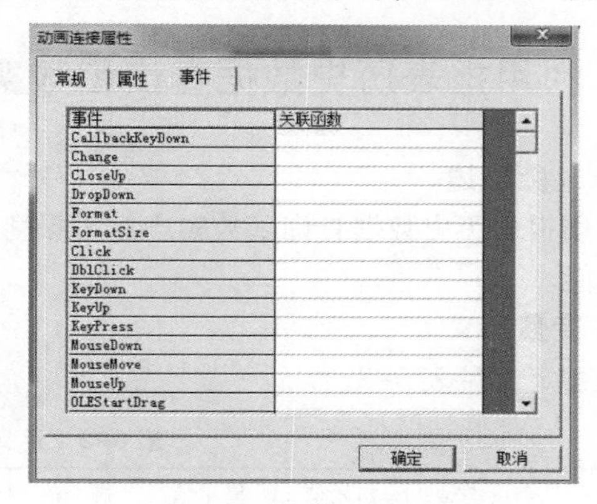

图 6-8　“事件”选项卡

在组态王中我们常用这两个事件：Change( )——在选择时间时使用；CloseUp( )——在选择日期时使用。

双击对应事件的空白格可进入如图 6-9 所示“控件事件函数”对话框。

可在“函数声明”处为函数命名，如“CloseUp( )”。

单击编辑窗口下方“控件”按钮，弹出“控件属性和方法”对话框，在“控件名称”中选择“Adate”，在“查看类型”中选择“控件属性”，如图 6-10 所示。

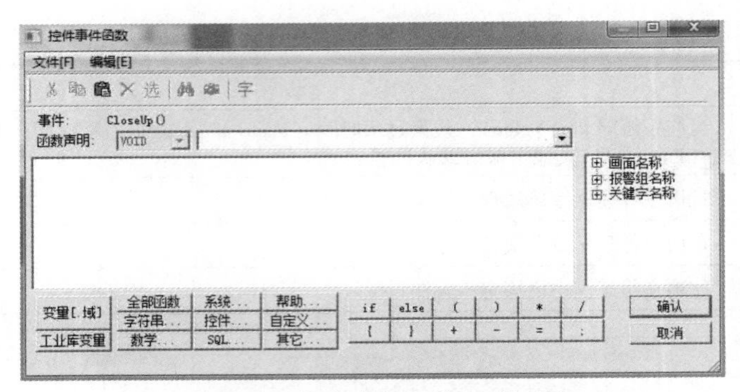

图 6-9 “控件事件函数”对话框

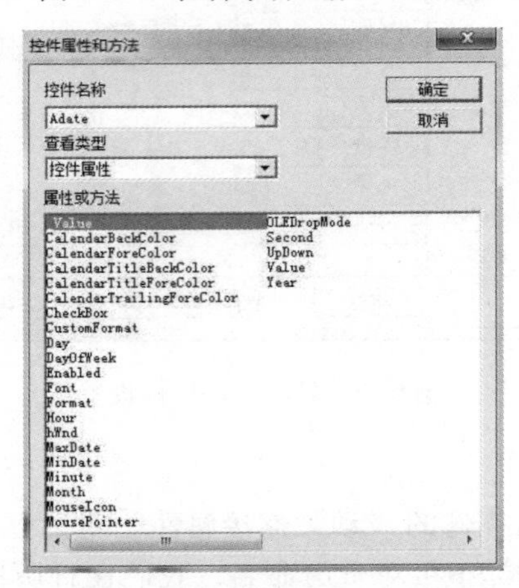

图 6-10 “控件属性和方法”对话框

6.4 利用报表历史数据查询函数实现历史数据查询实例

1. 功能概述

利用报表历史数据查询函数实现对水深度、水压及水温的历史数据查询，并实现打印报表的功能。

2. 变量定义

变量定义见表 6-2。

表 6-2 定义变量值参考

变量名	变量类型	初始值	最小值	最大值	连接设备	寄存器	数据类型	数据灵敏度
水深度	I/O 整型	0	0	100	PLC1	INCREA100	SHORT	0
水压	I/O 整型	0	0	100	PLC1	INCREA100	SHORT	0
水温	I/O 整型	0	0	50	PLC1	DECREA50	SHORT	0

在“定义变量”对话框的“记录和安全区”选项卡中可以设置数据变化灵敏度，如图 6-11 所示。

要注意的是，在“基本属性”选项卡的“状态”栏中，必须勾选“保存数值”选项，否则将无法查询变量的历史数据，如图 6-12 所示。

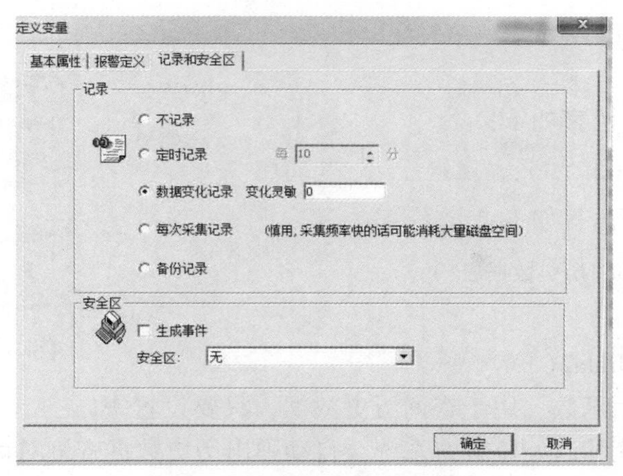

图 6-11　数据灵敏度设置

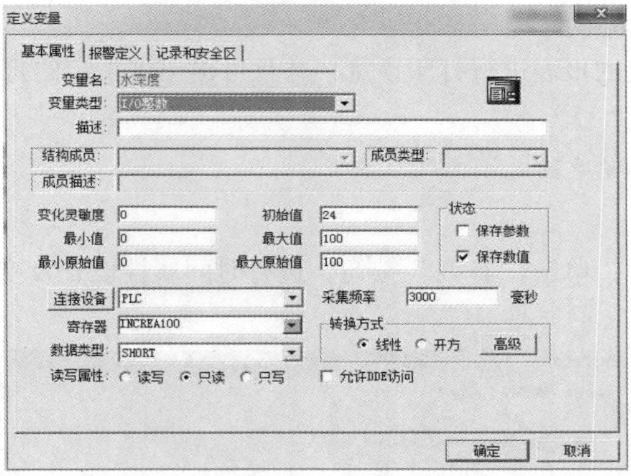

图 6-12　变量定义举例

3. 创建画面

新建“历史数据查询”画面，并完成变量关联，如图 6-13 所示。

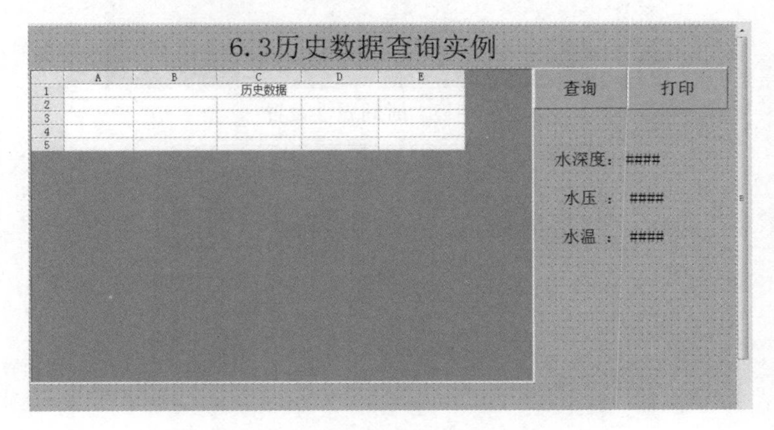

图 6-13　“历史数据查询”画面

在工具箱中选择报表窗口即可在画面中添加报表。双击空白报表区域可弹出“报表设计”对话框，如图 6–14 所示。

4. 命令语言写入

“查询”按钮命令语言如下：

```
ReportSetHistData2(2,1);
```

“打印”按钮命令语言如下：

```
ReportPrintSetup("历史数据表");
```

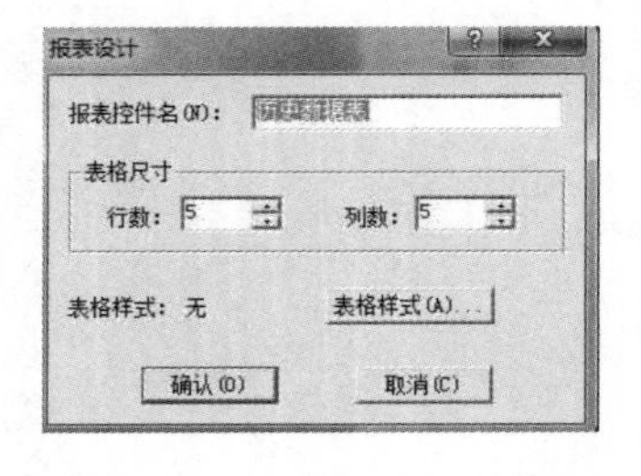

图 6–14 “报表设计”对话框

函数说明：

(1) ReportSetHistData2( )

此函数为报表专用函数。用于查询历史数据，只要设置查询的数据在报表中填充的起始位置，系统会自动弹出历史数据查询对话框，使用格式如下：

```
ReportSetHistData2(输入起始行数,输入起始列数);
```

(2) ReportPrintSetup( )

此函数用于对指定的报表进行打印预览，并且可输出到指定的打印机上进行打印。使用格式如下：

```
ReportPrintSetup(表名称);
```

5. 运行系统调试

切换至运行系统后，单击“查询”按钮，进行时间属性设置及变量选择，如图 6–15 和图 6–16 所示。

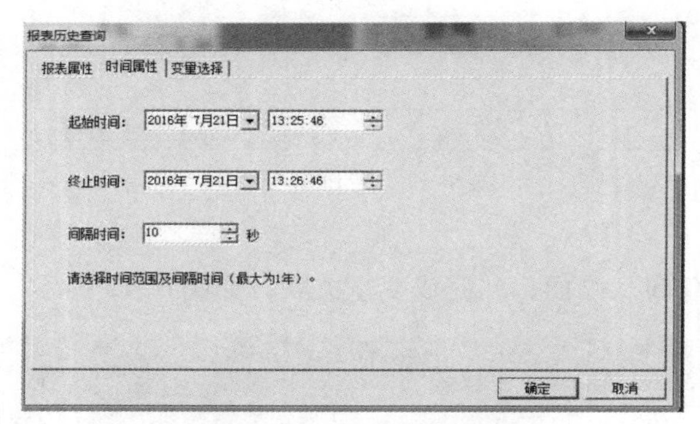

图 6–15 时间属性设置

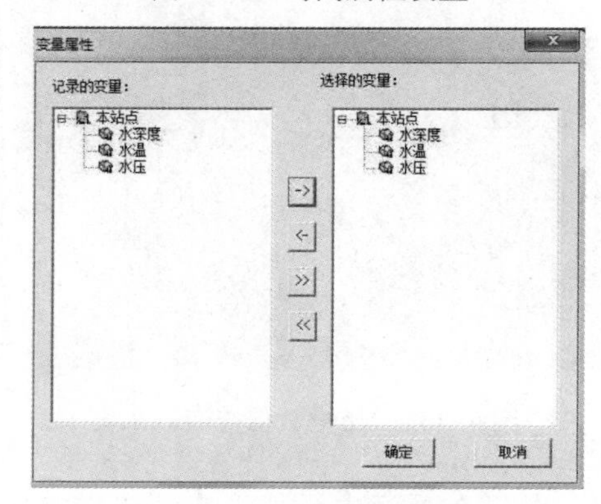

图 6–16 变量属性设置

单击“确定”按钮后，返回运行系统画面，可看到画面中实现了对历史数据的查询，如图6-17所示，单击“打印”按钮可实现打印功能。

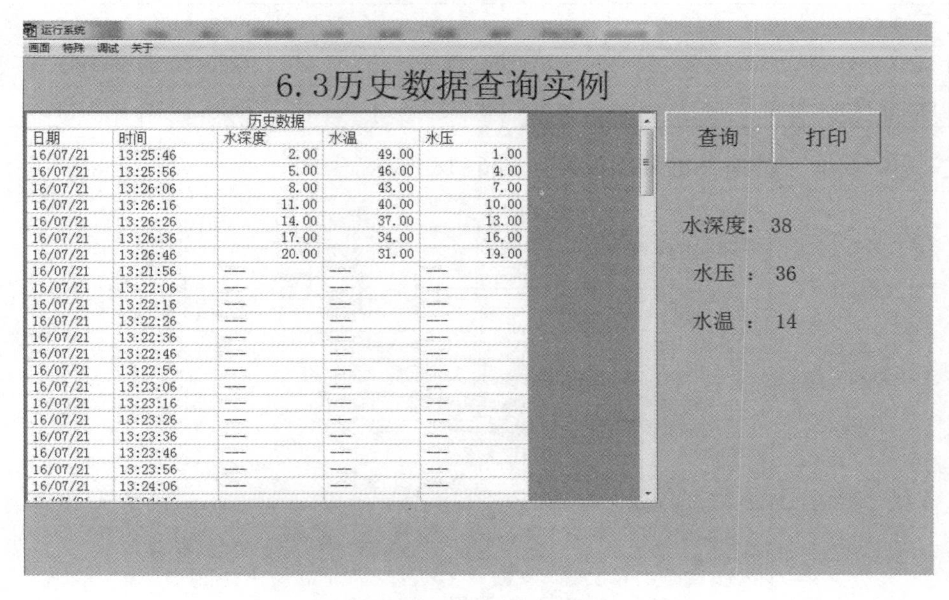

图6-17 运行系统效果图

6.5 利用微软日历控件实现日报表实例

1. 功能概述

水电厂的电力监控系统在实际生产中有较大的影响作用，利用日报表对电力系统进行监控不仅可以提高水电厂的安全生产水平和自动化水平，还对工厂的经济效益和管理水平有着极为重要的提升作用。日报表主要是用来记录电力系统中的重要参数，如电压、转速、频率等，报表每半个小时记录一次数据，能够对各项数据更好地进行监控。

2. 操作步骤

（1）新建工程

在组态工程管理器中，新建“日报表工程”，并将此工程设为当前工程。

（2）定义变量

进入组态王工程浏览器，在数据词典中新建所需变量，在实际的工程中，需要对使用的设备进行定义，本例程使用亚控的仿真PLC设备，使用“PLC—亚控—仿真PLC—COM”驱动，并将设备名称定义为“PLC”。新建变量如表6-3所示。

表6-3 变量组的定义

变量名	变量类型	初始值	最小值	最大值	最大原始值	连接设备	寄存器	数据类型	变化灵敏度
电压	I/O整数	220	180	250	250	PLC	DECREA100	SHORT	0
转速	I/O整数	1500	800	2000	2000	PLC	INCREA100	SHORT	0
功率	I/O整数	15	0	20	20		INCREA101	SHORT	0

（续）

变量名	变量类型	初始值	最小值	最大值	最大原始值	连接设备	寄存器	数据类型	变化灵敏度
水压	I/O 实数	10.0	0	100	100		DECREA101	SHORT	0
效率	I/O 实数	0.6	0	1.0	1.0		INCREA102	SHORT	0
查询日期	内存字符串	0	\	\	\	\	\	\	\

定义 I/O 变量“转速”的属性设置如图 6-18 所示。

图 6-18　I/O 整数变量“转速”的定义

（3）编辑画面

在组态王系统中新建“日报表”画面。

1）创建报表

在组态王工具箱中，单击“报表窗口”，鼠标变为小“+”字形，在画面中选中报表左上角为起始位置，按下鼠标左键并拖动，画出一个矩形框，松开鼠标左键，报表窗口即可创建完成。双击报表窗口的灰色部分，可对报表控件名、表格尺寸和表格样式进行设置，本例程中设置报表名称为“Report0”，行数为 51，列数为 6，如图 6-19 所示。

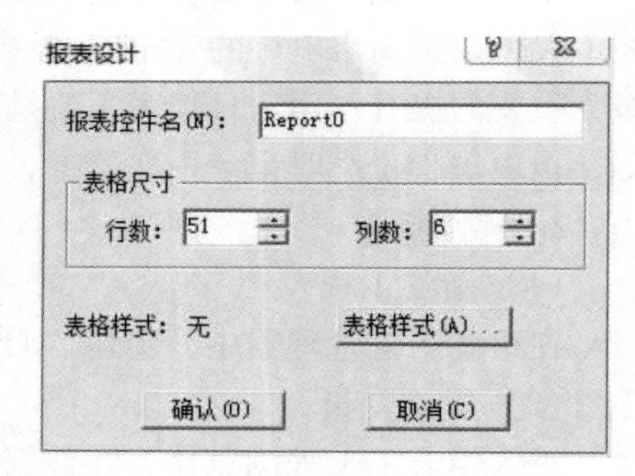

图 6-19　报表设计

我们根据需求对报表进行编辑，通过报表工具箱或单击鼠标右键在“设置单元格格式”中可对单元格进行设置，所建立的报表窗口如图 6-20 所示。

2）创建日历控件

日报表中对历史数据的记录是根据日历中的日期进行查询的，我们使用微软操作系统提供的通用控件“Microsoft Date and Time Picker Control”，单击工具箱中的“插入通用控件”，在列表中选择“Microsoft Date and Time Picker Control”日历控件，单击“确定”按钮，在画面中拖动鼠标画出日历控件，如图 6-21 所示。

	A	B	C	D	E	F
1	水电厂电力监控系统日历报表					
2	日期					
3	时间	电压（V）	转速(r/s)	频率(Hz)	水压(bar)	效率
4						
5						
6						
7						
8						
9						
10						
11						
12						
13						
14						
15						
16						
17						
18						
19						
20						

图 6-20　报表窗口

图 6-21　日历控件

双击日历控件，在“常规”栏中将控件命名为“Adate”，单击“确定”按钮，保存画面。再次双击日历控件，选中“事件”选项卡，单击列表中的“CloseUp”事件，弹出“控件事件函数”窗口，在函数声明中将此函数命名为“CloseUp1( )”，在编辑窗口内编写程序，如图 6-22 所示。

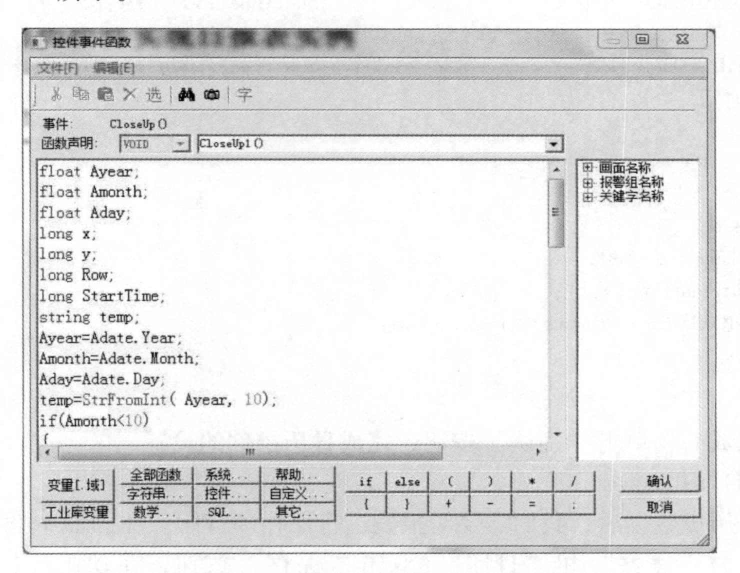

图 6-22　编辑控件事件函数

事件函数程序如下：

```
float Ayear;
float Amonth;
float Aday;
long x;
long y;
long Row;
longStartTime;
string temp;
```

```
Ayear = Adate. Year;
Amonth = Adate. Month;
Aday = Adate. Day;
temp = StrFromInt( Ayear,10) ;
if( Amonth < 10)
{ temp = temp + " -0" + StrFromInt( Amonth,10) ; }
else
{ temp = temp + " - " + StrFromInt( Amonth,10) ; }
if( Aday < 10)
{ temp = temp + " -0" + StrFromInt( Aday,10) ; }
else
{ temp = temp + " - " + StrFromInt( Aday,10) ; }
\\本站点\查询日期 = temp;
ReportSetCellString2( "Report0" ,4,1,51,6,"") ;
ReportSetCellString( "Report0" ,2,2,temp) ;      // 填写日期
// 查询数据
StartTime = HTConvertTime( Ayear,Amonth,Aday,0,0,0) ;
ReportSetHistData( "Report0" ," \\本站点\电压" ,StartTime,1800," B4:B51" ) ;
ReportSetHistData( "Report0" ," \\本站点\转速" ,StartTime,1800," C4:C51" ) ;
ReportSetHistData( "Report0" ," \\本站点\功率" ,StartTime,1800," D4:D51" ) ;
ReportSetHistData( "Report0" ," \\本站点\水压" ,StartTime,1800," E4:E51" ) ;
ReportSetHistData( "Report0" ," \\本站点\效率" ,StartTime,1800," F4:F51" ) ;
//填写时间
x =0;
while( x <48)
{
row =4 + x;
y = StartTime + x * 1800;
temp = StrFromTime( y,2) ;
ReportSetCellString( "Report0" ,row,1,temp) ;
x =x +1;
}
```

程序编辑完成后，单击“确认”按钮，完成日历控件的设置。

3）保存和打印报表

报表记录了历史数据后，我们需要对报表进行保存和打印。在画面中插入两个“按钮”控件，分别命名为“保存”和“打印”，双击“保存”按钮，在动画连接中选择“弹起时”，编写保存按钮的命令语言，报表保存为“xls”文件，程序如下：

```
string filename;
filename = InfoAppDir( ) + \\本站点\查询日期 + ". xls";
ReportSaveAs( "Report0" ,FileName) ;
```

打印日报表需要用到报表的打印函数，双击“打印”按钮，在动画连接中选择“弹起时”，打印的命令语言如下：

```
ReportPrintSetup( "Report0" ) ;
```

"保存"和"打印"按钮设置完成后，保存画面，画面如图 6-23 所示。

例6.4 利用微软日历控件实现日报表实例

选择查询日期

2016/ 7 /20

保存

打印

	A	B	C	D	E	F
1	水电厂电力监控系统日历报表					
2	日期					
3	时间	电压（V）	转速(r/s)	频率(Hz)	水压(bar)	效率
4						
5						
6						
7						
8						
9						
10						
11						
12						
13						
14						
15						
16						
17						
18						
19						
20						
21						
22						
23						
24						

图 6-23　水电厂电力监控系统日历报表画面

（4）运行画面

单击"切换到 View"切换到运行系统，单击日历控件选择查询日期，按时记录到的历史数据便可显示在报表中，系统运行画面如图 6-24 所示。

例6.4 利用微软日历控件实现日报表实例

选择查询日期

2016/ 7 /21

保存

打印

水电厂电力监控系统日历报表					
日期	2016-0...				
时间	电压（V）	转速(r/s)	频率(Hz)	水压(bar)	效率
0:00:00	203.00	815.00	20.00	79.00	1.00
0:30:00	——	——	——	——	——
1:00:00	——	——	——	——	——
1:30:00	——	——	——	——	——
2:00:00	——	——	——	——	——
2:30:00	——	——	——	——	——
3:00:00	——	——	——	——	——
3:30:00	——	——	——	——	——
4:00:00	——	——	——	——	——
4:30:00	——	——	——	——	——
5:00:00	——	——	——	——	——
5:30:00	——	——	——	——	——
6:00:00	——	——	——	——	——
6:30:00	——	——	——	——	——
7:00:00	——	——	——	——	——
7:30:00	——	——	——	——	——
8:00:00	——	——	——	——	——
8:30:00	——	——	——	——	——
9:00:00	——	——	——	——	——
9:30:00	——	——	——	——	——
10:00:00	187.00	846.00	20.00	34.00	1.00
10:30:00	203.00	814.00	20.00	79.00	0.90
11:00:00	208.00	806.00	15.00	92.00	0.90

图 6-24　日报表运行画面

单击"保存"按钮，可将日报表以 .xls 格式文件保存在工程文件夹中。单击"打印"

按钮，可打印日报表，并可进行打印预览。

6.6 报表函数综合应用

绘制两个报表，综合使用报表函数。首先定义变量，见表6-4。

表6-4 定义变量数值表

变量名	变量类型	初始值	最小值	最大值	最大原始值	连接设备	寄存器	数据类型	记录和安全区
a	I/O 整型	0	0	100	100	PLC1	INCREA100	SHORT	记录（灵敏度0）
b	I/O 整型	0	0	100	100	PLC1	INCREA101	SHORT	记录（灵敏度0）
c	I/O 整型	0	0	100	100	PLC1	INCREA102	SHORT	记录（灵敏度0）
d	I/O 整型	0	0	100	100	PLC1	INCREA103	SHORT	记录（灵敏度0）
总值	内存实型	0	0	400	/	/	/	/	不记录
最大值	内存实型	0	0	默认	/	/	/	/	不记录
最小值	内存实型	0	0	默认	/	/	/	/	不记录
行	内存实型	0	0	默认	/	/	/	/	不记录
列	内存实型	0	0	默认	/	/	/	/	不记录
读取字符串	内存实型字符串	/	/	/	/	/	/	/	不记录

然后新建画面“报表函数综合应用”。编辑如图6-25所示画面。在画面中插入两个报表：“表1”和“表2”，将表1设置为10行3列，将表2设置为10行4列。编辑完成画面后，将“读取字符串”“总值”“最大值”“最小值”“行”“列”变量在输出处对应关联。

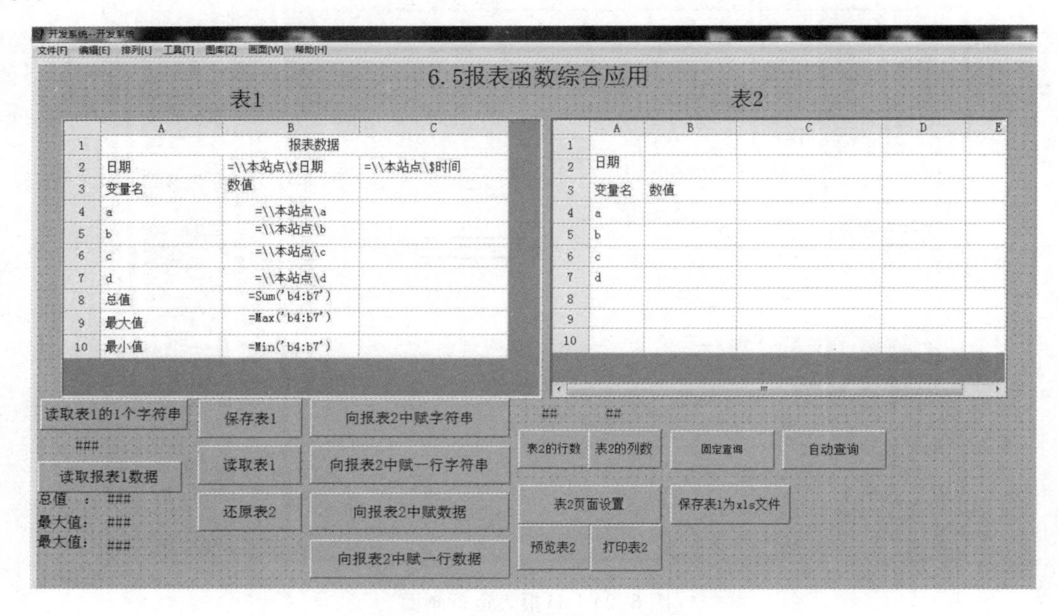

图6-25 报表函数综合应用画面

各个按钮命令语言及函数解释如下。

1）按钮“读取表1的一个字符串”在弹起时的命令语言：

```
\\本站点\读取字符串 = ReportGetCellString("表1", 2, 2);
ReportGetCellString():这个函数属于报表专用函数。获取指定报表的指定单元格的文本,
```

“读取报表1数据”按钮命令语言：

```
总值 = ReportGetCellValue("表1", 8,2);
最大值 = ReportGetCellValue("表1", 9,2);
最小值 = ReportGetCellValue("表1", 10,2);
```

ReportGetCellValue()：这个函数属于报表专用函数。获取指定报表的指定单元格的数值。

2）“保存表1”按钮命令语言：

```
ReportSaveAs("表1","c:\001.rtl");
```

ReportSaveAs()：这个函数属于报表专用函数。将报表按照所给的文件名存储到指定目录下，可以将报表文件保存为rtl、xls、csv这三种格式。

3）“读取表1”按钮命令语言：

```
ReportLoad("表2","c:\001.rtl");
```

ReportLoad()：这个函数属于报表专用函数。将指定路径下的报表读到当前报表中来。

4）“还原表2”按钮命令语言：

```
ReportLoad("表2","c:\002.rtl");
```

在报表工具栏中单击“保存”按钮，将表2保存在C:盘。注：必须先将表2存到指定目录才可还原表2。

5）“向表2中赋字符串”：

```
ReportSetCellString("表2", 2, 2, \\本站点\$日期);
ReportSetCellString("表2", 2, 3, \\本站点\$时间);
ReportSetCellString("表2", 1, 3, "组态报表函数应用示例");
```

ReportSetCellString()：这个函数属于报表专用函数。将指定的字符的赋给指定报表中的指定单元格。

6）“向表2中赋一串字符串”按钮命令语言：

```
ReportSetCellString2("表2", 8, 3, 10, 3, "好好学习,天天向上");
```

ReportSetCellString2()：这个函数属于报表专用函数。将指定的字符串的赋给指定报表中的指定区域。

7）“向表2中赋数据”按钮命令语言：

```
ReportSetCellValue("表2", 4, 2, \\本站点\a);
ReportSetCellValue("表2", 5, 2, \\本站点\b);
ReportSetCellValue("表2", 6, 2, \\本站点\c);
```

```
ReportSetCellValue("表 2", 7, 2, \\本站点\d);
```

ReportSetCellValue()：这个函数属于报表专用函数，用于将指定的数据的赋给指定报表中的指定单元格。

8）“向表 2 中赋一串数据”按钮命令语言：

```
ReportSetCellValue2("表 2", 4, 3, 7, 3, 66666);
```

ReportSetCellValue2()：这个函数属于报表专用函数，用于将指定的数据赋给指定报表中的指定区域。

9）“表 2 行”按钮命令语言：

```
\\本站点\行 = ReportGetColumns("表 2");
```

ReportGetColumns()：这个函数属于报表专用函数，用于获取指定报表的行数。

使用格式：ReportGetColumns（指定表）

10）“表 2 列”按钮命令语言：

```
\\本站点\列 = ReportGetRows("表 2");
```

ReportGetRows()：这个函数属于报表专用函数，用于获取指定报表的列数。

11）“表 2 页面设置”按钮命令语言：

```
ReportPageSetup("表 2");
```

ReportPageSetup()：这个函数属于报表专用函数，用于在运行状态下对指定表格进行页面设置。

12）“预览表 2”按钮命令语言：

```
ReportPrintSetup("表 2");
```

ReportPrintSetup()：这个函数属于报表专用函数，用于在运行状态下对指定表格进行打印预览。

13）“打印表 2”按钮命令语言：

```
ReportPrint2("表 2");
```

ReportPrint2()：这个函数属于报表专用函数，用于在运行状态下对指定表格进行打印预览。

14）“固定查询”按钮命令语言：

```
longStartTime;
StartTime = HTConvertTime(\\本站点\$年,\\本站点\$月,\\本站点\$日,8,0,0);
longStartTime1;
long hang;
string data;
StartTime1 = StartTime;
ReportSetHistData("表 2","\\本站点\b", StartTime,60, "b4:b10");
//以下命令语言可实现日期时间的同步显示
hang =4;
```

```
while (hang <= 10)
{data = StrFromTime(StartTime1, 3);
ReportSetCellString("表2", hang,3, data);
StartTime1 = StartTime1 +60;
hang = hang +1;}
```

HTConvertTime()：这个函数是将指定的时间格式转换为以秒为单位的长整型整数。使用格式。

```
HTConvertTime(年,月,日,时,分,秒);
```

ReportSetHistData()：这个函数属于报表专用函数，用于依据给定的参数进行历史数据查询。

使用格式：

```
ReportSetHistData(指定表,指定参数，查询开始时间,查询时间间隔，查询填充的单元范围);
```

15）“自动查询”按钮命令语言：

```
ReportSetHistData2(2,4);
```

ReportSetHistData2：这个函数属于报表专用函数，用于查询历史数据，

使用格式：ReportSetHistData2（指定表起始行，指定表终止列）；

16）“保存表1为xls文件”：

```
ReportSaveAs("表1","c:\001.xls");
```

6.7 本章小结

本章主要介绍了组态王中的报表系统以及日历控件。以下是本章重要知识点总结。

1）报表的插入在组态王画面的工具箱中选择“报表窗口”。

2）熟悉报表工具箱中各图标的作用，包括复制、粘贴、剪切、插入变量、插入函数等。

3）掌握报表系统中报表各个函数，包括报表内部函数、报表操作函数、报表查询函数、报表打印函数等。

4）学会使用日历控件。

第 7 章　组态王数据库访问

组态王数据库访问功能包括组态王 SQL 访问管理器、如何配置与各种数据库的连接、组态王与数据库连接实例和 SQL 函数的使用，此功能可以实现组态王和其他 ODBC 数据库之间的数据传输。

7.1　组态王 SQL 访问管理器

组态王 SQL 访问管理器用来建立数据库列和组态王变量之间的联系。通过表格模板在数据库中创建表格，表格模板信息存储在 SQL. DEF 文件中；通过记录体建立数据库表格列和组态王之间的联系，允许组态王通过记录体直接操纵数据库中的数据。这种联系存储在 BIND. DEF 文件中。

7.1.1　表格模板

在工程浏览器中选择“SQL 访问管理器文件→表格模板”，双击“新建”，弹出“创建表格模板”对话框，如图 7-1 所示。该对话框用于建立新的表格模板。具体说明如下：

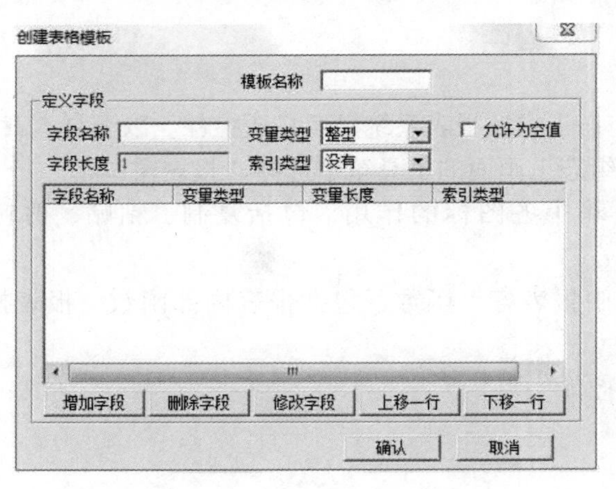

图 7-1　创建表格模板

模板名称：表格模板的名称。

字段名称：使用表格模板创建数据库表格中字段的名称，长度不超过 32 个字符，如果数据库中的字段名称以数字开头，如“3Name”，在定义表格模板时，名称需以大括号包含，写为“[3Name]”。

变量类型：表格模板创建数据库表格中字段的类型。单击下拉列表框按钮，可以看到有 4 种类型供选择，整型、浮点型、定长字符串型和变长字符串型。

字段长度：当变量类型中选择“定长字符串型”或“变长字符串型”时，该项文本框由“灰色”（无效）变为“黑色”（有效）。

索引类型：单击下拉列表框按钮，可以看到有三种类型供选择，有（唯一）、有（不唯一）和没有。索引功能是数据库用于加速字段中搜索及排序的速度，但可能会使更新变慢。

允许为空值：选中该项，将在前面的方框中出现“?”标志，表示数据记录到数据库的表格中该字段可以有空值。不选中该项则表示该字段的数据不能为空值。

另外还有“增加字段”“删除字段”“修改字段”“上移一行”和“下移一行”这几个按钮，可对已填入字段进行编辑和选择。

7.1.2 记录体

记录体用来连接表格的列和组态王数据词典中的变量。选择工程浏览器中的“SQL 访问管理器文件”→“记录体”，双击“新建”，弹出“创建记录体”对话框，如图 7-2 所示。该对话框用于建立新的记录体。

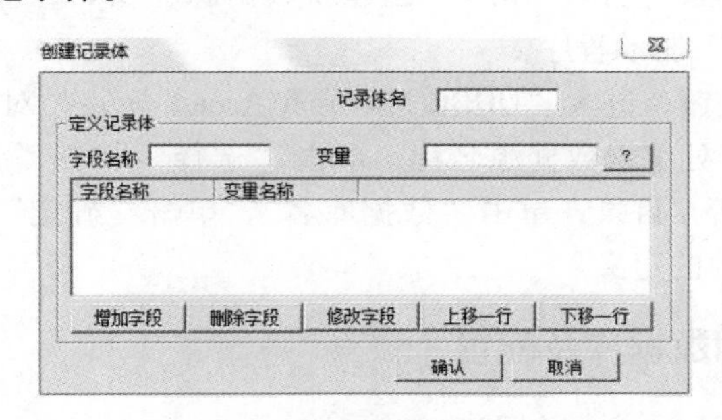

图 7-2 “创建记录体”对话框

在“创建记录体”对话框中，包含记录体名（记录体的名称）、字段名称（数据库表格中的列名）、组态王变量（与数据库表格中指定列相关联的组态王变量名称）、增加字段（把定义好的字段增加到显示框中）、删除字段（把定义好的字段从显示框中删除）、修改字段（把定义好的字段在显示框中进行修改）、上移一行（把选中的字段向上移动一行）、下移一行（把选中的字段向下移动一行）、复制记录体（对已选中定义的记录体进行复制）等内容。

7.2 如何配置与数据连接

7.2.1 定义 ODBC 数据源

组态王 SQL 访问功能能够实现和其他外部数据库（支持 ODBC 访问接口）之间的数据传输。实现数据传输必须在系统 ODBC 数据源中定义相应数据库。进入计算机“控制面板”中的“管理工具”，用鼠标双击“数据源（ODBC）”选项，弹出“ODBC 数据源管理器”对话框，如图 7-3 所示。

以 Microsoft Access 数据库为例建立 ODBC 数据源的大致步骤。

1）假设计算机中已经存在一个 Microsoft Access 数据库，名为数据 . mdb。

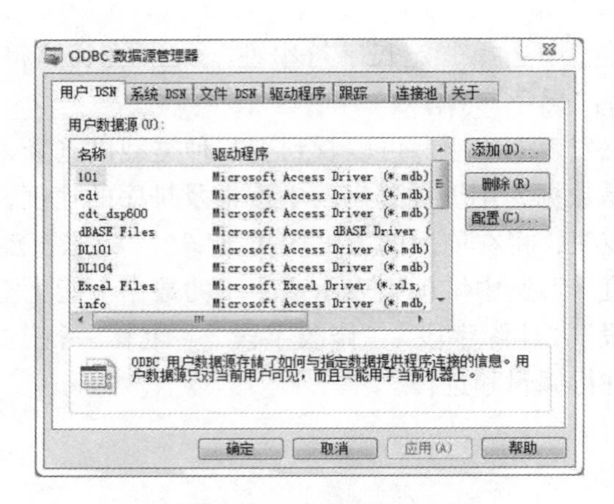

图 7-3　ODBC 数据源管理器

2）双击“数据源（ODBC）”，弹出“ODBC 数据源管理器”对话框，选择“用户 DSN”选项卡，单击右侧“添加”按钮，弹出“创建新数据源”窗口，从列表中选择“Microsoft Access Driver（＊.mdb）”驱动程序。

3）单击“完成”按钮，进入“ODBC Microsoft Access 安装”对话框

4）在“数据源名”处编辑数据源名称，单击“选择”按钮，弹出“选择数据库”对话框，选择数据库文件所在目录，单击“数据库名”，单击“确定”按钮，再单击“确定”按钮，完成 ODBC 数据源的定义。

7.2.2　组态王支持的数据库及配置

1. SyBase 或 MS SQLServer 数据库

SyBase 或 Microsoft SQL Server 通信需要进行如下设置：首先配置 Windows 的数据库用户。然后使用 SQLConnect()函数连接。配置数据库的步骤如下：

1）打开 Windows 控制面板的 32 位 ODBC 数据源管理器。单击“添加”按钮，选择 SQL Server，弹出 ODBC SQL Server 配置画面。

2）在 Data Source Name 栏填写数据源名称。在 Server 栏填写数据库 Server 名称。

2. dBase 数据库

为了和 dBASE 连接，必须执行 SQLConnect()函数。其格式如下：

```
SQLConnect(ConnectionID,"<attribute> = <value>;<attribute> = <value>;…");
```

SQL 管理器支持 dBASE 的三种数据类型。char 类型包含定长的字符串，对应组态王中的字符串变量。数据库 dBASE 最大支持 254 个字符。numeric 类型和 float 类型对应组态王中整型或实型变量。必须设定变量长度。格式为十进制宽度。

7.3　数据库查询工程实例

1. 功能概述

在现实的生产生活中，很多场合需要对关系数据库的数据按照不同的条件进行查询处理，本例程介绍了在图书馆管理方面对关系数据库按日期查询数据信息，利用组态王的 SQL

函数和 KVADODBGird 控件实现对数据库的查询处理。

2. 操作步骤

（1）数据库以及表

在工程文件夹中存在一个“图书馆 . mdb”的 Access 的数据库，在此数据库中有一个名为“借书记录”的数据表。数据表中有如下字段：借书日期、借书时间、管理人员、还书日期、借书学生、图书编号、学生学号、是否归还。字段的类型均为文本类型。

（2）设置 ODBC 数据源

1）在计算机的“控制面板”→“管理工具”→“ODBC 数据源”中建立 ODBC 数据源，双击“ODBC 数据源”，弹出“ODBC 数据源管理器”，如图 7-4 所示。

2）在“用户 DSN”选项卡中单击“添加”按钮，弹出“创建新数据源”对话框，如图 7-5 所示。

图 7-4　ODBC 数据源管理器

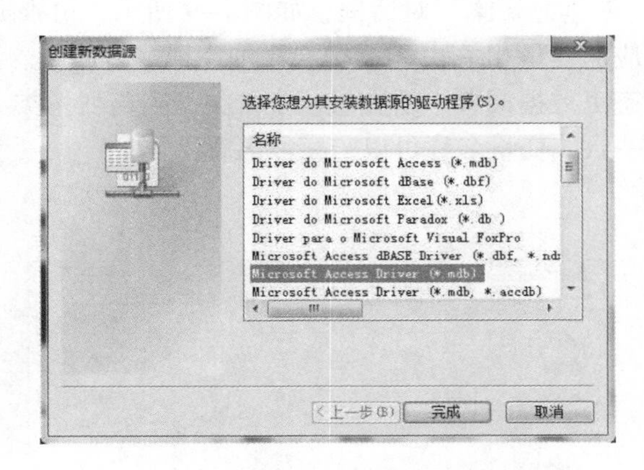

图 7-5　“创建新数据源”对话框

选择“Microsoft Access Driver(*. mdb)”驱动程序，单击“完成”按钮，弹出如图 7-6 所示对话框，根据需要填写 ODBC 数据源名。

单击“选择(S)”按钮，弹出如图 7-7 所示对话框，选择工程路径下的数据库“图书馆 . mdb”。

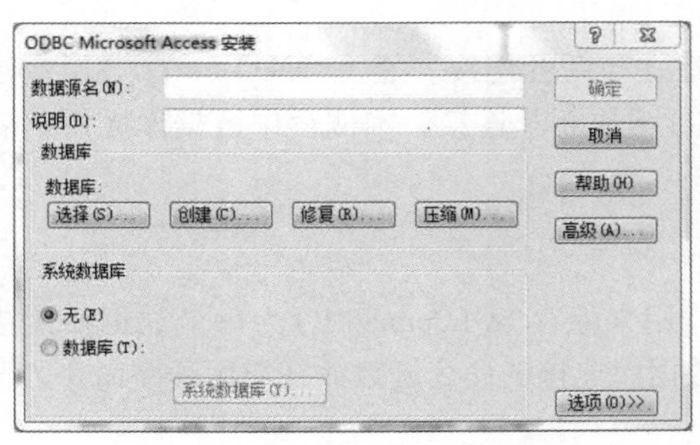

图 7-6　数据源定义

图 7-7　选择数据库

单击“确定”按钮完成 ODBC 数据源定义，如图 7-8 所示。

3. 利用 SQL 函数进行查询

利用组态王的 SQL 函数可以实现对数据库的数据进行查询、插入、删除等操作，在本例程中只介绍数据查询的方法，其他的使用可以参考组态王的帮助手册。组态王利用 SQL 函数进行查询时必须首先建立记录体。

(1) 新建工程

在组态王工程管理器中，新建“数据库存储与查询工程”，并将此工程设为当前工程。

(2) 定义变量

进入组态王工程浏览器，在数据词典中新建所需变量，定义变量分别为：借书日期（内存字符串）、借书时间（内存字符串）、管理（内存字符串）、还书日期（内存字符串）、借书学生（内存字符串）、图书编号（内存字符串）、学生学号（内存字符串）、是否归还（内存字符串）、查询日期（内存字符串）和 DeviceID（内存整数）。

(3) 定义记录体

在组态王中利用数据库来连接数据库的表格的字段和组态王数据词典中的变量。打开“创建记录体”对话框，如图 7-9 所示，可根据需要设置记录体名，写入字段名称，并与对应的变量相关联（单击“添加字段”即可）。字段名称为数据库中表的字段名称，变量为组态王数据词典中的变量，字段类型需与变量类型一致，字段名称需与数据库中表的字段名称一致，变量名称可以与字段名称不同。

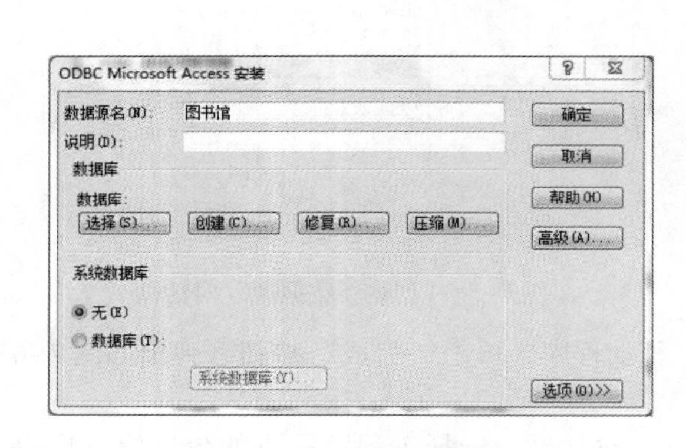

图 7-8　ODBC 数据源定义

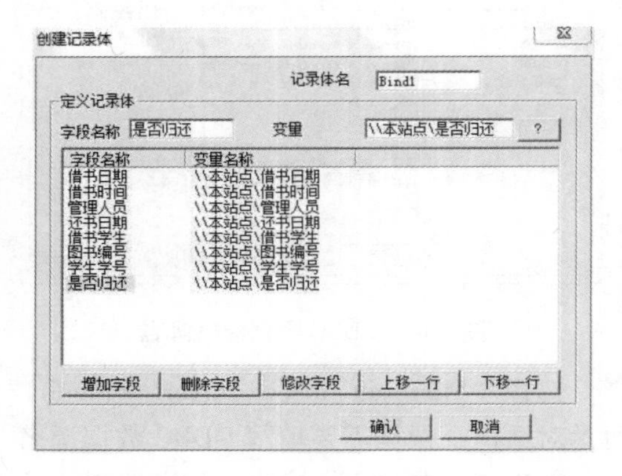

图 7-9　创建记录体

(4) 建立组态王与数据库的关联

组态王中通过 SQL 函数实现与数据库的建立与断开连接。通过 SQLConnect( ) 函数建立组态王与数据库的连接，通过 SQLDisconnect( ) 函数断开连接。本例程中数据库无用户名和密码，具体用法如下：

```
SQLConnect( DeviceID, "dsn = 图书馆;uid = ;pwd = " );
```

其中，DeviceID 是用户创建的内存整形变量，用来保存 SQLConnect( ) 为每个数据库连接分配的一个数值。编辑脚本程序。建议将建立数据库连接的命令函数放在应用程序命令语言的启动时执行，执行语句如下：

```
SQLConnect( DeviceID,"dsn = 图书馆;uid = ;pwd" );
```

将断开数据库连接的命令函数放在应用程序命令语言的停止时执行，执行语句如下：

```
SQLDisconnect( DeviceID );
```

这样当组态王进入运行系统后自动连接数据库，当组态王退出运行系统时自动断开数据库的连接。

注意：此函数在组态王运行中只需进行一次连接，不要把此语句写入“运行时”，否则会多次执行此命令造成错误。

（5）新建画面

查询数据库主要用到的 SQL 函数有 SQLSelect( )、SQLLast、SQLFirst、SQLPre、SQLNext( ) 等。详细的函数使用方法可以参考函数使用手册。新建画面“数据库信息查询”，利用工具栏中的画图工具和控件创建如图 7-10 所示画面。

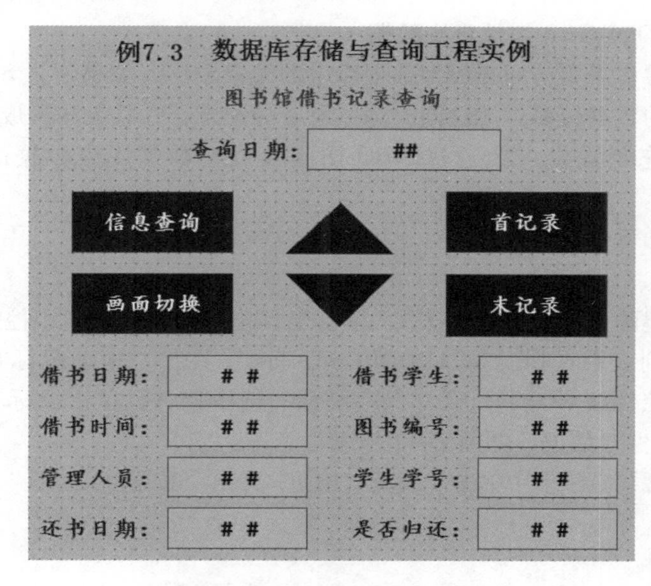

图 7-10　数据库信息查询画面

查询日期后的“##”的动画连接设置是在字符串输入和字符串输出处与变量“\\本站点\查询日期”相关联，借书日期、借书时间、管理人员、还书日期、借书学生、图书编号、学生学号、是否归还动画连接为字符串输出，关联的变量分别为“\\本站点\借书日期”“\\本站点\借书时间”“\\本站点\管理人员”“\\本站点\还书日期”“\\本站点\借书学生”“\\本站点\图书编号”“\\本站点\学生学号”和“\\本站点\是否归还”。

“信息查询”按钮的弹起时命令语言为 SQL 查询函数，进行数据库信息查询：

```
stringwhe;
whe = "借书日期 ='" + \\本站点\查询日期 + "'";
\\本站点\查询日期 1 = whe;
SQLSelect( DeviceID, "借书记录", "Bind1",whe, "");
```

“画面切换”按钮弹起时命令语言如下：

```
ShowPicture("数据库查表");
```

向上箭头按钮的弹起时命令语言为 SQL 查询函数，选择上一条记录查询：

```
SQLPrev( DeviceID);
```

向下箭头按钮的弹起时命令语言为 SQL 查询函数，选择下一条记录查询：

```
SQLNext( DeviceID) ;
```

“首记录”按钮的弹起时命令语言为 SQL 查询函数，进行首记录信息查询：

```
SQLFirst( DeviceID) ;
```

“末记录”按钮的弹起时命令语言为 SQL 查询函数，进行末记录信息查询：

```
SQLLast( DeviceID) ;
```

4. 利用 KVADODBGird 控件查询数据

在实际工程中常常需要访问开放型数据库中的大量数据，如果通过 SQL 函数编程查询，由于同一个条件下的数据较多，无法同时浏览所有的记录，并且无法形成报表进行打印，使用不方便。因此组态王提供一个通过 ADO 访问开放型数据库中数据的 Active X 控件—KVADODBGird。

具体操作步骤如下。

（1）新建画面

在组态王中新建画面“数据库查表”，单击工具箱中的“插入通用控件”按钮，在“插入控件”对话框的列表中选择“KVADODBGird Class”控件，拖动鼠标在画面中画出此控件，双击控件，将控件命名为“Lib”，保存画面。选中控件，单击鼠标右键，选择“控件属性”，弹出控件属性对话框，如图 7-11 所示。

（2）在“数据源”选项卡中单击“浏览”按钮，弹出“数据链接属性”对话框，如图 7-12 所示。

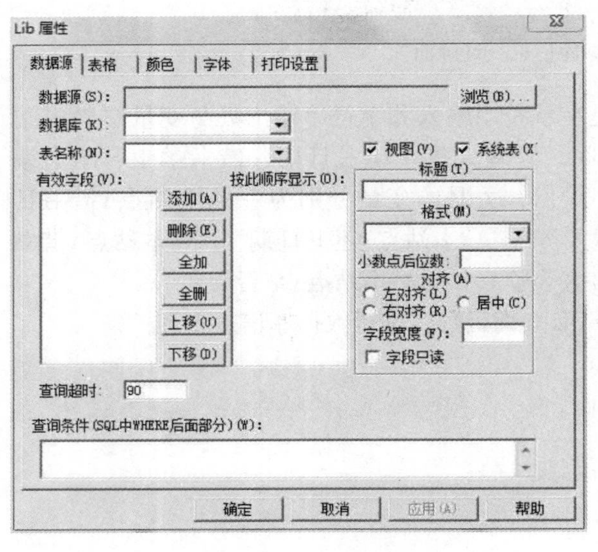

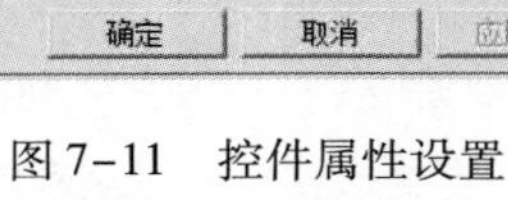

图 7-11 控件属性设置

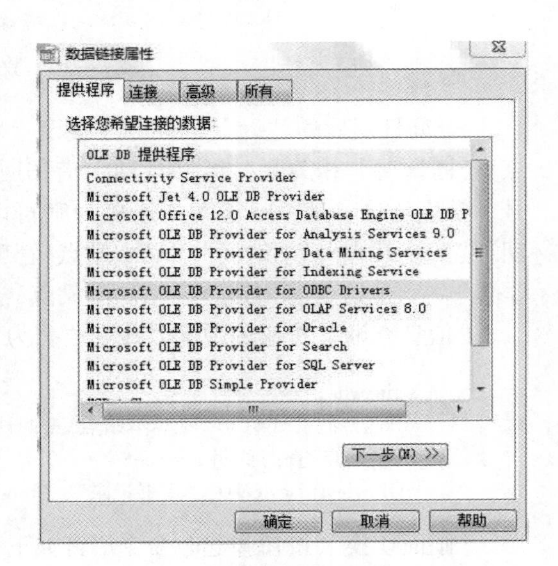

图 7-12 “数据链接属性”对话框

（3）选择“连接”选项卡，在“指定数据源”处选择“使用数据源名称”选项，单击“刷新”按钮，在下拉列表中选择数据源“图书馆”，单击“测试连接”按钮，显示测试连接成功，如图 7-13 所示，单击“确定”按钮，完成数据源的连接。

（4）在“表名称”处选择“借书记录”，将“有效字段”处的字段按照数据表中的字段顺序依次添加在右侧显示框内，单击“应用”按钮，再单击“确定”按钮即可完成对控件的配置。具体设置如图 7–14 所示。

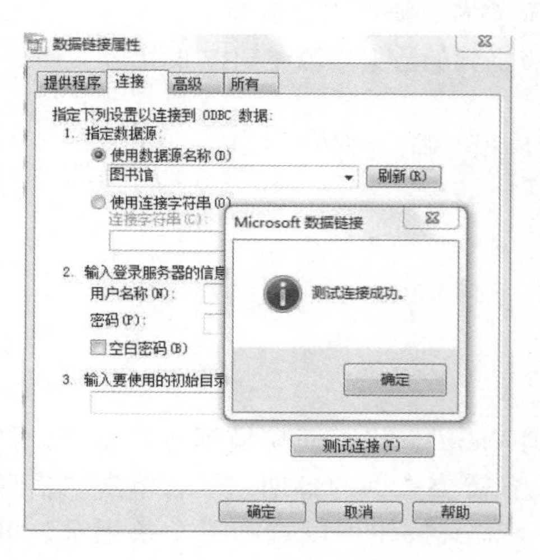

图 7–13　连接数据源

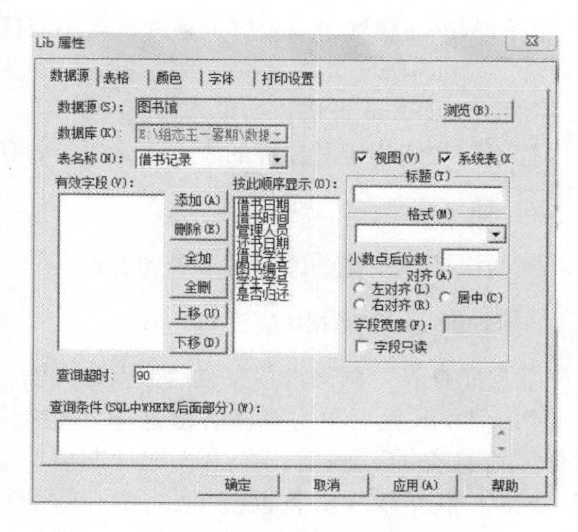

图 7–14　控件属性设置

（5）设置完成后，有效字段可应用在控件列表中，同时按下键盘的〈Ctrl + Alt + O〉键，可以对控件的行高和列宽进行设置，设置完成后的画面如图 7–15 所示。

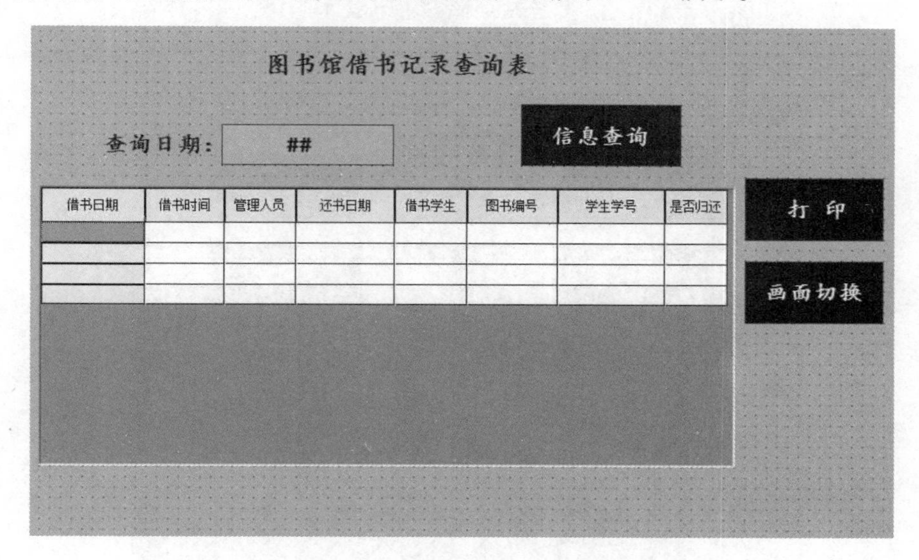

图 7–15　数据库查表画面

对画面中查询日期后的“##”进行动画连接，在字符串输入和字符串输出处与“\\本站点\查询日期”相关联。

（6）在画面中插入“信息查询”按钮，对控件的记录进行查询，弹起时的命令语言如下：

```
stringwhe;
whe = "借书日期 = '" + \\本站点\查询日期 + "'";
```

```
Lib. Where = whe;
Lib. FetchData( );
Lib. FetchEnd( );
```

控件 . Where 属性：设置查询条件，若不需任何条件，则可以设置为空。

控件 . FetchData 方法：执行数据查询，并将查询到的数据集填充到控件中。

控件 . FetchEnd 方法：结束查询。

“打印”按钮用于对控件的查询记录进行打印操作，弹起时的命令语言如下：

```
Lib. Print( );
```

“画面切换”按钮的弹起时命令如下：

```
ShowPicture("数据库信息查询");
```

“数据库查表”画面设置完成后，保存画面。

（7）保存画面后单击鼠标右键选中“切换到 View”，将画面切换到运行系统，打开“数据库信息查询”画面，在“查询日期后”设置需要查询的日期，然后单击“信息查询”按钮，即可显示出查询到的结果，单击向下箭头按钮可以查询下一条记录，单击“首记录”和“末记录”按钮即可查询该日期内的第一条记录和最后一条记录，查询结果如图 7-16 所示。

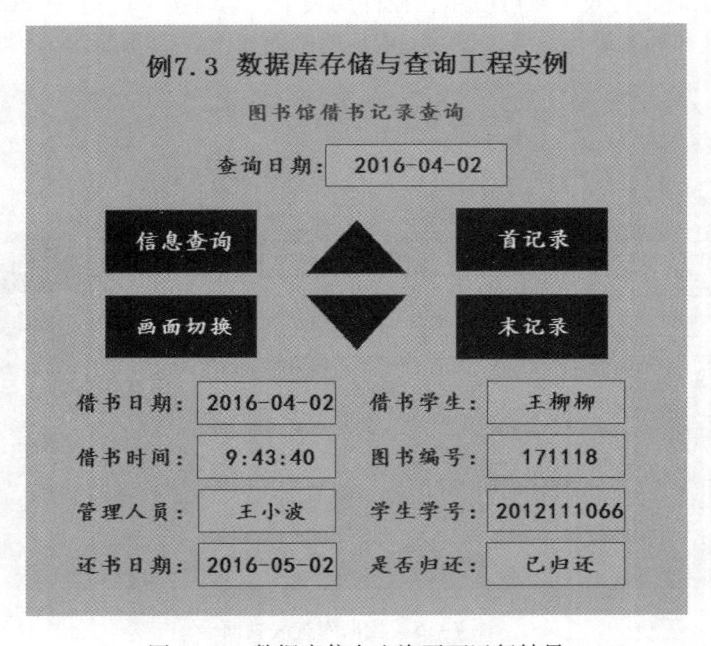

图 7-16　数据库信息查询画面运行结果

（8）单击“画面切换”按钮，即可直接切换至“数据库查表”按钮，查询日期可以显示之前所设置的日期，单击“信息查询”按钮，即可在控件中显示该日期内的所有记录数据，单击“打印”按钮，可对记录结果进行打印。结果如图 7-17 所示。

图 7-17　数据库查表画面运行结果

7.4　数据库与 XY 曲线结合工程实例

在组态王中利用报表 SQL 函数实现对数据库的查询，并将查询出来的数据用超级 XY 曲线显示。

（1）数据库说明

1）将 Access 数据库放入工程文件夹中，数据库为“data. mdb”。

2）在数据库“数据 . mdb”中有一个数据表：表的名称为：食物中脂肪含量检测。字段为：日期，时间，食物名称，编号，检测序号，检测结果。检测结果为数字类型（检测序号为数字类型（整数）其余为文本类型。

3）在数据库的食物中脂肪含量数据表中已存储了数据。

（2）计算机 ODBC 数据源建立

根据 7. 3 节建立一个名为“表数据”的数据源。

（3）定义变量

根据 ACCESS 表的字段建立变量新建工程，然后定义变量，变量为内存变量。在组态王中定义 4 个内存字符串变量：日期，时间，食物名称和编号；以及检测序号（内存整型）、检测结果（内存实数）和 DeviceID（内存整数）这三个变量。

（4）创建记录体

记录体名：bind1，字段名称为数据库中表的字段名称。字段类型与变量类型需要一致。字段名称要与数据库中表的字段名称一致。变量名称与字段名称可以不同。记录体名称可以根据需要命名。如图 7-18 所示。

（5）应用命令语言写入

建立数据库连接的命令函数放在组态王的应用程序命令语言的启动时执行。

```
SQLConnect( DeviceID, " dsn = 表数据;uid = ;pwd = " );
```

建议将断开数据库连接的命令函数放在组态王的应用程序命令语言的停止时执行。

```
SQLDisconnect( DeviceID);
```

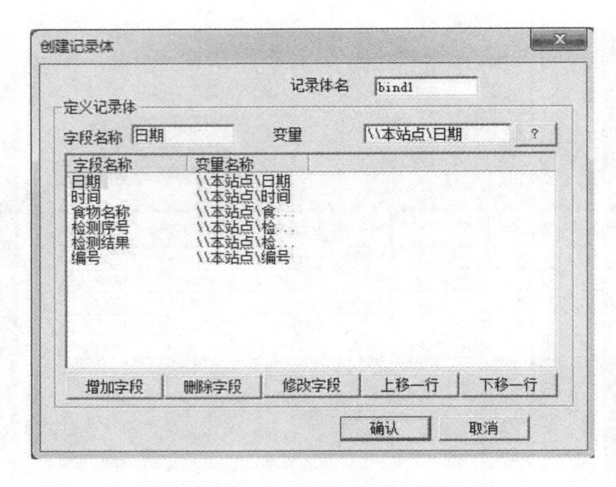

图 7-18　创建记录体

(6) 组态王画面实现

绘制如图 7-19 所示画面，并进行变量关联及将变量关联到报表中。

注意：关联到报表中的变量前需加“ = ”号，即 = “变量”。

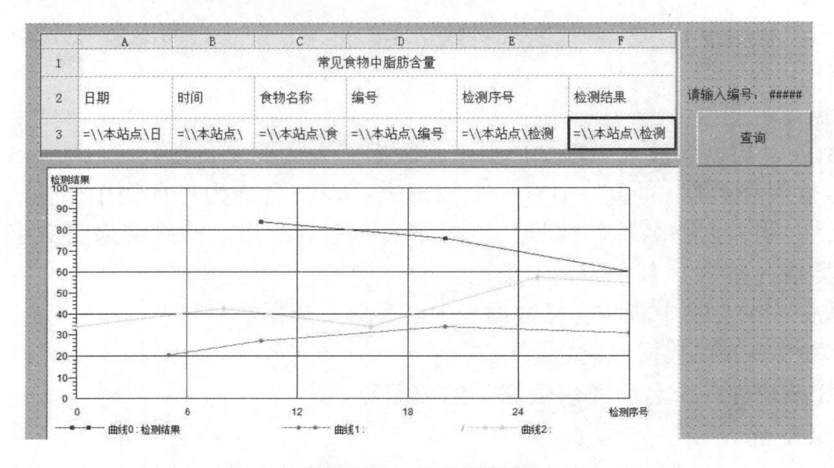

图 7-19　组态王画面

选中超级 XY 曲线控件，单击鼠标右键，选择“控件属性”，弹出“XY 属性”界面，单击“坐标”，在坐标界面中对 X、Y 轴的坐标进行设置，选中“X 轴标题”并设置为“检测序号”，最大值为 30，最小值为 0。网格数为 5，小数位为 0。在 Y 轴信息区域中，首先设置 Y Axis 0，选中“显示 Y 轴”，将 Y 轴标题设为“检测结果”，最大值为 100，最小值为 0。刻度数为 10，小数位为 0。在曲线画图区水平位置选择“左边”，将其设为画图区边界的第 0 条纵轴，单击更新 Y 轴信息，曲线控件上即可显示坐标轴信息。

在“查询”按钮下弹起时写入以下程序：

```
stringwhe;
whe = "编号 ='" + \\本站点\编号 + "'";
SQLSelect(DeviceID, "食物中脂肪含量检测", "bind1", Whe, "");
Ctrl0. AddNewPoint(检测序号,检测结果,0)
```

（7）运行系统调试

分别输入不同的编号，可查询数据库中对应的数据，且超级 XY 曲线上可把对应的点显示出来。如图 7-20 所示。

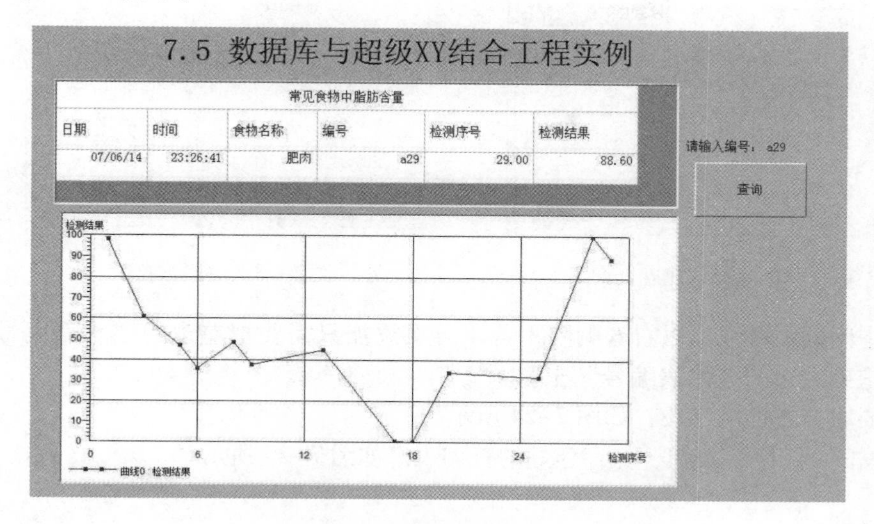

图 7-20　运行画面

7.5　关系数据库多表联合工程实例

利用组态王中的 KVADODBGrid 控件和数据库的视图功能实现在组态王页面多个表中联合查询数据。

注：数据库的视图中就是数据库对象里的“查询”。

需要说明的是，不同的 Access 数据库，以下操作步骤会有所不同，这里以 Microsoft Office Access 2010 版示例。

（1）建立数据查询表

1）打开 Access，新建如图 7-21a、b 所示两个表。

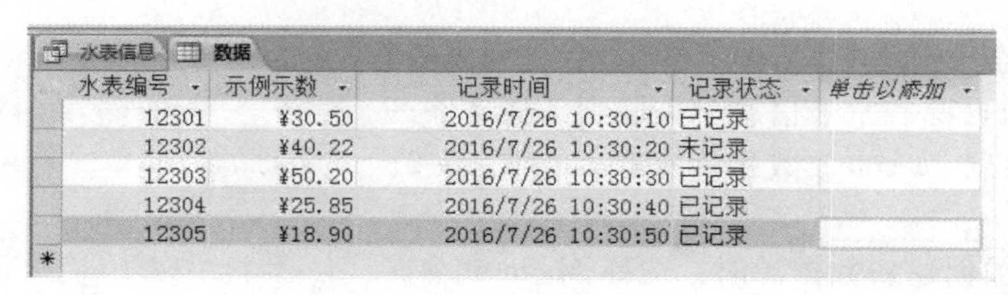

水表编号	示例示数	记录时间	记录状态	单击以添加
12301	¥30.50	2016/7/26 10:30:10	已记录	
12302	¥40.22	2016/7/26 10:30:20	未记录	
12303	¥50.20	2016/7/26 10:30:30	已记录	
12304	¥25.85	2016/7/26 10:30:40	已记录	
12305	¥18.90	2016/7/26 10:30:50	已记录	

a）

数据.水表编号	示例示数	记录时间	水表用户信	用户姓名	联系电话	所住楼层	水表类别	记录状态
12301	¥30.50	2016/7/26 10:30:10	12301	赵	123456	10	A	已记录
12302	¥40.22	2016/7/26 10:30:20	12302	钱	123444	20	B	未记录
12303	¥50.20	2016/7/26 10:30:30	12303	孙	123455	30	C	已记录
12304	¥25.85	2016/7/26 10:30:40	12304	李	123477	8	D	已记录
12305	¥18.90	2016/7/26 10:30:50	12305	张	123488	11	D	已记录

b）

图 7-21　示例表

2）建立查询表，单击“创建”→“查询设计”，弹出如图7-22所示窗口。

3）将已建立的两个表添加，并建立关联。如图7-23所示。

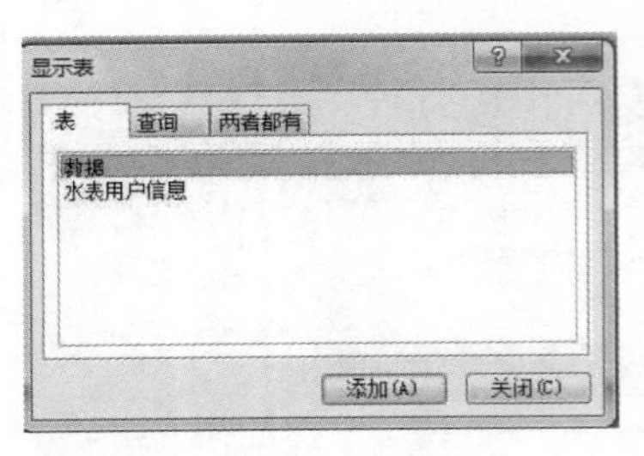

图7-22　建立查询表

图7-23　关联数据表

注：中间的关联线可以右键删除，若要再次添加只需要把左边的“水表编号”用鼠标左键点住拖到右边的“水表编号”上。

选择要联合查询的字段，如图7-24所示。

4）单击“保存”按钮，保存建好的查询表。如图7-25所示。

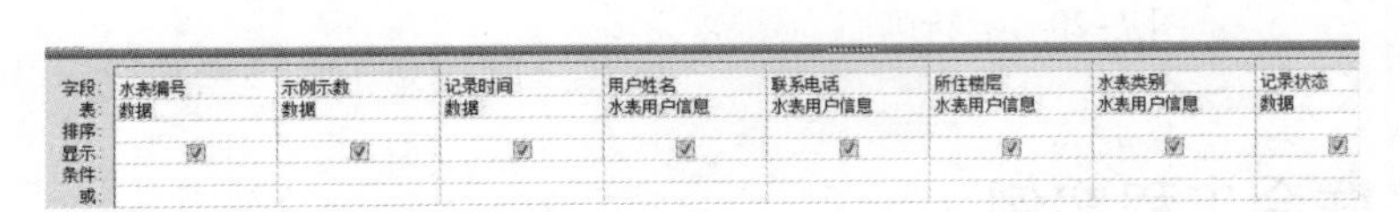

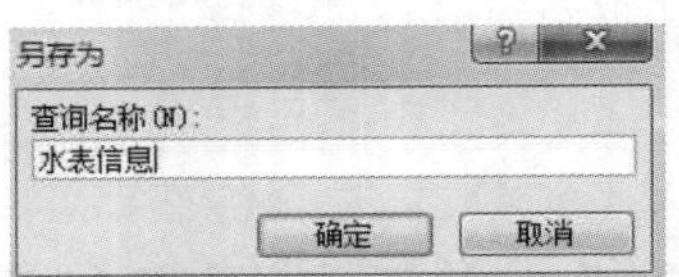

图7-24　联合查询字段选择

图7-25　保存查询表

保存好后，双击生成的“水表信息”，即可看到做好的查询表，如图7-26所示。

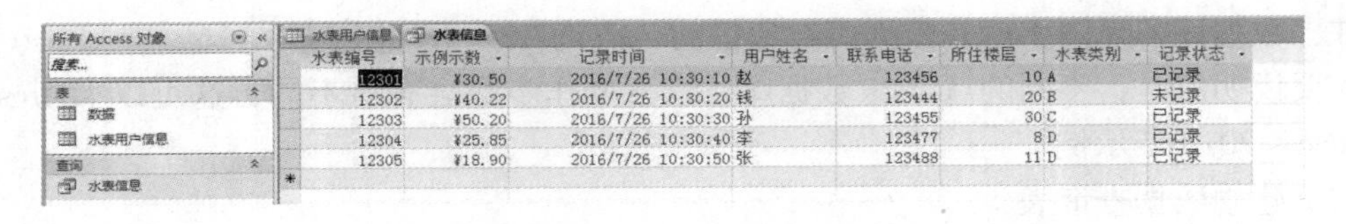

水表编号	示例示数	记录时间	用户姓名	联系电话	所住楼层	水表类别	记录状态
12301	¥30.50	2016/7/26 10:30:10	赵	123456	10	A	已记录
12302	¥40.22	2016/7/26 10:30:20	钱	123444	20	B	未记录
12303	¥50.20	2016/7/26 10:30:30	孙	123455	30	C	已记录
12304	¥25.85	2016/7/26 10:30:40	李	123477	8	D	已记录
12305	¥18.90	2016/7/26 10:30:50	张	123488	11	D	已记录

图7-26　已完成的查询表

（2）在组态王中使用KVADODBGrid控件完成多表联合查询

1）建立数据源“水表信息”关联到工程文件夹下的“水表信息.accdb”数据库文件。如图7-27所示。

注：在添加创建新数据源时，选择Microsoft Access Driver(＊.mdb，＊accdb)

在组态王中新建工程，并新建一个画面，在画面中插入KVADODBGrid控件。

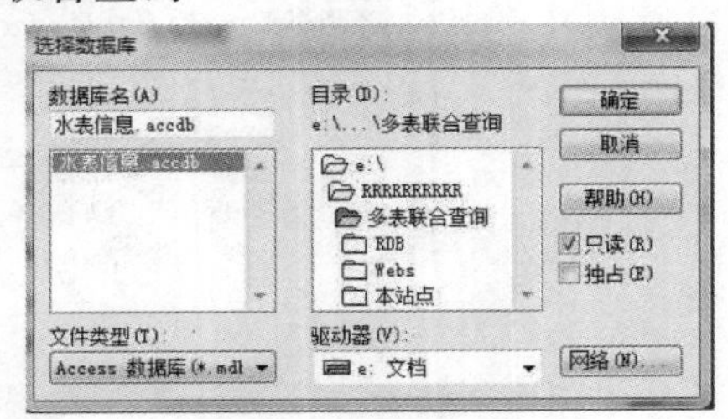

图7-27　数据源建立

用鼠标右键单击控件，选择控件属性，完成KVADODBGrid控件的设置，如图7-28和图7-29所示。

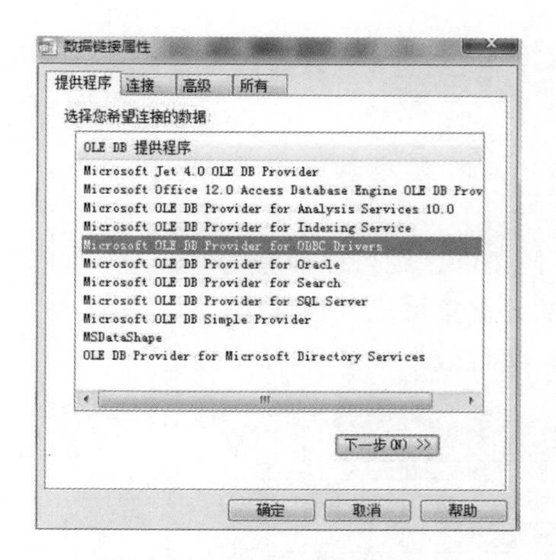

图 7-28　数据连接属性设置

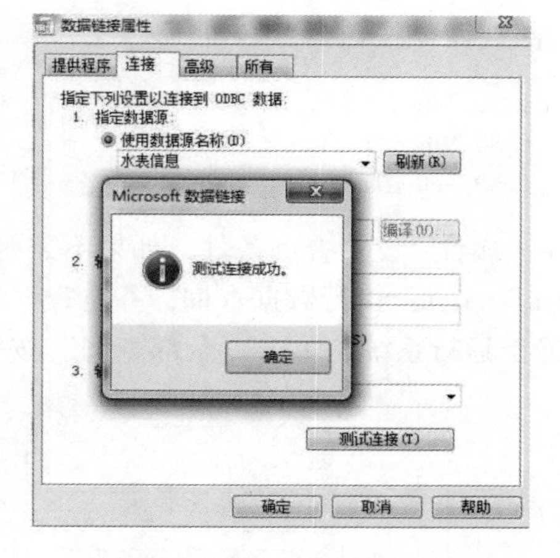

图 7-29　数据连接测试连接

2）按图 7-30 所示为“水表信息”表添加字段。

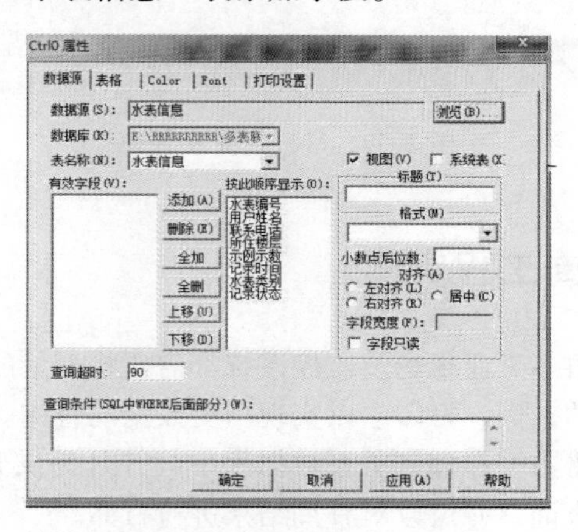

图 7-30　KVADODBGrid 控件属性设置

3）完成属性设置后画面中的表格变化如图 7-31 所示。

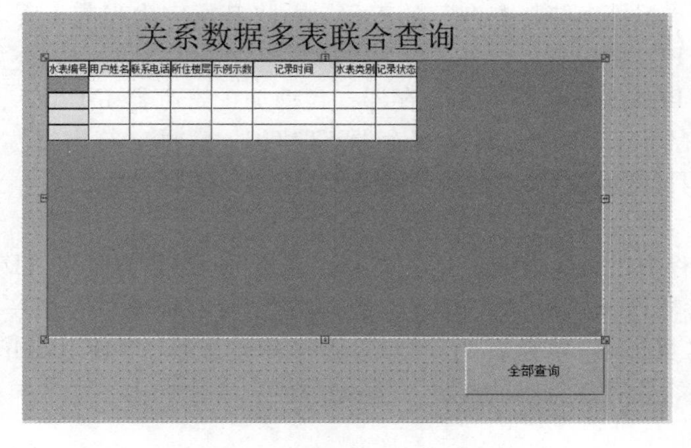

图 7-31　设置完成后的组态王画面

“全部查询”按钮命令语言：

```
stringsWhe;
Ctrl0. Where = Whe;
Ctrl0. FetchData( );
```

Where 属性：设置查询条件，如果不需要任何条件，则可以设置为空。

FetchData( )：执行数据查询，并将查询到的数据集填充到控件中。

切换至运行系统，单击“全部查询”按钮，实现效果如图 7-32 所示。

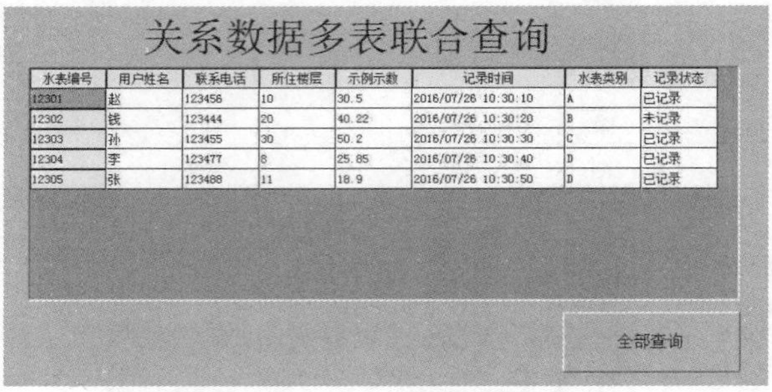

关系数据多表联合查询

水表编号	用户姓名	联系电话	所住楼层	示例示数	记录时间	水表类别	记录状态
12301	赵	123456	10	30.5	2016/07/26 10:30:10	A	已记录
12302	钱	123444	20	40.22	2016/07/26 10:30:20	B	未记录
12303	孙	123455	30	50.2	2016/07/26 10:30:30	C	已记录
12304	李	123477	8	25.85	2016/07/26 10:30:40	D	已记录
12305	张	123488	11	18.9	2016/07/26 10:30:50	D	已记录

全部查询

图 7-32　运行系统效果图

7.6　报警存储与查询工程实例

在现代信息化时代，很多工业现场及监控系统都需要将变量的报警信息进行存储，并且可以灵活地进行历史报警的查询、打印，以实现历史数据的查询。组态王中的实现方法：组态王支持通过 ODBC 接口将数据存储到关系数据库中，并且提供 KVADODBGrid 控件对存储的历史报警信息进行条件查询，并可以对查询结果进行打印。

1. 实时报警

（1）新建连接设备

创建一个名为“报警存储与查询”的工程，并将其指定为当前工程。在设备处新建设备，定义一个仿真 PLC 的设备，设备名称为“PLC”。此仿真 PLC 可以作为虚拟设备与组态王进行通信。仿真 PLC 主要有如下的寄存器：自动加 1 寄存器 INCREA、自动减 1 寄存器 DECREA、随机寄存器 RADOM、常量寄存器 STATIC、常量字符串寄存器 STRING，以及 CommErr 寄存器。具体的寄存器的使用请参考组态王 IO 驱动帮助。

（2）定义变量

在新建好的工程中定义两个变量：一个为“液位”，数据类型为“I/O 实数”，连接设备为“PLC”，寄存器选择“INCREA100”，数据类型为“SHORT”；另一个为“温度”，数据类型为“I/O 实数”，连接设备为“PLC”，寄存器选择“DECREA100”，数据类型为“SHORT”，还有一个内存字符串的变量“选择日期”。

（3）定义报警

定义报警组：在工程浏览器界面系统中找到“数据库”栏，选择“报警组”，双击添加“液位报警”和“温度报警”两个报警组，添加后单击“确定”按钮，即可完成报警组定义，如图 7-23 所示。

图 7-33　报警组定义

报警组定义完成后，回到变量定义界面，在变量定义的“报警定义”选项中我们对这两个变量进行报警的定义。“液位”变量的报警组名选择“液位报警”，报警界限为低低、低、高、高高，界限值分别为0、10、90、100，单击“确定”按钮。“温度”变量报警组名选择“温度报警”，报警界限与液位相同，设置如图 7-34 所示。

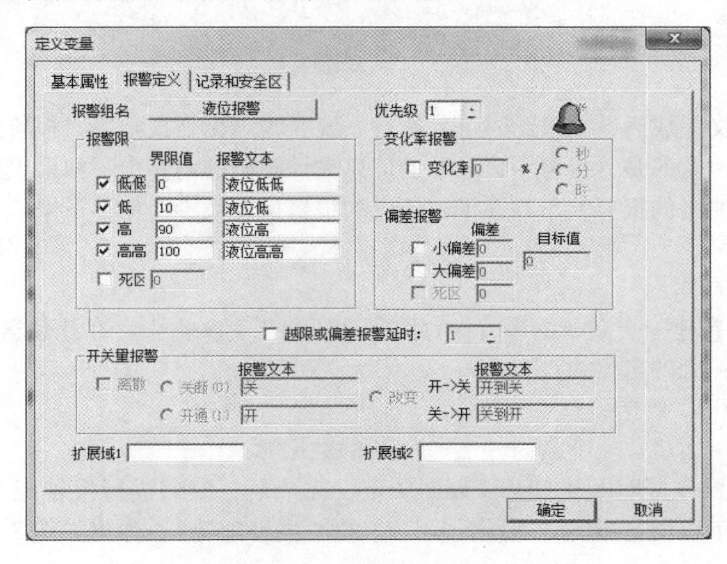

图 7-34　变量报警定义

（4）编辑画面

变量的报警定义完成后，新建一个“实时报警”画面，在工具箱中选择报警窗口，然后在画面上完成报警窗口的制作，双击画面上的报警窗口，在通用属性界面，将报警窗口命名为“报警”，选择“历史报警窗”，如果报警窗口没有名字，则此报警窗口无效，显示不了报警数据。在画面上写入文本“温度”和“液位”，并关联对应变量，即可使界面在运行时显示温度及液位数值变化。制作两个按钮，分别为“画面切换”和“退出”。“画面切换”按钮命令语言为：

```
ShowPicture("报警查询");
```

“退出”按钮命令语言为：

```
exit(0)
```

画面设置如图 7-35 所示。

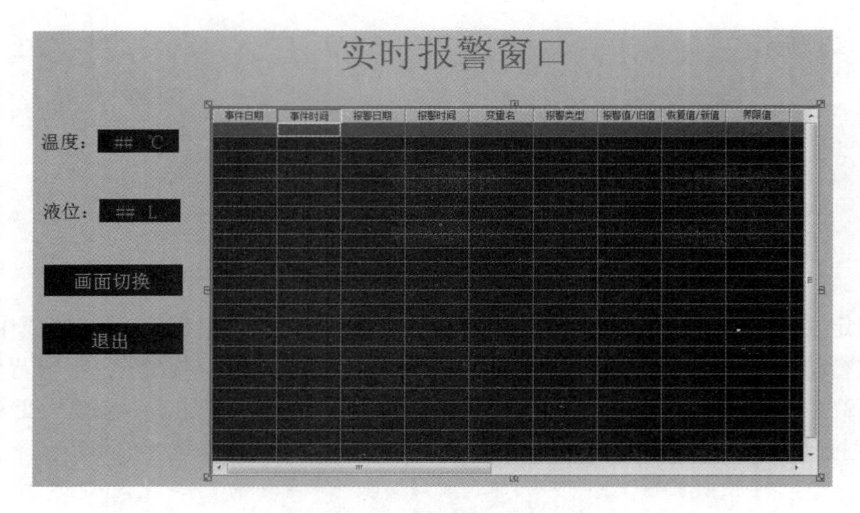

图 7-35　新建画面

报警窗口定义完成后，如果此时进入运行系统，则当出现报警后，报警信息会在报警窗口中出现。需要注意的是，报警窗口显示的信息在计算机的内存中，如果组态王退出后再进入运行系统，则原来的报警就不存在了，历史的报警信息也不会保存下来。

2. 报警存储

（1）新建数据库

在 Access 中新建一个空数据库，保存路径为所建工程文件中。在此数据库“视图设计”创建一个数据表：表的名称为：Alarm。

（2）设置 ODBC 数据源

根据 7. 3 节所述建立一个名为“表数据”的数据源。

（3）报警配置数据库以及 ODBC 数据源定义完成后，我们进行报警配置中的数据库配置。双击组态王工程浏览器的“系统配置”中的“报警配置”，弹出如图 7-36 所示的“报警配置属性页”对话框。

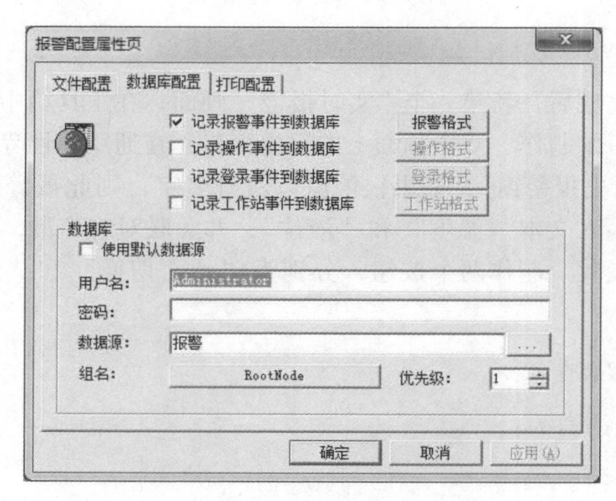

图 7-36　“报警配置属性页”对话框

选择“数据库配置”选项卡，我们根据需要将“记录报警事件到数据库”打钩，单击报警格式，出现“报警格式”对话框。需要注意的是设置的报警格式要与新建的数据库格式一致。具体配置如图 7-37 所示。

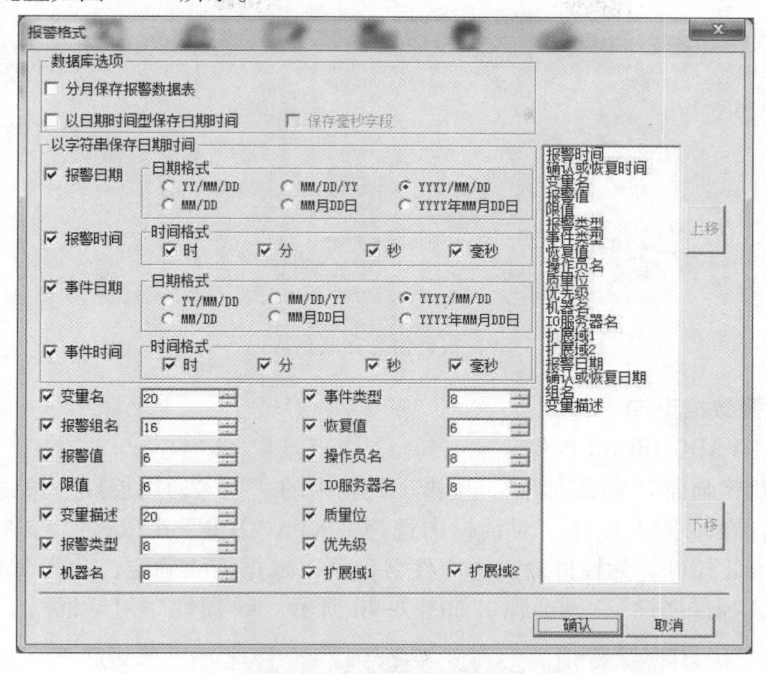

图 7-37　报警格式设置

报警格式设置好后单击“确定”按钮，回到“报警配置”选项卡，单击“数据源”→“用户 DSN”，选择之前定义的数据源“报警”，单击“确定”按钮。

（4）运行系统

画面编辑完成后保存画面，单击“打开”中的“切换到 view”，打开“实时报警”画面，运行结果如图 7-38 所示。

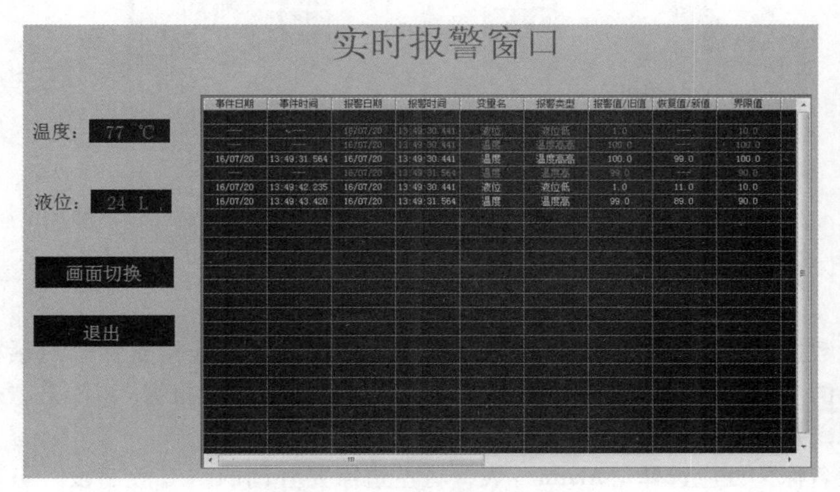

图 7-38　运行画面

当有报警产生后，会在报警画面中显示当前的报警信息，同时也会将报警信息存储到Access 数据库中。我们可以打开新建的数据库，打开“Alarm”表，如图 7-39 所示，报警信息已经存储到数据库中。

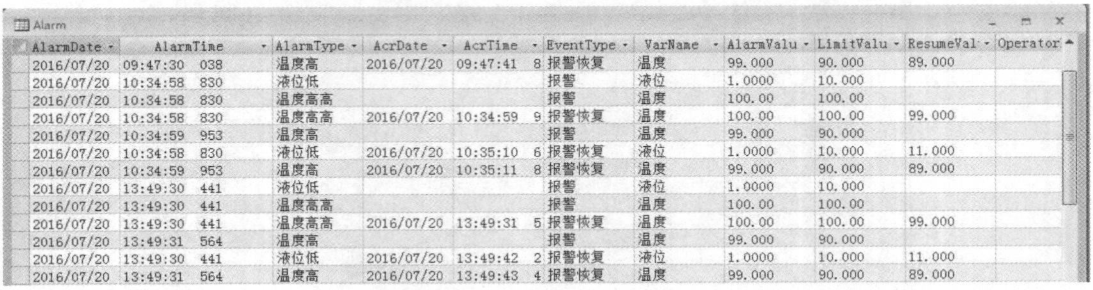

Alarm

AlarmDate	AlarmTime	AlarmType	AcrDate	AcrTime	EventType	VarName	AlarmValu	LimitValu	ResumeVal	Operator
2016/07/20	09:47:30 038	温度高	2016/07/20	09:47:41 8	报警恢复	温度	99.000	90.000	89.000	
2016/07/20	10:34:58 830	液位低			报警	液位	1.0000	10.000		
2016/07/20	10:34:58 830	温度高高			报警	温度	100.00	100.00		
2016/07/20	10:34:58 830	温度高高	2016/07/20	10:34:59 9	报警恢复	温度	100.00	100.00	99.000	
2016/07/20	10:34:59 953	温度高			报警	温度	99.000	90.000		
2016/07/20	10:34:58 830	液位低	2016/07/20	10:35:10 6	报警恢复	液位	1.0000	10.000	11.000	
2016/07/20	10:34:59 953	温度高	2016/07/20	10:35:11 8	报警恢复	温度	99.000	90.000	89.000	
2016/07/20	13:49:30 441	液位低			报警	液位	1.0000	10.000		
2016/07/20	13:49:30 441	温度高高			报警	温度	100.00	100.00		
2016/07/20	13:49:30 441	温度高高	2016/07/20	13:49:31 5	报警恢复	温度	100.00	100.00	99.000	
2016/07/20	13:49:31 564	温度高			报警	温度	99.000	90.000		
2016/07/20	13:49:30 441	液位低	2016/07/20	13:49:42 2	报警恢复	液位	1.0000	10.000	11.000	
2016/07/20	13:49:31 564	温度高	2016/07/20	13:49:43 4	报警恢复	温度	99.000	90.000	89.000	

图 7-39　报警信息存储到数据库中

3. 历史报警数据查询

(1) 创建 KVADODBGrid 控件

在工程中新建画面“报警查询”，单击工具箱中的“插入通用控件”按钮，弹出“插入控件”对话框。在“插入控件”对话框内选择“KVADODBGrid Class”控件，在画面中放入此控件。双击此控件，为控件命名，控件名称可以根据需要确定，我们命名为“kv”。单击右键，选择“控件属性”，则会弹出如图 7-40 所示“kv 属性”对话框。

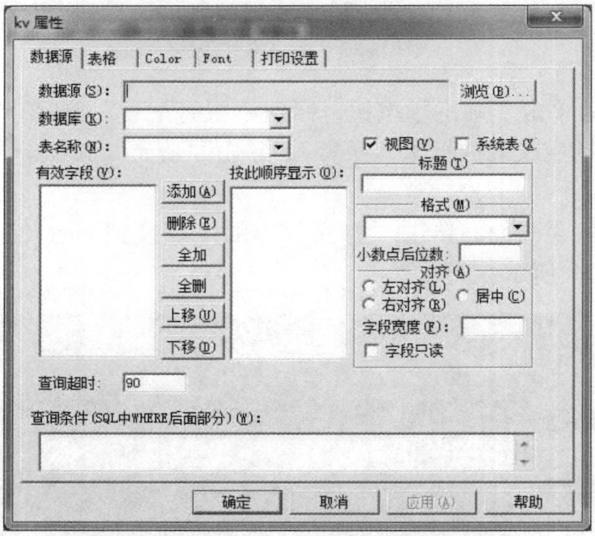

图 7-40　kv 属性

单击“数据源”选项卡中的“浏览”按钮，出现“数据连接属性”对话框，在“连接”选项卡的“使用数据源名称”中选择之前添加的数据源“报警”，单击“确定”按钮回到对话框，如图 7-41 所示。

在“表名称”处应选择“Alarm”表，将左边需要查询的“有效字段”分别添加到右边，并在右侧上修改名称及格式，设置好后，单击“确定”按钮即可完成控件属性设置，具体操作如图 7-42 所示。

（2）创建日历控件

我们按照日期进行历史报警的查询，使用微软提供的通用控件“Microsoft Date and Time Picker Control 6.0(SP4)”进行查询。单击工具箱中的“插入通用控件”，选择“Microsoft Date and Time Picker Control 6.0(SP4)”控件。在画面上插入控件后，双击控件，弹出“动画连接属性”对话框，在“常规”选项卡中将其命名为“ADate”，保存后在“事件”选项卡中选择“CloseUp”，如图 7-43 所示。

图 7-41　数据链接属性

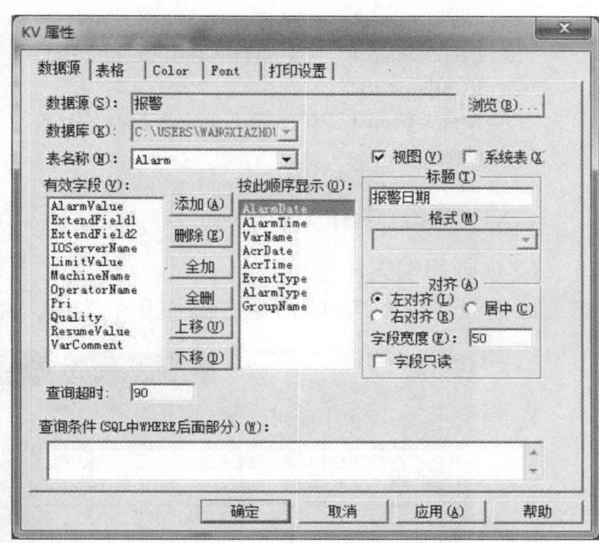

图 7-42　KV 属性设置

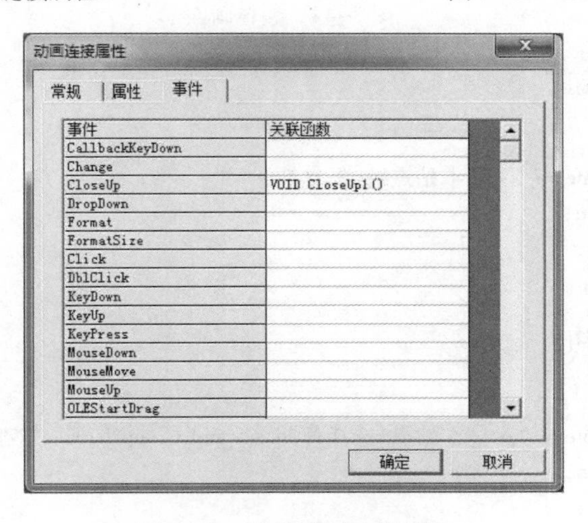

图 7-43　控件动画连接属性

弹出控件事件函数编辑窗口，在函数声明中将此函数命名为 CloseUp1()；在编辑窗口中编写脚本程序，程序如下：

```
floatAyear;
```

```
floatAmonth;
floatAday ;
string temp;
Ayear = ADate. Year;
Amonth = ADate. Month;
Aday = ADate. Day;
temp = StrFromInt( Ayear,10) ;
if( Amonth < 10)
temp = temp + "/0" + StrFromInt( Amonth,10) ;
else
temp = temp + "/" + StrFromInt( Amonth,10) ;
if( Aday < 10)
temp = temp + "/0" + StrFromInt( Aday,10) ;
else
temp = temp + "/" + StrFromInt( Aday,10) ;
\\本站点\选择日期 = temp;
```

（3） 画面编辑

画面设计如图 7-44 所示，添加几个按钮，命令语言如下。

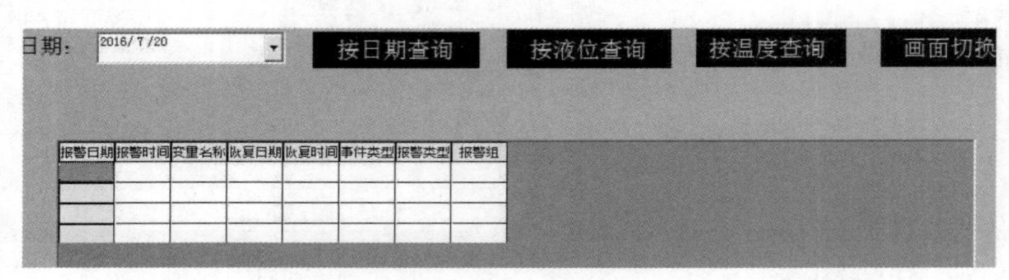

图 7-44　编辑画面

“按日期查询” 按钮：

```
string when;
when = "AlarmDate = '" + \\本站点\选择日期 + "'";
KV. Where = when;
KV. FetchData( ) ;
KV. FetchEnd( ) ;
```

“按液位查询” 按钮：

```
string when;
when = "AlarmDate = '" + \\本站点\选择日期 + "'and GroupName = '液位报警'";
KV. Where = when;
KV. FetchData( ) ;
KV. FetchEnd( ) ;
```

“按温度查询” 按钮：

```
string when;
when = "AlarmDate = '" + \\本站点\选择日期 + "'and GroupName = '温度报警'";
KV. Where = when;
```

```
KV.FetchData();
KV.FetchEnd();
```

“画面切换”按钮：ShowPicture（" 实时报警"）；

7.7 本章小结

本章主要介绍了组态王数据库 SQL 访问管理器和如何配置与数据连接的相关内容，以及 4 个有代表性的工程实例：数据库查询工程实例、数据库与 XY 曲线结合工程实例、关系数据库多表联合工程实例和报警存储与查询工程实例。通过实例的介绍和上机实际操作，读者可以更进一步体会组态王数据库访问的过程和方法。

第8章 基于单片机的控制应用

8.1 单片机概述

8.1.1 组态与单片机

随着工业自动化进程的不断加快，现场仪器、仪表、设备正不断向数字化、智能化和网络化方向推进。单片机因为其强悍的现场数据处理能力，低廉的价格，紧凑的系统结构、高度的灵活性，微小的功耗等一系列优良特性，在构建智能化现场仪器仪表、设备中占有极其重要的地位。如今已经广泛应用于工业测量和控制系统中。将单片机和组态王结合起来，使它们实现“强强联合”，成为改造传统工业，提升技术竞争力的重要趋势。

目前许多自动化系统是由工控上位机组态软件或触摸屏与底层基于单片机组成的控制装置组成，上位机组态软件或触摸屏通过与单片机控制装置的串口通信来控制现场仪器设备，单片机采集数据和现场状态通过串行口传送到上位机组态软件或触摸屏，由上位机组态软件对采集到的现场数据进行分析、存储或显示（触摸屏在数据分析、存储方面的功能没有上位机组态软件强大），以此达到对现场设备的运转情况进行监视与控制。

8.1.2 单片机的构成简介

单片机是一种集成电路芯片，又称单片微控制器，其主要包括中央处理器（CPU）、随机存储器（RAM）、只读存储器（ROM）、多种I/O口和中断系统、定时器/计数器等（可能还包括显示驱动电路、脉宽调试电路、模拟多路转换器、A/D转换器等电路）。

1. 中央处理器（CPU）

CPU包括三部分：运算器、控制器和专用寄存器。

（1）运算器

运算器由一个算术逻辑单元ALL、一个布尔处理器和两个8位暂存器组成。能给实现数据的四则运算（加、减、乘、除），逻辑运算（与、或、非、异或等），数据传递，移位，判断，程序转移等功能。

（2）控制器

控制器由指令寄存器IR，指令译码器ID，定时及控制逻辑电路等组成。

（3）专用寄存器

专用寄存器主要用来指示当前要执行指令的内存地址，存放操作数和指示指令执行后的状态。

2. 随机存储器（RAM）

RAM主要用于存放各种数据，可以随机读入或读出，读写速度快，读写方便。但电源断电后，存储的信息丢失。

3. 程序存储器（ROM）

ROM一般用来存放固定程序和数据，特点是程序写入后能长期保存，断电后数据不会丢失。

4. 多种I/O端口

I/O端口也称为I/O接口或I/O通路，是单片机与外部实现控制和交换的通道，分为并行端口和串行端口。

（1）并行端口

80C51有4个I/O端口，分别为P0—P3，它们都有双向功能 每个端口都有一个8位数据输出锁存器和一个8位的数据输入缓冲器。

（2）串行端口

80C51是具有一个全双工可编程串行I/O端口。可由TXD串行发出，又可由RXD串行接收。

5. 定时器/计数器

80C51可以处理5个中断源发出的中断请求，包括两个外部中断请求（INT0和INT1），两个内部定时/计数器中断请求（T0和T1），以及一个内部串行口中断请求。

8.1.3 常用单片机系列

（1）8位单片机

1）51系列：以Intel MCS51为核心，许多公司都购买了其核心，生产属于自己的51单片机，主要有ATMEL公司（AT89S52等），STC公司的（比如STC89C52RC），华邦，摩托罗拉，ST都有生产。

2）AVR系列：以ATMEL公司的ATmega16为代表。

3）PIC系列：以MICROCHIP公司的PIC16F877为代表。

另外，还有专用的工业单片机，平时比较少见到，比如中国台湾的合泰、义隆，韩国的三星，这些单片机往往体积小，功能很强但比较专一，价格很便宜。

（2）16位单片机

比较有名的是MSP430以及飞思卡尔系列的诸多产品。

32位的单片机也比较多，不过一般都包含了ARM内核，已经开始向ARM过渡了，比如STM32等。

8.1.4 单片机的开发工具及编程语言

1. 编写程序软件

单片机程序的编写不需要任何特殊的软件，只要是文本编辑软件就可以了，如Windows自带的记事本，Word等，不过这些软件编写并不方便，有一些更好的文本编辑器可供选择，如UltraEdit，PE2等。当然，人们最常用的还是使用开发软件自带的编辑器来进行编写。以80C51系列单片机为例，最为流行的软件是Keil软件。Keil软件是一款综合开发工具，内置了编辑器，ASM汇编器，C51编译器，调试器等部分。

2. 编程语言

（1）汇编语言

用助记符表示的指令称为汇编语言指令，用助记符编写出来的程序称为汇编语言程序。汇编语言比机器语言容易理解。但单片机只能识别机器语言，所以汇编语言编写完成后要转换成机器语言程序，再写入单片机中。一般都是用软件自动将汇编语言翻译成机器语言。

（2）高级语言

高级语言是依据数学语言设计的，在用高级语言编程时不用过多考虑单片机的内部结构。与汇编语言相比，高级语言易学易懂，而且通用性很强。高级语言的种类很多，如：B 语言 ，Pascal 语言，C 语言和 Java 语言等。单片机常用 C 语言作为高级编程语言。

8.2　系统设计说明

8.2.1　设计任务

利用 Keil C51、汇编语言编写程序实现单片机数据采集和控制；利用组态王编写程序实现计算机与单片机自动化控制。

1. 模拟电压输入

将 0 ~ 5 V 电压送给单片机，组态王与单片机建立通信，读取对应的电压值，并将此电压值转换成十进制，以数字、曲线的方式显示。

2. 模拟电压输出

在组态王界面中输入一个变化的数值（范围：0 ~ 10 V），将此电压发送给单片机某一 I/O 口，在此输出口接一个 LED 灯，观察二极管的亮度来区分电压的变化。

3. 数字量输入

在单片机的 P3.3 ~ P3.6 口接入按钮（由程序设定），组态王与单片机建立通信后读取这两个按钮的状态（打开或关闭），并在界面中以指示灯表示。

4. 数字输出

在组态王界面中，以按钮来表示输出的数字量，当按下组态王界面中的按钮时，接在单片机对应 I/O 口的发光二极管变亮。

8.2.2　硬件连接

数据采集与控制系统框图如图 8-1 所示。

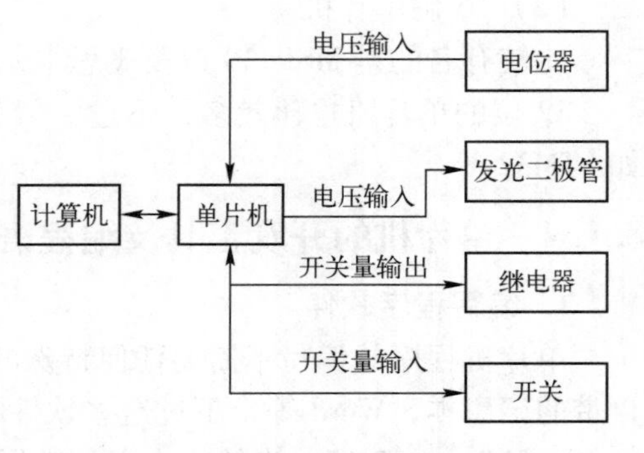

图 8-1　数据采集与控制系统框图

8.2.3　组态王中的通信设置

用户只要按照单片机 ASII 协议的规定编写单片机通信程序，就可以实现组态王与单片机的通信。

1. 定义组态王设备

定义设备选择：智能模块\单片机\通用单片机 ASII\串口。

组态王的设备地址定义格式：##.#（与编写的程序有关）。前面两个字符为设备地址，范围是 0 ~ 255，此地址为单片机地址；后面一个字符表示数据是否打包，“0”表示不打包，“1”表示打包，与单片机的程序无关。

2. 组态王通信设置

通信方式：RS-232，RS-485，RS-422。（本书中采用 RS-232 通信方式）。波特率：9600 bit/s。

数据位：8 位；奇偶校验位：无校验；停止位：1 位。

3. 定义变量

组态王中单片机寄存器变量定义见表 8-1。

表 8-1　单片机寄存器变量定义

寄存器名称	读写属性	变量类型	数据类型	占用字节	开始地址
X0 ~ X99	读写	I/O 实数，I/O 整数	BYTE	1	0
X100 ~ X200	读写	I/O 实数，I/O 整数	USHORT	2	100
X200 以上	读写	I/O 实数，I/O 整数	FLOAT	4	200

8.3　单片机数据采集与控制程序设计

8.3.1　模拟量输入工程实例

1. 功能简述

使用 STC 单片机片上 ADC 模块资源，根据组态王通用单片机通信协议（ASCII），编写组态王通用单片机通信协议下的单片机下位机程序设计；完成组态王与单片机的模拟量输入的设计。

2. 实例要求条件

计算机（最好是 Windows XP）；组态王软件 6.53；Keil C51；STC 单片机烧写软件；单片机 STC12C5A60S2。具体程序请参考 8.3.2 节中单片机模拟量输入输出程序。

3. 设计原理

单片机片上集成 ADC 模块是单片机的发展趋势，许多流行单片机都在片上集成有 ADC、PWM、SPI、I^2C 等基本功能模块。这些丰富的片上外设，也是衡量单片机性能的一项指标。

调用片上资源的方法跟 51 配置定时器、配置串口的操作基本相同，本质上就是操作其控制寄存器、模式寄存器。产生中断的，还有相关的中断状态寄存器和中断向量（例如 STC12C5A60S2 单片机的 AD 中断占用第 5 号中断。用 interrupt 5 声明 ADC 中断服务函数）。

STC12C5A60S2 单片机是广州宏晶科技出产的一款增强型 51 单片机（指令、寄存器遵从 51 架构，但处理性能有所提升。由于功能较丰富，相关控制器也有增设）。其处理速度较快（51 指令集中部分指令的执行周期有所缩减提升），片上资源较丰富（RAM、EEPROM、AD、PWM、SPI）。

STC12C5A 系列单片机引脚功能如图 8-2 所示。

在 STC 单片机的官方手册里给出了具体的、可靠的模块使用代码。在开发的时候我们可以参考一下这些官方例程。单片机烧写软件中也带有例程查找工能，直接按照需求找到相应代码。理解后略做修改即可使用，快捷准确。

硬件连接上，根据编写的程序，可连接一个电位器，电位器上端接 +5 V 电源，下端接地，中间那端接到 ADC 模拟量输入端口（本例的程序使用的单片机 P1.0 作为此端口），如图 8-3 所示。

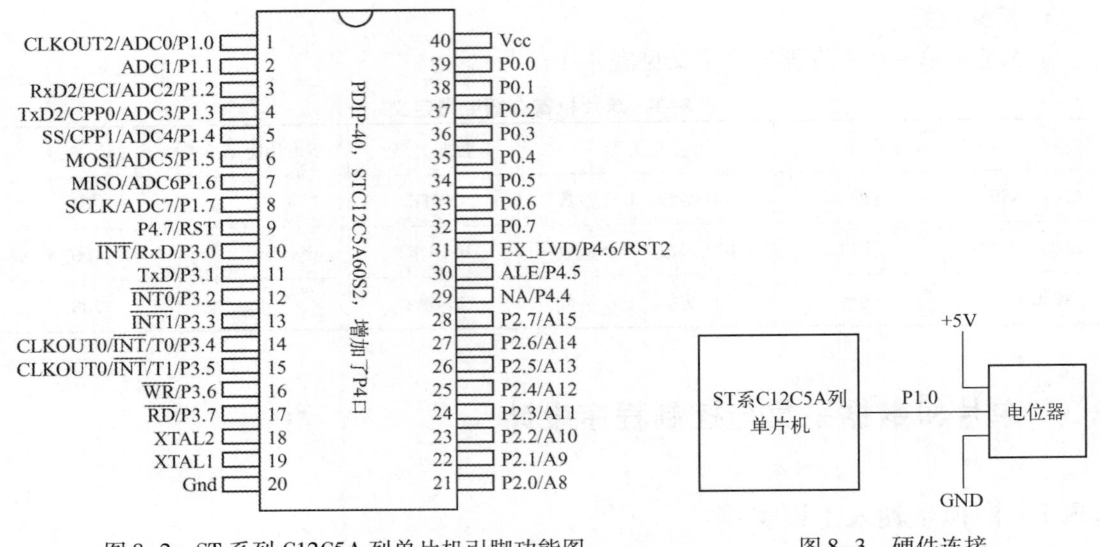

图 8-2　ST 系列 C12C5A 列单片机引脚功能图　　　　图 8-3　硬件连接

4. 单片机与计算机通信测试

打开计算机的设备管理器，查看串口号及进行端口参数设置，如图 8-4 所示。

读 AD 寄存器，校验 & 设备地址 & 寄存器地址正确的话，返回采集到寄存器内的 AD 值；错误返回：40 30 46 2A 2A 37 36 0D；将编写好的程序烧入单片机后，打开串口调试助手，设置通信参数：串口号“COM5”，波特率“9600”，校验位“无”，数据为“8”，停止位“1”；设置的参数与单片机参数一致。输入图 8-5 中的数字，点击发送。向单片机发送“40 30 46 43 30 30 30 30 31 30 31 30 35 0D”，若单片机返回类似于“40 30 46 30 31 41 36 30 30 0D ”，则表示通信成功。

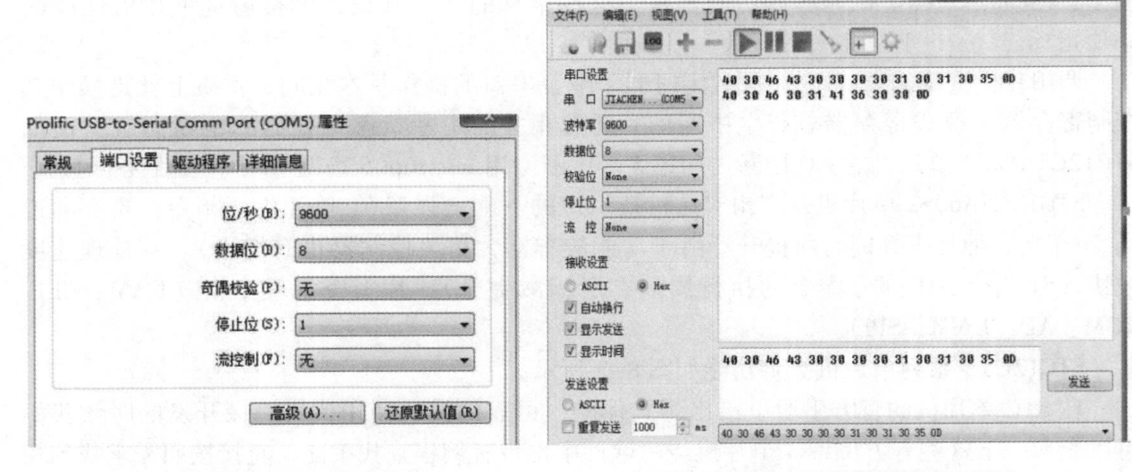

图 8-4　设备管理器串口设置　　　　图 8-5　串口助手模拟量输入调试

5. 组态王与单片机通信测试

在组态王中设置新设备。新建组态王工程，在组态王工程浏览器中选择设备，双击右侧的“新建”按钮，启动“设备配置向导”

选择“设备驱动”→“智能模块”→“单片机”→“通用单片机 ASCII”→“串口”，如图 8-6 所示。

单击“下一步”按钮，给设备指定唯一逻辑名称，命名“MUC”；单击“下一步”按钮选择串口号，如“COM5”（与电脑设备管理器一致）；再单击下一步，安装 PLC 指定地址“15.0”。接着单击“下一步”按钮，出现“通信故障恢复策略”窗口，设置试恢复时间为 30 秒，最长恢复时间为 24 小时。单击“下一步”按钮完成串口设备设置。设置串口通信设置，双击“设备/COM5”，弹出“设置串口”对话框，进行参数设置，如图 8-7 所示。

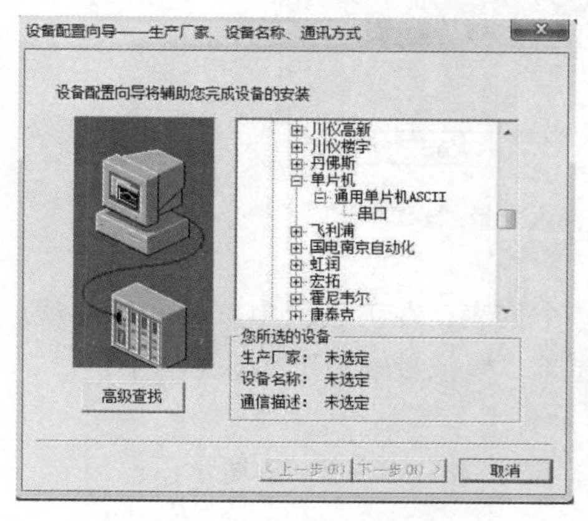

图 8-6　选择串口设备

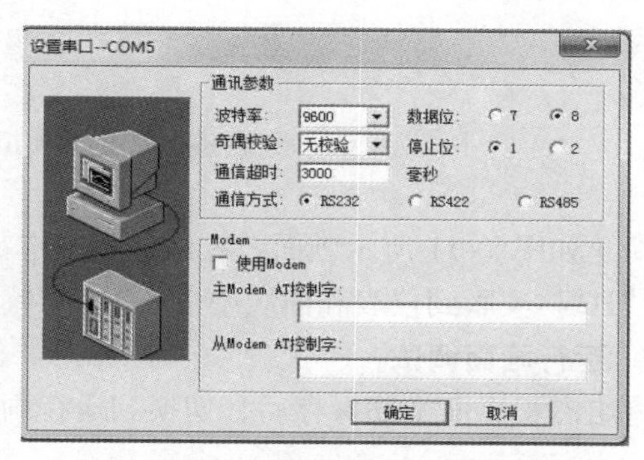

图 8-7　设置串口—COM5

完成设置串口后，选择已建立的单片机设备，单击右键，选择“测试 MUC”项，弹出“串口设备测试”对话框，对照参数是否设置正确，若正确，选择“设备测试”选项。如图 8-8 所示。

寄存器选择“X1”（由程序设定），数据类型为“BYTE”，单击“添加”→“读取”按钮；读出寄存器变量值，如图 8-9 所示。调节电位器，该值有明显变化，这说明组态王已经与单片机通信成功。

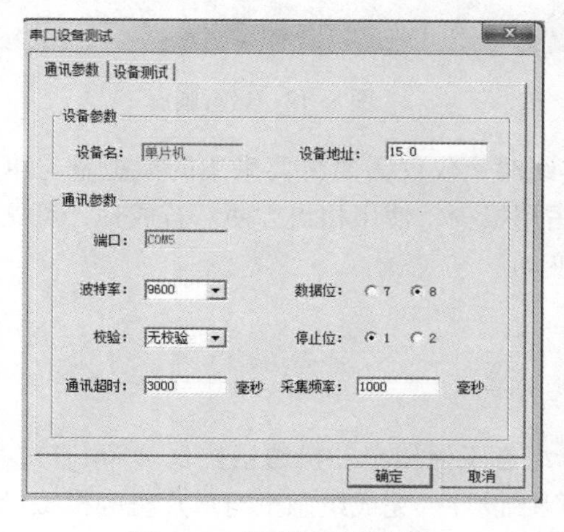

图 8-8　单片机通信参数

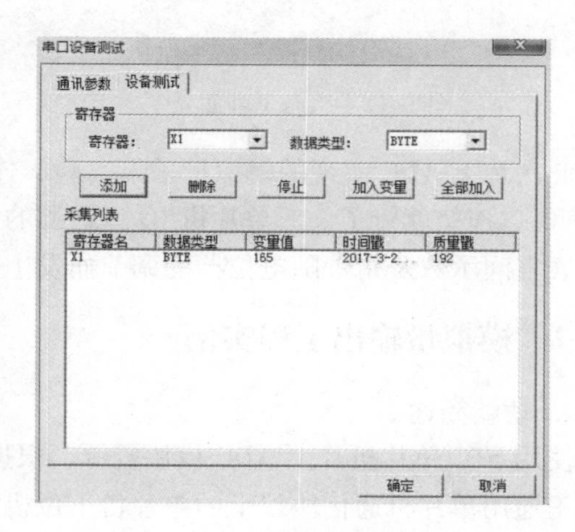

图 8-9　单片机寄存器通信测试

6. 组态王工程画面建立

定义变量“数字量输入”，变量属性如图 8-10 所示。

注：变量读写属性为“只读”。

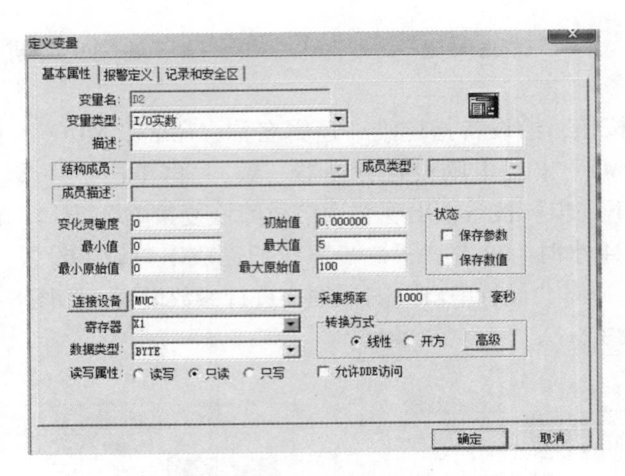

图 8-10　定义模拟量输入变量“D2”

新建如图 8-11 所示画面，在组态王中选择一个仪表，在工具箱中选择实时曲线。并将变量“D2”关联到仪表和曲线中去，“#####”选择“模拟量输出”关联到“D2”。

7. 运行画面调试

将组态王界面全部保存后，切换到运行画面，显示结果如图 8-12 所示。

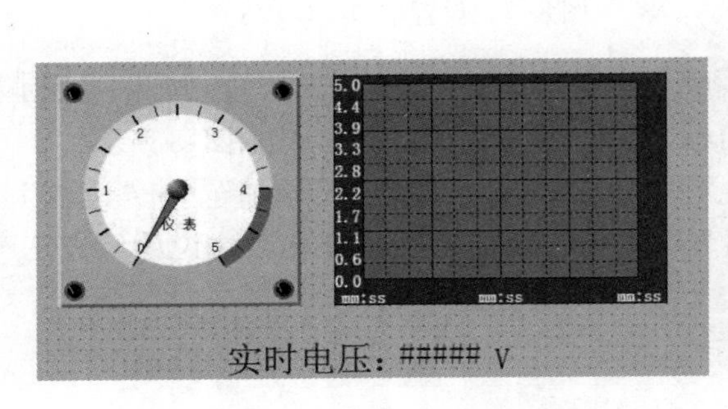

图 8-11　组态王画面

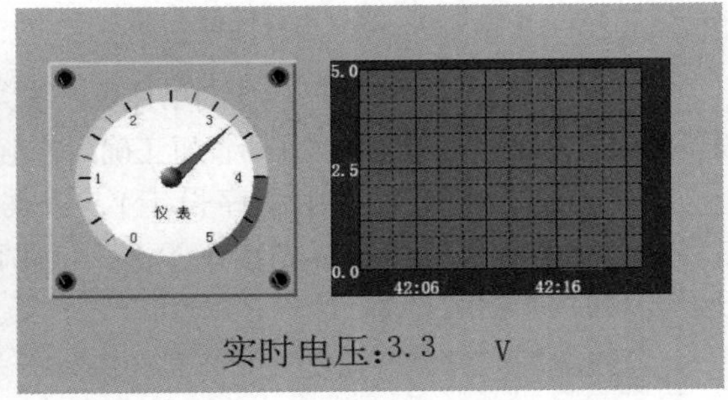

图 8-12　运行画面

此次片上 ADC 实现的模拟量采集实验，连线时，仅仅需要将要采集的模拟量与单片机相应 IO 口连接就行了。对单片机 IO 口资源的占用极少，使用相当方便。若成功，可见组态王仪表空间示数及指针随电位器的调节而发生变动。

8.3.2　模拟量输出工程实例

1. 功能简述

使用 STC 单片机片上 ADC 模块资源，根据组态王通用单片机通信协议（ASCII），编写组态王通用单片机通信协议下的单片机下位机程序设计。完成组态王与单片机的模拟量输出（PWM）的设计。

2. 实例要求条件

计算机（最好是 Windows XP；组态王软件 6.53；Keil C51；STC 单片机烧写软件。单片机 STC12C5A60S2。具体程序请参考本节最后的单片机模拟量输入输出程序。）

3. 原理简述

在前一个实例已介绍 STC12C5A 系列单片机，这里不再细说。硬件连接上，根据编写的程序，可连接一个串接 1 kΩ 左右电阻的共阴或共阳 LED 灯作为 PWM 输出（本例的程序使用的单片机 P1.3 作为此端口），如图 8-13 所示。

4. 单片机与计算机通信测试

打开计算机的设备管理器，查看串口号并进行端口参数设置，如图 8-14 所示。

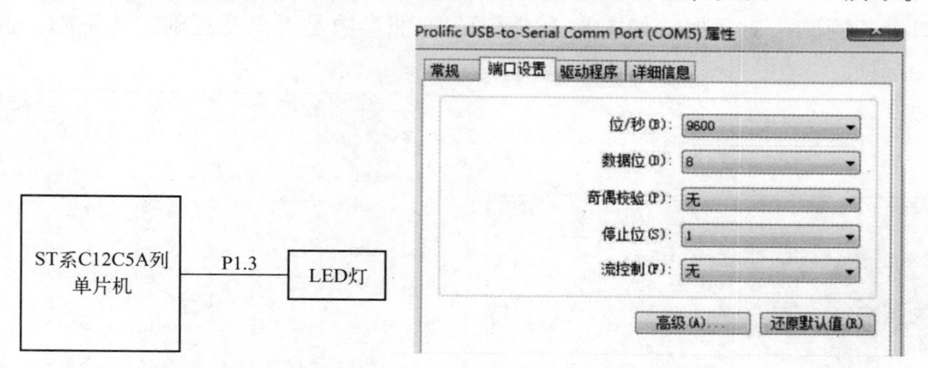

图 8-13　硬件连接　　　　图 8-14　设备管理器串口设置

将编写好的程序烧入单片机后，打开串口调试助手，设置通信参数：串口号为“COM5”，波特率为“9600”，校验位为“无”，数据为“8”，停止位为“1”；设置的参数与单片机参数一致。写 DA 寄存器时，校验、设备地址、寄存器地址正确的话，电压数据信息写入到 DA 寄存器；成功返回：40 30 46 23 23 37 36 0D；错误返回：40 30 46 2A 2A 37 36 0D。如图 8-15 所示。

5. 组态王与单片机通信测试

在组态王中设置新设备。新建组态王工程，在组态王工程浏览器中选择设备，双击右侧的“新建”按钮，启动“设备配置向导”；选择“设备驱动”→“智能模块”→“单片机”→“通用单片机 ASCII”→“串口”，如图 8-16 所示。

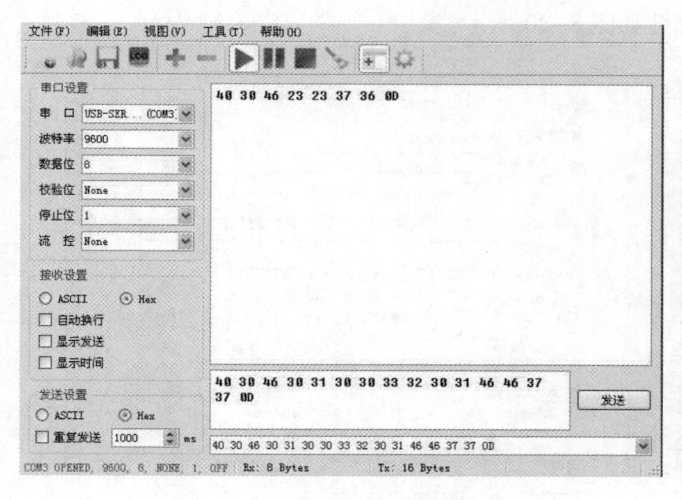

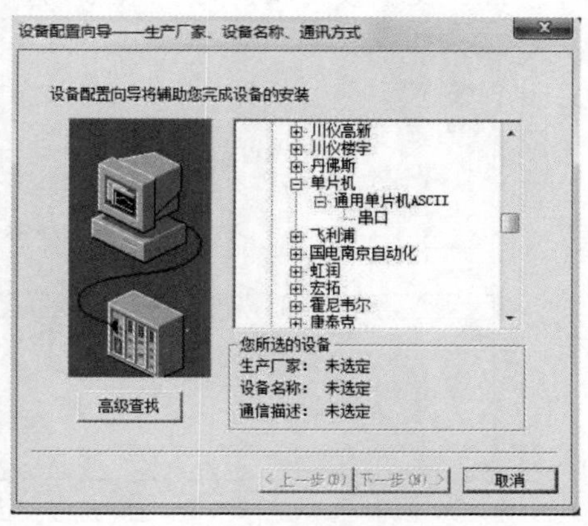

图 8-15　串口助手模拟量输入调试　　　　图 8-16　选择串口设备

单击“下一步”按钮，给设备指定唯一逻辑名称，命名“单片机”，单击“下一步”按钮，选择串口号，如“COM5”（与电脑设备管理器一致）；再单击“下一步”按钮，安装 PLC 指定地址“15.0”。接着单击“下一步”按钮，出现“通信故障恢复策略”窗口，设置试恢复时间为 30 秒，最长恢复时间为 24 小时。单击“下一步”按钮完成串口设备设置。进行串口通信设置，双击“设备/COM5”，弹出设置串口窗口，进行参数设置，如图 8-17 所示。

完成设置串口后，选择已建立的单片机设备，单击右键，选择“测试单片机”项，弹出“串口设备测试”对话框，如图 8-18 所示。对照参数是否设置正确，若正确，选择“设备测试”选项。

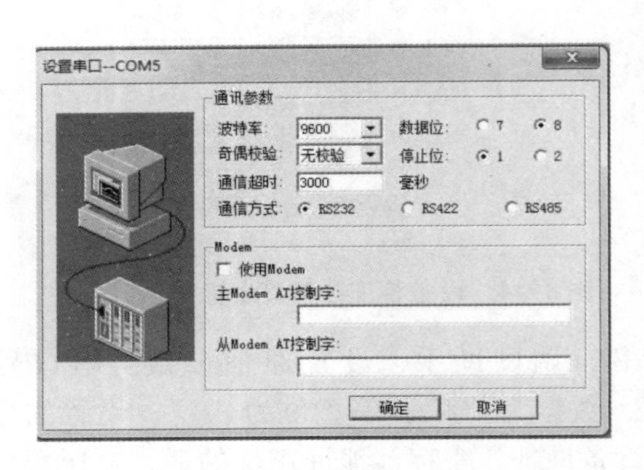

图 8-17　设置串口—COM5

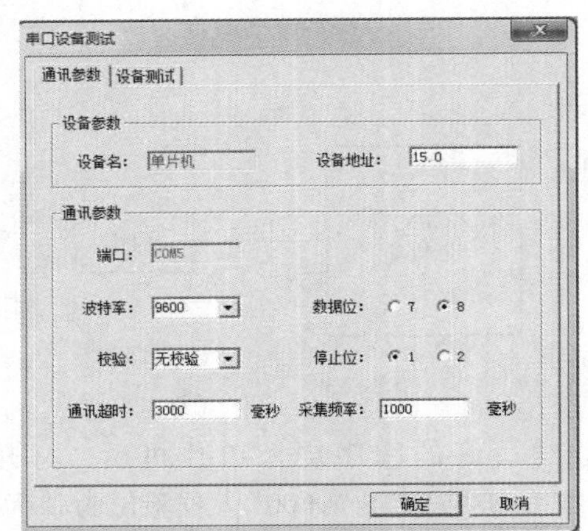

图 8-18　单片机通信参数

在“设备测试”选项中，寄存器写“X50”（由程序设定），数据类型为“BYTE”，单击添加；再双击已添加寄存器“X50”，数据输入 0～255 之间，寄存器变量值变为所添加的值，如图 8-19 所示，若将单片机 P1.3 接上了 LED 灯，可看到接在 P1.3 的 LED 灯随着寄存器值的变化而变化。

6. 组态王工程画面建立

定义变量“数字量输入”，变量属性如图 8-20 所示。

注：变量读写属性为“只写”。

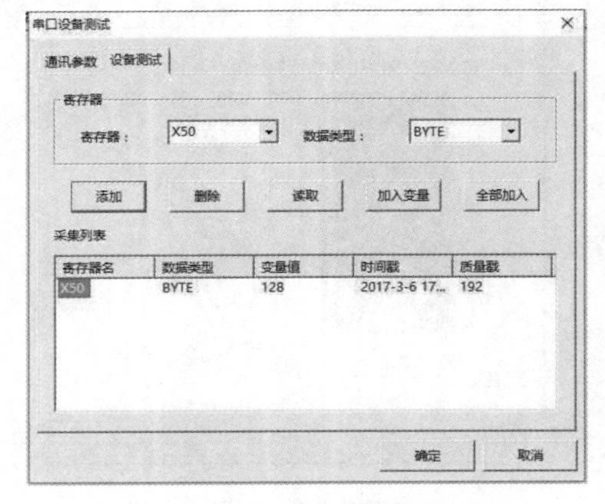

图 8-19　串口设备数据测试

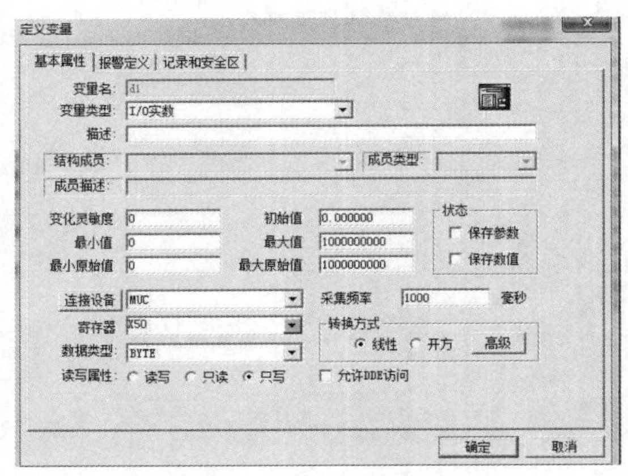

图 8-20　定义模拟量输入变量“d1”

新建如图 8-21 所示画面，在组态王中选择一个游标，在工具箱中选择实时曲线。并将变量“d1”关联到仪表和曲线中去，“#####”选择“模拟量输出”关联到“d1”。

图中游标的属性设置如图 8-22 所示。

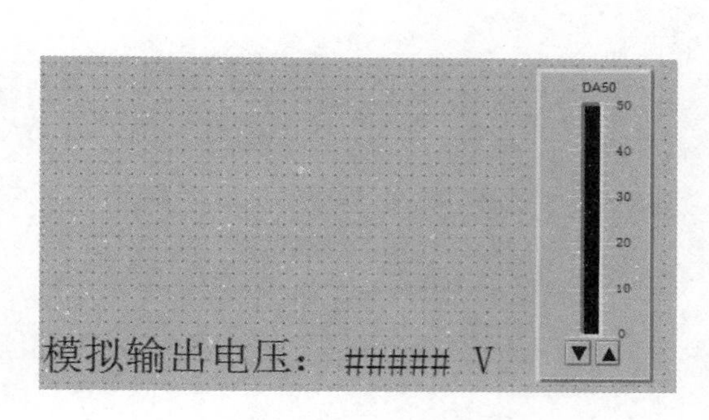

图 8-21 组态王画面

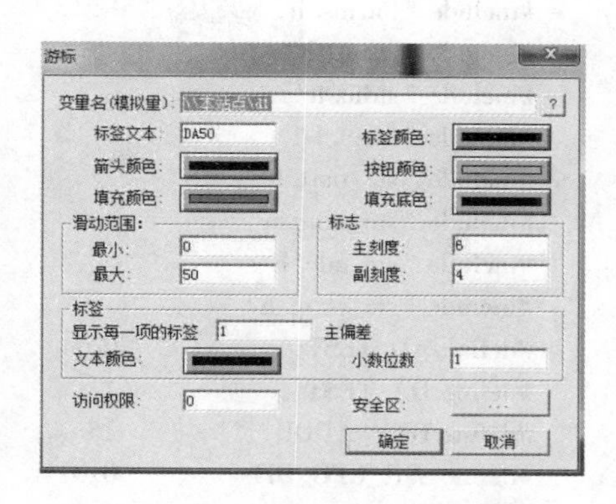

图 8-22 游标属性设置

7. 运行画面调试

将组态王界面全部保存后，切换到运行画面。如图 8-23 所示，此次片上 PWM 实现的模拟量采集实验，连线上，仅仅需要将要受控对象与单片机相应 I/O 口连接就行了。需要注意的是，单片机仅仅提供了一个控制信号，其驱动能力有限，不能在缺少功率放大电路的情况下直接推动电动机功率较大的设备。若实例成功，可以看见 P1.3 口连接的 LED 灯亮度会随组态王画面中的游标的调节而发生变化。

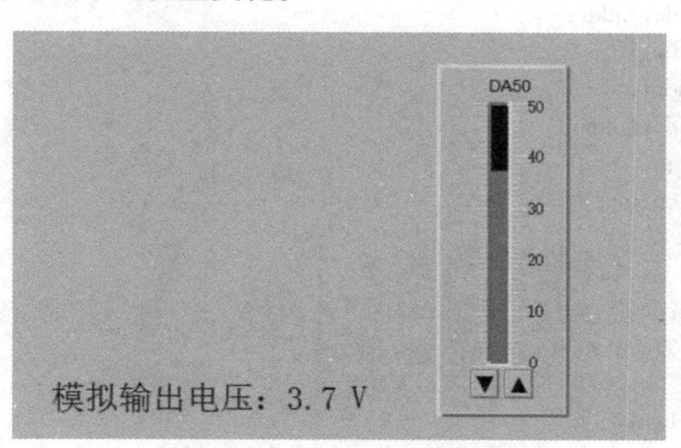

图 8-23 组态王运行画面

附录(单片机模拟量输入输出程序)

```
/**********************************************************************
晶 振  频 率:22.1184MHz      线路 -> STC12C5A60S2 单片机
MCU:STC12C5A60S2
与组态王联机 STC12C5A60S2 单片机 地址为:15.0。
测试代码(通过串口助手以 16 进制发送):40 30 46 30 31 30 30 33 32 30 31 46 46 37 37 0D
# 采用组态王提供的“通用单片机 ASCII”协议。(波特率:9600,8 + 1 + 无校验)。
模拟量输出结果地址(STC 片上 ADC):X0【只读】对应单片机 P1.0 口;
PWM 输入地址,X50 和 51【只写】对应单片机 P1.3 和 P1.4;
硬件: 模拟量输入:P1.0 ~ P1.7(但 P1.3 和 P1.4 已做 PWM 输出,不可再用于模拟量输入);
```

模拟量输出:P1.3 和 P1.4。

```
************************************************************/
#include "STC12C5A60S2. H"
#include " intrins. h"
#include " string. h"
#include " stdio. h"
#include " main. h"
#include " stc_uart. h"
#include " stc_time. h"
#include " stc_adc. h"
#include " stc_pwm. h"
#define AD_TEST             0
#define DA_TEST             1
#define DEV_ADDR            15
#define WR_CFG_BIT          0x01
#define READ                0x00
#define WRITE               0x01
#define BYTE_BIT            0x03 << (2)
#define BYTE                0x00 << (2)
#define WORD                0x01 << (2)          //用于调试
#define DEBUG0
#define DEBUG_PRINTF(x)if(DEBUG)USART_Send_Str(x);if(DEBUG)USART_Send_Enter()
typedef struct
{uint8_t herd;
 uint8_t        dev_addr;
 uint8_t        flag;
 uint16_tdata_addr;
 uint8_t        data_num;
 uint16_tdata_x;
 uint8_t        cr_xor;
 uint8_t end;}
ztw_packet_t;
ztw_packet_t xin;
ztw_packet_t  * Ztw_Packet = &xin;
typedef struct
{uint8_t        herd;
 uint8_t        dev_addr;
 uint8_t        data_num;
 uint8_t        data_x;
}ztw_read_byte_rsp_packet_t;
ztw_read_byte_rsp_packet_ttx_byte_packet;
typedef struct
{uint8_t        herd;
 uint8_t        dev_addr;
 uint8_t        data_num;
 uint16_t       data_x;}
ztw_read_word_rsp_packet_t;
ztw_read_word_rsp_packet_t  tx_word_packet;
externuint8_t USART_Rev_flag;              //串口1接收数据完成标志
```

```
externuint8_t USART_Rev_Data[];             //串口 1 接收数据缓存区
uint8_t Rx_temp_Data[64];                   //缓存串口收到的整个数据包
uint8_t Tx_temp_Data[64];                   //缓存串口收到的整个数据包
uint8_t Q_AD[8] = {0x00,0x00,0x00,0x00,0x00,0x00,0x00,0x00};    //存放 8 路 AD 转换值
uint8_t X_DA[2] = {0x00,0x00};              //存放 2 路 DA 转换值
uint8_t Ascii_to_Hex(uint8_t asc);
uint8_t Xor_checksum(uint8_t * position);
void Analysis_Dat(ztw_packet_t * Destination,uint8_t * source);
void Hex_to_Ascii(uint8_t * ascii_h,uint8_t * ascii_l,uint8_t hex);
void main(void)
{uint8_t len;
Timer_Init();
Uart_Init();
//AD 初始化,除 P1.3,P1.4 外,其余 P1 口都作为 AD 输入
Adc_Init();//DA 初始化,将 P1.3、P1.4 脚,初始化为 PWM0、PWM1 口
Pwm_Init();
Delay(500);
Beep(100);
DEBUG_PRINTF("Hello STC!!");
while(1){
Timer_Task_Poll();
if(USART_Rev_flag == 1)
{USART_Rev_flag = 0;//数据拷贝
memcpy((uint8_t *)&Rx_temp_Data,(const uint8_t *)&USART_Rev_Data[0],20);
                                            //数据校验
len = strlen ((uint8_t *)&Rx_temp_Data);
if(Xor_checksum((uint8_t *)&Rx_temp_Data) == (Ascii_to_Hex(Rx_temp_Data[len - 3]) * 16 +
Ascii_to_Hex(Rx_temp_Data[len - 2])))

{                                           //数据解包
Analysis_Dat(Ztw_Packet,Rx_temp_Data);//设备地址验证
if(Ztw_Packet -> dev_addr == DEV_ADDR)
{DEBUG_PRINTF("The device address is correct");
if((Ztw_Packet -> flag & WR_CFG_BIT) == READ)    //读寄存器
{DEBUG_PRINTF("Read register");
if((Ztw_Packet -> flag & BYTE_BIT) == BYTE)      //字节
{DEBUG_PRINTF("Read bytes");
if((0 <= Ztw_Packet -> data_addr) && (Ztw_Packet -> data_addr <= 7))   //地址正确(0~49 为字
节读,本程序中只使用 0~7 号地址,读 3 号和 4 号始终为 0)
{uint8_t CRC;
 DEBUG_PRINTF("The register is correct");
 tx_byte_packet.herd = Ztw_Packet -> herd;
 tx_byte_packet.dev_addr = Ztw_Packet -> dev_addr;
 tx_byte_packet.data_num = Ztw_Packet -> data_num;
 tx_byte_packet.data_x = Q_AD[Ztw_Packet -> data_addr];
 Tx_temp_Data[0] = tx_byte_packet.herd;
Hex_to_Ascii((uint8_t *)&Tx_temp_Data[1],(uint8_t *)&Tx_temp_Data[2],tx_byte_packet.dev_addr);
Hex_to_Ascii((uint8_t *)&Tx_temp_Data[3],(uint8_t *)&Tx_temp_Data[4],tx_byte_packet.data_num);
Hex_to_Ascii((uint8_t *)&Tx_temp_Data[5],(uint8_t *)&Tx_temp_Data[6],tx_byte_packet.data_x);
```

```
Hex_to_Ascii((uint8_t *)&Tx_temp_Data[7],(uint8_t *)&Tx_temp_Data[8],0x00);
                                                        //临时校验值
            Tx_temp_Data[9] ='\r';
            Tx_temp_Data[10] ='\0';//填充一个字符串尾部,串口发送数据时需要用到
            CRC = Xor_checksum((uint8_t *)&Tx_temp_Data);
Hex_to_Ascii((uint8_t *)&Tx_temp_Data[7],(uint8_t *)&Tx_temp_Data[8],CRC);
                                                        //真实的校验值
USART_Send_Str((uint8_t *)&Tx_temp_Data);}
else                                                    //地址错误
{uint8_t CRC;
DEBUG_PRINTF("Register error");
tx_byte_packet.herd = Ztw_Packet -> herd;
tx_byte_packet.dev_addr = Ztw_Packet -> dev_addr;
Tx_temp_Data[0] = tx_byte_packet.herd;
Hex_to_Ascii((uint8_t *)&Tx_temp_Data[1],(uint8_t *)&Tx_temp_Data[2],tx_byte_packet.dev_addr);
            Tx_temp_Data[3] ='*';
            Tx_temp_Data[4] ='*';
Hex_to_Ascii((uint8_t *)&Tx_temp_Data[5],(uint8_t *)&Tx_temp_Data[6],0x00);
                                                        //临时校验值
            Tx_temp_Data[7] ='\r';
            Tx_temp_Data[8] ='\0';//填充一个字符串尾部,串口发送数据时需要用到

            CRC = Xor_checksum((uint8_t *)&Tx_temp_Data);
Hex_to_Ascii((uint8_t *)&Tx_temp_Data[5],(uint8_t *)&Tx_temp_Data[6],CRC);
                                                        //真实的校验值
USART_Send_Str((uint8_t *)&Tx_temp_Data);//回应上位机收到的数据错误
//USART_Send_Str("读字节地址错误");}}
else if((Ztw_Packet -> flag & BYTE_BIT) == WORD)//读字,不支持,直接返回错误
    {uint8_t CRC;
    DEBUG_PRINTF("No support to reading a word");
    tx_byte_packet.herd = Ztw_Packet -> herd;
    tx_byte_packet.dev_addr = Ztw_Packet -> dev_addr;
    Tx_temp_Data[0] = tx_byte_packet.herd;
Hex_to_Ascii((uint8_t *)&Tx_temp_Data[1],(uint8_t *)&Tx_temp_Data[2],tx_byte_packet.dev_addr);
            Tx_temp_Data[3] ='*';
            Tx_temp_Data[4] ='*';

Hex_to_Ascii((uint8_t *)&Tx_temp_Data[5],(uint8_t *)&Tx_temp_Data[6],0x00);
                                                        //临时校验值
            Tx_temp_Data[7] ='\r';
            Tx_temp_Data[8] ='\0';     //填充一个字符串尾部,串口发送数据时需要用到
    CRC = Xor_checksum((uint8_t *)&Tx_temp_Data);
Hex_to_Ascii((uint8_t *)&Tx_temp_Data[5],(uint8_t *)&Tx_temp_Data[6],CRC);
                                                        //真实的校验值
        USART_Send_Str((uint8_t *)&Tx_temp_Data);//回应上位机收到的数据错误
    //USART_Send_Str("不支持读字");}
    else    //读浮点,不支持,直接返回错误
        {uint8_t CRC;
        DEBUG_PRINTF("No support to reading a float");
```

```
            tx_byte_packet. herd = Ztw_Packet -> herd;
                    tx_byte_packet. dev_addr = Ztw_Packet -> dev_addr;
                    Tx_temp_Data[0] = tx_byte_packet. herd;
Hex_to_Ascii((uint8_t *)&Tx_temp_Data[1],(uint8_t *)&Tx_temp_Data[2],tx_byte_packet. dev_addr);
                    Tx_temp_Data[3] ='*';
                    Tx_temp_Data[4] ='*';
Hex_to_Ascii((uint8_t *)&Tx_temp_Data[5],(uint8_t *)&Tx_temp_Data[6],0x00);
                                        //临时校验值
                    Tx_temp_Data[7] ='\r';
                    Tx_temp_Data[8] ='\0';//填充一个字符串尾部,串口发送数据时需要用到
            CRC = Xor_checksum((uint8_t *)&Tx_temp_Data);
Hex_to_Ascii((uint8_t *)&Tx_temp_Data[5],(uint8_t *)&Tx_temp_Data[6],CRC);
                                        //真实的校验值
USART_Send_Str((uint8_t *)&Tx_temp_Data);      //回应上位机收到的数据错误
//USART_Send_Str("不支持读浮点");}}


else      //写寄存器
{DEBUG_PRINTF("Write register");
 if((Ztw_Packet -> flag & BYTE_BIT) == BYTE)      //字节
{ DEBUG_PRINTF("Write bytes");
if((50 <= Ztw_Packet -> data_addr) && (Ztw_Packet -> data_addr <= 51))      //地址正确
{uint8_t CRC;
DEBUG_PRINTF("The register is correct");
                        tx_byte_packet. herd = Ztw_Packet -> herd;
                        tx_byte_packet. dev_addr = Ztw_Packet -> dev_addr;
                        Tx_temp_Data[0] = tx_byte_packet. herd;
Hex_to_Ascii((uint8_t *)&Tx_temp_Data[1],(uint8_t *)&Tx_temp_Data[2],tx_byte_packet. dev_addr);
                        Tx_temp_Data[3] ='#';//0x23
                        Tx_temp_Data[4] ='#';
Hex_to_Ascii((uint8_t *)&Tx_temp_Data[5],(uint8_t *)&Tx_temp_Data[6],0x00);
                                        //临时校验值
                        Tx_temp_Data[7] ='\r';
                        Tx_temp_Data[8] ='\0';//填充一个字符串尾部,串口发送数据时需要用到
                  CRC = Xor_checksum((uint8_t *)&Tx_temp_Data[0]);
Hex_to_Ascii((uint8_t *)&Tx_temp_Data[5],(uint8_t *)&Tx_temp_Data[6],CRC);
                                        //真实的校验值
USART_Send_Str((uint8_t *)&Tx_temp_Data);//回应上位机已成功收到数据
X_DA[Ztw_Packet -> data_addr - 50] = (uint8_t)Ztw_Packet -> data_x;//存储上位机发送的 DA 值
                        Pwm_out(1,0xFF - X_DA[0]);
                        Pwm_out(2,0xFF - X_DA[1]);}
else     //地址不正确
{uint8_t CRC;
DEBUG_PRINTF("Register error");
tx_byte_packet. herd = Ztw_Packet -> herd;
tx_byte_packet. dev_addr = Ztw_Packet -> dev_addr;
                        Tx_temp_Data[0] = tx_byte_packet. herd;
Hex_to_Ascii((uint8_t *)&Tx_temp_Data[1],(uint8_t *)&Tx_temp_Data[2],tx_byte_packet. dev_addr);
                        Tx_temp_Data[3] ='*';          //0x2A
```

```
                Tx_temp_Data[4] ='*';
Hex_to_Ascii((uint8_t *)&Tx_temp_Data[5],(uint8_t *)&Tx_temp_Data[6],0x00);
                                        //临时校验值
                Tx_temp_Data[7] ='\r';
                Tx_temp_Data[8] ='\0';
                                        //填充一个字符串尾部,串口发送数据时需要用到
            CRC = Xor_checksum((uint8_t *)&Tx_temp_Data);
Hex_to_Ascii((uint8_t *)&Tx_temp_Data[5],(uint8_t *)&Tx_temp_Data[6],CRC);
                                        //真实的校验值
USART_Send_Str((uint8_t *)&Tx_temp_Data);//回应上位机收到的数据错误}}
else if((Ztw_Packet->flag & BYTE_BIT) == WORD)//字
{DEBUG_PRINTF("Write word");
if((150 <= Ztw_Packet->data_addr) && (Ztw_Packet->data_addr <= 199))//地址正确
    {uint8_t CRC;
    DEBUG_PRINTF("The register is correct");
    tx_byte_packet. herd = Ztw_Packet->herd;
    tx_byte_packet. dev_addr = Ztw_Packet->dev_addr;
    Tx_temp_Data[0] = tx_byte_packet. herd;
Hex_to_Ascii((uint8_t *)&Tx_temp_Data[1],(uint8_t *)&Tx_temp_Data[2],tx_byte_packet. dev_addr);
                Tx_temp_Data[3] ='#';
                Tx_temp_Data[4] ='#';
Hex_to_Ascii((uint8_t *)&Tx_temp_Data[5],(uint8_t *)&Tx_temp_Data[6],0x00);
                                        //临时校验值
                Tx_temp_Data[7] ='\r';
                Tx_temp_Data[8] ='\0';
                                        //填充一个字符串尾部,串口发送数据时需要用到
CRC = Xor_checksum((uint8_t *)&Tx_temp_Data);
Hex_to_Ascii((uint8_t *)&Tx_temp_Data[5],(uint8_t *)&Tx_temp_Data[6],CRC);
                                        //真实的校验值
USART_Send_Str((uint8_t *)&Tx_temp_Data);//回应上位机已成功收到数据
//这里添加存储上位机发送的数据语句//---------------------}
else    //地址不正确
{uint8_t CRC;
  DEBUG_PRINTF("Register error");
                tx_byte_packet. herd = Ztw_Packet->herd;
tx_byte_packet. dev_addr = Ztw_Packet->dev_addr;
                Tx_temp_Data[0] = tx_byte_packet. herd;
Hex_to_Ascii((uint8_t *)&Tx_temp_Data[1],(uint8_t *)&Tx_temp_Data[2],tx_byte_packet. dev_addr);
                Tx_temp_Data[3] ='*';
                    Tx_temp_Data[4] ='*';
Hex_to_Ascii((uint8_t *)&Tx_temp_Data[5],(uint8_t *)&Tx_temp_Data[6],0x00);
                                        //临时校验值
                    Tx_temp_Data[7] ='\r';
                    Tx_temp_Data[8] ='\0';
                                        //填充一个字符串尾部,串口发送数据时需要用到
                    CRC = Xor_checksum((uint8_t *)&Tx_temp_Data);
Hex_to_Ascii((uint8_t *)&Tx_temp_Data[5],(uint8_t *)&Tx_temp_Data[6],CRC);
                                        //真实的校验值
USART_Send_Str((uint8_t *)&Tx_temp_Data);    //回应上位机收到的数据错误}}
```

```
else      //写浮点,不支持,直接返回错误
{uint8_t CRC;
 DEBUG_PRINTF("No support to write a float");
                              tx_byte_packet.herd = Ztw_Packet->herd;
                              tx_byte_packet.dev_addr = Ztw_Packet->dev_addr;
                              Tx_temp_Data[0] = tx_byte_packet.herd;
Hex_to_Ascii((uint8_t *)&Tx_temp_Data[1],(uint8_t *)&Tx_temp_Data[2],tx_byte_packet.dev_addr);
                              Tx_temp_Data[3] ='*';
                                 Tx_temp_Data[4] ='*';
Hex_to_Ascii((uint8_t *)&Tx_temp_Data[5],(uint8_t *)&Tx_temp_Data[6],0x00);
                                       //临时校验值
                                 Tx_temp_Data[7] ='\r';
                                 Tx_temp_Data[8] ='\0';
                                       //填充一个字符串尾部,串口发送数据时需要用到
                                 CRC = Xor_checksum((uint8_t *)&Tx_temp_Data);
Hex_to_Ascii((uint8_t *)&Tx_temp_Data[5],(uint8_t *)&Tx_temp_Data[6],CRC);
                                       //真实的校验值
USART_Send_Str((uint8_t *)&Tx_temp_Data);     //回应上位机收到的数据错误}}}
else    //设备地址校验失败
{//因为不是发给自己的数据,不做任何回应}}
else//CRC 校验失败
{DEBUG_PRINTF("CRC Verification failed");}}}}
//秒任务回调函数
void S_Task_Callback(void)
{//打印 012567 通道的打样值
//USART_Send_Str("----------------");
//USART_Send_Enter();//
//USART_Send_Str("CH0 = :");
//USART_Put_Num((uint16_t)Q_AD[0]);
//USART_Send_Enter();//
//USART_Send_Str("CH1 = :");
//USART_Put_Num((uint16_t)Q_AD[1]);
//USART_Send_Enter();//
//USART_Send_Str("CH2 = :");
//USART_Put_Num((uint16_t)Q_AD[2]);
//USART_Send_Enter();//
//USART_Send_Str("CH5 = :");
//USART_Put_Num((uint16_t)Q_AD[5]);
//USART_Send_Enter();//
//USART_Send_Str("CH6 = :");
//USART_Put_Num((uint16_t)Q_AD[6]);
//USART_Send_Enter();//
//USART_Send_Str("CH7 = :");
//USART_Put_Num((uint16_t)Q_AD[7]);
//USART_Send_Enter();}
//分任务回调函数
void M_Task_Callback(void)
{//Beep(100);}
//ASCII 转 16 进制
```

```
uint8_t Ascii_to_Hex(uint8_t asc)
{uint8_t hex;
    if(asc <0x40)
    {hex = asc -0x30;}
    else if(asc <0x47)
    {hex = asc -0x37;}
    else if(asc <67)
    {     hex = asc -0x57;}
    else
    {     hex =255;}
    return hex;}
//16 进制转 ASCII
void Hex_to_Ascii(uint8_t * ascii_h,uint8_t * ascii_l,uint8_t hex)
{if(((hex >>4) & 0x0F) < 0x0a )
    { * ascii_h = ((hex >>4) & 0x0F) +0x30;}
    else
    { * ascii_h = ((hex >>4) & 0x0F) +0x37;}
    if((hex & 0x0F) < 0x0a )
    { * ascii_l = (hex & 0x0F) +0x30;}
    else
    { * ascii_l = (hex & 0x0F) +0x37;}}          //异或校验
uint8_t Xor_checksum(uint8_t * position)        //整个数据包,自动去除头和 CRC 位进行校验
(可修改为输入参数为指针 + 长度的方式,可通用)
{uint8_t i;
 uint8_t len =0;
 uint8_tcrc;
len = strlen(position);
crc = *( ++position);                            //指针 +1,跳过'@'
for(i =2;i <= len -4;i ++)                       //还需要校验 len -4
{crc ^= *( ++position);}
return crc;}
//Ascii 包解析
void Analysis_Dat(ztw_packet_t * Destination,uint8_t * source)
{      Destination ->herd ='@';
    Destination ->dev_addr = Ascii_to_Hex( *(source +1)) *16 + Ascii_to_Hex( *(source +2));
    Destination ->flag = Ascii_to_Hex( *(source +3)) *16 + Ascii_to_Hex( *(source +4));
    Destination ->data_addr = Ascii_to_Hex( *(source +5)) *16 *16 *16 + \
    Ascii_to_Hex( *(source +6)) *16 *16 + \
        Ascii_to_Hex( *(source +7)) *16 + \
        Ascii_to_Hex( *(source +8));

    Destination ->data_num = Ascii_to_Hex( *(source +9)) *16 + Ascii_to_Hex( *(source +10));
    if((Destination ->flag & WR_CFG_BIT) == WRITE)//如果是写,还需要解析数据长度后面
的 2 个/4 个字节
    {if((Destination ->flag & BYTE_BIT) == BYTE)//字节
    {Destination ->data_x = Ascii_to_Hex( *(source +11)) *16 + Ascii_to_Hex( *(source +12));}
    else if((Destination ->flag & BYTE_BIT) == WORD)//字
{Destination ->data_x = Ascii_to_Hex( *(source +11)) *16 *16 *16 + \
                        Ascii_to_Hex( *(source +12)) *16 *16 + \
```

```
                        Ascii_to_Hex( * (source + 13)) * 16 + \
                        Ascii_to_Hex( * (source + 14));}
        else//浮点      {//暂时不支持浮点数}}}
```

8.3.3 单片机数字量输入工程实例

1. 功能简述

使用STC单片机，根据组态王通用单片机通信协议（ASCII），编写组态王通用单片机通信协议下的单片机下位机程序设计。完成组态王与单片机的数字量输入的设计。

2. 软硬件要求

计算机（最好是Windows XP系统）；组态王软件6.53；Keil C51；STC单片机烧写软件；单片机STC89C51或STC89C52等。在单片机的P3.3至P3.6口接入按钮（由程序设定），组态王与单片机建立通信后读取这4个按钮的状态（打开或关闭），并在界面中以指示灯表示。

```
参考程序:
/**************************************************************
** 晶 振  频 率:11.0592M
** 线路 -> STC 单片机
与组态王联机 STC 单片机地址为:15.0 开关量存储地址为 15.0
测试代码(通过串口助手以 16 进制发送):40 30 46 43 30 30 30 30 46 30 32 37 31 0d
**************************************************************/
#include <REG51.H>
/*********************** 开关端口定义 ***********************************/
    sbit sw_0 = P3^3;
    sbit sw_1 = P3^4;
    sbit sw_2 = P3^5;
    sbit sw_3 = P3^6;
    /*********** 数码显示 键盘接口定义 *********************************/
    sbit PS0 = P2^4;                                    //数码管个位
    sbit PS1 = P2^5;                                    //数码管十位
    sbit PS2 = P2^6;                                    //数码管百位
    sbit PS3 = P2^7;                                    //数码管千位
    sfr  P_data = 0x80;                                 //P0 口为显示数据输出口
    sbit P_K_L = P2^2;                                  //键盘列
Unsigned
char
code tab[] = {0xfc,0x60,0xda,0xf2,0x66,0xb6,0xbe,0xe0,0xfe,0xf6,0xee,0x3e,0x9c,0x7a,0x9e,
0x8e};//字段转换表
unsigned char rec[50];//用于接收组态王发送来的数据,发送过来的数据不能超过此数组长度
unsigned char code error[] = {0x40,0x30,0x46,0x2a,0x2a,0x37,0x36,0x0d};//数据不正确
unsigned char send[] = {0x40,0x30,0x46,0x30,0x32,0x00,0x00,0x00,0x00,0x00,0x00,0x0d};
                                                        //正确的数据
unsigned char i;
unsigned char temp;                                     //温度
unsigned int sw_in(void);                               //开关量输入采集
    void display(unsigned int);                         //显示函数
```

```
    void delay(unsigned int);                                   //延时函数
    unsigned intdth(unsigned int);                              //十六进制转换为十进制
    unsigned charath(unsigned char,unsigned char);              //ASIIC 码转换为十六进制数
    unsigned inthta(unsigned char);                             //十六进制数转换为 ASIIC 码
    voiduart(void);                                             //串口中断程序
    void main(void)
    {unsigned int a,b,c,temp;
      TMOD = 0x20;                                              //定时器 1 -- 方式 2
      TL1 = 0xfd;
      TH1 = 0xfd;                                               //11.0592MHZ 晶振,波特率为 9600
      SCON = 0x50;                                              //方式 1
      TR1 = 1;                                                  //启动定时
      IE = 0x90;                                                //EA = 1,ES = 1:打开串口中断
while(1){
        c = sw_in();
        temp = dth(c);
        a = hta(temp >>8);
        send[5] = a >>8;
        send[6] = (unsigned char)a;
        a = hta(temp);
        send[7] = a >>8;
        send[8] = (unsigned char)a;
        b = 0;
        for(a = 1;a <9;a ++)                                    //产生异或值
            b^ = send[a];
        b = hta(b);
        send[9] = b >>8;
        send[10] = (unsigned char)b;
        for(a = 0;a <100;a ++)                                  //显示,兼有延时的作用
            display(c);}}
/************************** 数码管显示函数 **************************/
/* 函数原型:void display(void) /* 函数功能:数码管显示 /* 输入参数:无
/* 输出参数:无 /* 调用模块:delay()
/******************************************************************/
unsigned int sw_in(void)
{ unsigned int a = 0;
  if(sw_0)
  a = a + 1;
  if(sw_1)
  a = a + 0x10;
  if(sw_2)
  a = a + 0x100;
if(sw_3)
a = a + 0x1000;
  return a;}
/************************** 数码管显示函数 **************************/
/* 函数原型:void display(void)
/* 函数功能:数码管显示
/* 输入参数:无
```

```
/ * 输出参数:无
/ * 调用模块:delay( )
/ ********************************************************* /
void display( unsigned int a)
{bit b = P_K_L;
    P_K_L = 1;                                          //防止按键干扰显示
    P_data = tab[ a&0x0f];                              //显示个位
    PS0 = 0;
    PS1 = 1;
     PS2 = 1;
     PS3 = 1;
     delay(200);
    P_data = tab[ (a >>4) &0x0f];                       //显示十位
    PS0 = 1;
     PS1 = 0;
     delay(200);
    P_data = tab[ (a >>8) &0x0f];                       //显示百位
    PS1 = 1;
    PS2 = 0;
     delay(200);
    P_data = tab[ (a >>12) &0x0f];                      //显示千位
    PS2 = 1;
    PS3 = 0;
     delay(200);
    PS3 = 1;
    P_K_L = b;                                          //恢复按键
     P_data = 0xff;                                     //恢复数据口}
/ ********************** 十进制转十六进制函数 *********************** /
/ * 函数原型:uint dth( uint a) / * 函数功能:十进制转十六进制 / * 输入参数:要转换的数据
/ * 输出参数:转换后的数据 / * 调用模块:无
/ ********************************************************* /
unsigned intdth( unsigned int a)
{ unsigned int b,c;
    b = a% 16;
    if(b >9)
    c = b +6;
else
    c = b;
    a = a/16;
    b = a% 16;
    if(b >9)
    c + = (b +6) * 10;
    else
    c = c + b * 10;
a = a/16;
b = a% 16;
if(b >9)
c + = (b +6) * 100;
else
```

```
        c = c + b * 100;
    a = a/16;
    b = a% 16;
    if(b > 9)
        c + = (b + 6) * 1000;
    else
        c = c + b * 1000;
    return c;}
/************************** 延时函数 ****************************/
/* 函数原型:delay(unsigned int delay_time) /* 函数功能:延时函数 /* 输入参数:delay_time (输入要延时的时间) /* 输出参数:无  /* 调用模块:无
/***************************************************************/
void delay(unsigned int delay_time)    //延时子程序
{for( ;delay_time > 0;delay_time --)
{}}
/******************* ASIIC 码转换为十六进制程序 **********************/
/* 函数原型:unsigned charath(unsigned char a,unsigned char b) /* 函数功能:ASIIC 码转换为十六进 /* 输入参数:要转换的数据 /* 输出参数:转换后的数据 /* 调用模块:无
/***************************************************************/
unsigned charath(unsigned char a,unsigned char b)
{ if(a < 0x40)
    a - = 0x30;
    else if(a < 0x47)
        a - = 0x37;
    else if(a < 67)
        a - = 0x57;
    if(b < 0x40)
        b - = 0x30;
    else if(b < 0x47)
        b - = 0x37;
    else if(a < 67)
        b - = 0x57;
    return((a << 4) + b);}

/***************** 十六进制转换为 ASIIC 码程序 **********************/
/* 函数原型:unsigned inthta(unsigned char a) /* 函数功能:十六进转换为 ASIIC 码
/* 输入参数:要转换的数据 /* 输出参数:转换后的数据 /* 调用模块:无
/***************************************************************/
unsigned inthta(unsigned char a)
{
    unsigned int b;
    b = a >> 4;
    a& = 0x0f;
        if(a < 0x0a)
        a + = 0x30;
    else
        a + = 0x37;
    if(b < 0x0a)
        b + = 0x30;
```

```
    else
        b + =0x37;
    b = ((b<<8) +a);
    return b;}
/*********************** 串口中断程序 ******************************/
/*函数原型:voiduart(void)/*函数功能:串口中断处理/*输入参数:无/*输出参数:无/*调
用模块:无
/******************************************************************/
voiduart(void) interrupt 4
{
    unsigned char a,b;
    if(RI)
    {   a = SBUF;
        RI =0;
        if(a ==0x40)                                        //接收到字头
            i =0;
        rec[i] = a;
        i ++;
        if(a ==0x0d)                                        //接收到字尾,开始输入数据
        { if(ath(rec[1],rec[2]) ==15)                      //判断是否为本机地址
            {   b =0;
                for(a =1;a <i -3;a ++)                      //产生异或值
                b^ = rec[a];
                if(b == ath(rec[i -3],rec[i -2]))          //接收到正确数据
                { if((ath(rec[3],rec[4])&0x01) ==0)  //读操作
                    {   for(a =0;a <12;a ++)
                        {SBUF = send[a];
                        while(TI!  =1);
                        TI =0;}  }    }
                else                                        //接收到错误数据
                {   for(a =0;a <8;a ++)
                    {   SBUF = error[a];
                        while(TI!  =1);
                        TI =0;}    }}}    }
else
    {TI =0;}}
```

3. 单片机与计算机通信测试

打开计算机的设备管理器，查看串口号并进行端口参数设置，如图 8-24 所示。

将程序烧入单片机后，打开串口调试助手，设置通信参数：串口号为“COM5”，波特率为“9600”，校验位为“无”，数据为“8”，停止位为“1”；设置的参数与单片机参数一致。输入图 8-25 中的数字，单击“发送”按钮。向单片机发送“40 30 46 43 30 30 30 30 46 30 32 37 31 0d”，若单片机末尾返回“40 30 46 2A 2A 37 36 0D”，则表示通信成功。

4. 组态王与单片机通信测试

在组态王中设置新设备。新建组态王工程，在组态王工程浏览器中选择设备，双击右侧的“新建”，启动“设备配置向导”，选择“设备驱动”→“智能模块”→“单片机”→“通用单片机 ASCII”→“串口”，如图 8-26 所示。

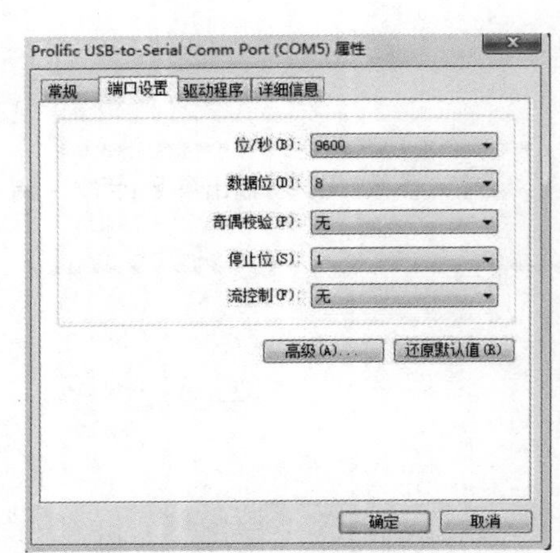

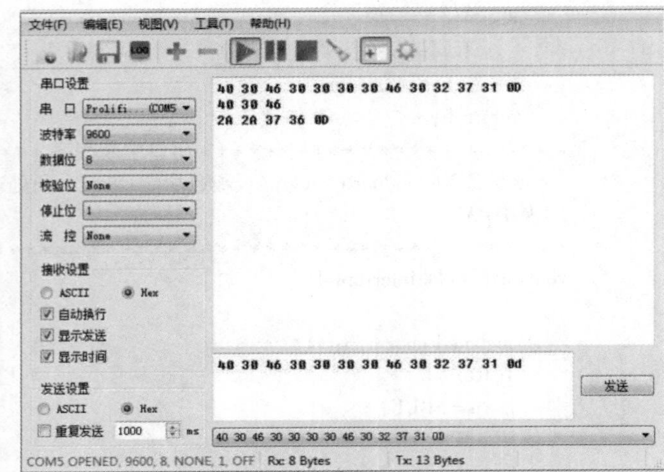

图 8-24　设备管理器串口设置

图 8-25　串口助手数字量输入调试

单击“下一步”按钮，给设备指定唯一逻辑名称，命名为“单片机”。单击“下一步”按钮选择串口号，如“COM5”（与电脑设备管理器一致）。再单击“下一步”按钮，安装PLC指定地址“15.0”。接着单击“下一步”按钮，出现“通信故障恢复策略”窗口，设置试恢复时间为30秒，最长恢复时间为24小时。单击“下一步”按钮完成串口设备设置。

单片机通信测试。先进行串口通信设置，双击“设备/COM5”，弹出设置串口窗口，进行参数设置，如图8-27所示。

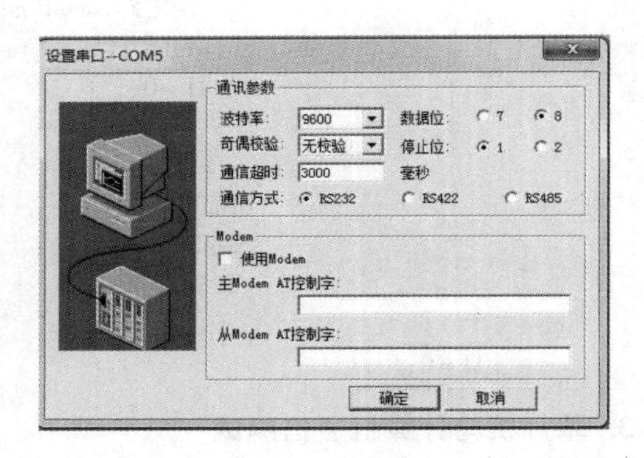

图 8-26　选择串口设备

图 8-27　设置串口—COM5

完成串口设置后，选择已建立的单片机设备，单击右键，选择“测试单片机”项，弹出“串口设备测试”，核对参数设置是否正确，若正确，选择“设备测试”选项。如图8-28所示。

寄存器选择“X100”，数据类型为“USHORT”，单击“添加”→“读取”按钮；寄存器变量值为“1111”，如图8-29所示，若将单片机P3.3～P3.6口接上按钮，按下对应按钮对应位变为0，例如：当按下P3.3时，变量值变为1110。这说明组态王已经与单片机通信成功。

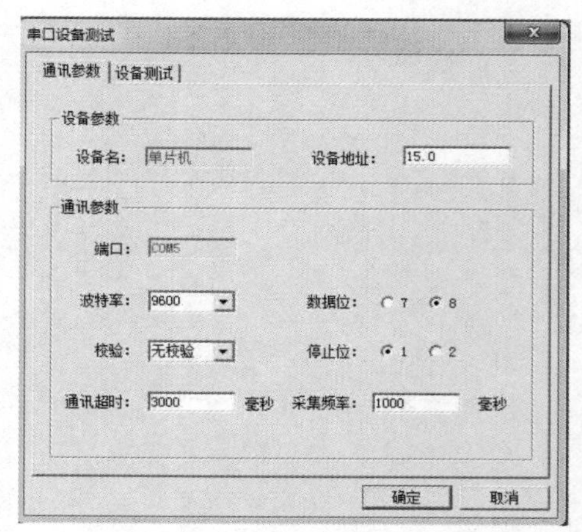

图 8-28　单片机通信参数

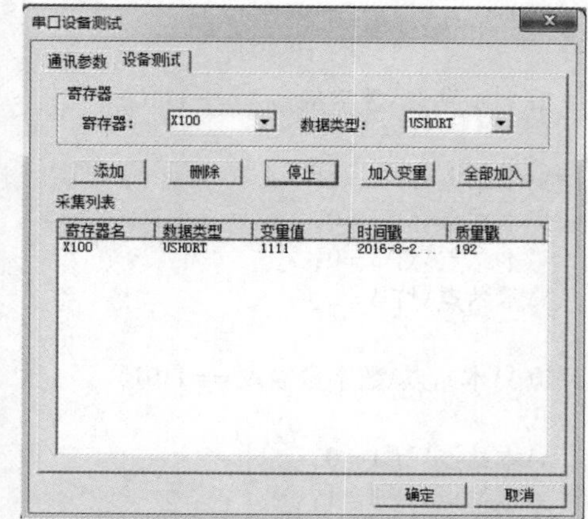

图 8-29　单片机寄存器通信测试

5. 组态王工程画面建立

定义变量“数字量输入”，变量属性如图 8-30 所示。

注：变量读写属性为“读写”。

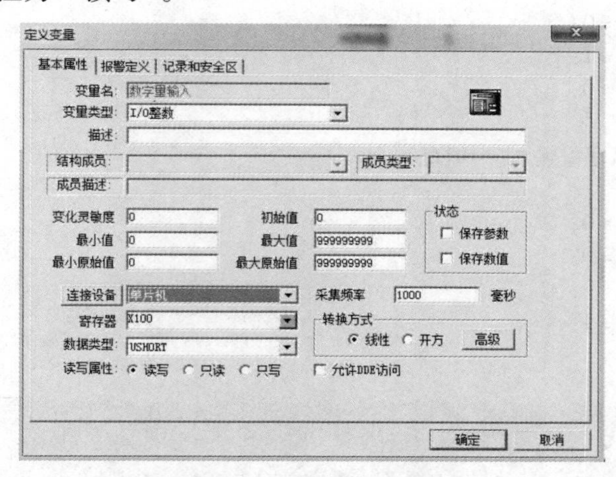

图 8-30　定义“数字量输入”

另外，设置 4 个内存离散变量，命名为“灯 1” ~ “灯 4”。

新建如图 8-31 所示画面，并将灯关联到变量“灯 1” ~ “灯 4”，将“#######”关联到“数字量输入”。

6. 画面命令语言输入

右键单击组态王画面，选择“命令语言”，进入画面命令语言窗口，选择“运行时”，然后写入如下程序：

```
if(\\本站点\数字量输入 ==1111)
{
\\本站点\灯 1 =0;
\\本站点\灯 2 =0;
\\本站点\灯 3 =0;
```

```
\\本站点\灯 4 = 0;
}
if( \\本站点\数字量输入 == 1110)
{
\\本站点\灯 1 = 1;
\\本站点\灯 2 = 0;
\\本站点\灯 3 = 0;
\\本站点\灯 4 = 0;
}
if( \\本站点\数字量输入 == 1101)
{
\\本站点\灯 1 = 0;
\\本站点\灯 2 = 1;
\\本站点\灯 3 = 0;
\\本站点\灯 4 = 0;
}
if( \\本站点\数字量输入 == 1011)
{
\\本站点\灯 1 = 0;
\\本站点\灯 2 = 0;
\\本站点\灯 3 = 1;
\\本站点\灯 4 = 0;
}
if( \\本站点\数字量输入 == 0111)
{
\\本站点\灯 1 = 0;
\\本站点\灯 2 = 0;
\\本站点\灯 3 = 0;
\\本站点\灯 4 = 1;
}
```

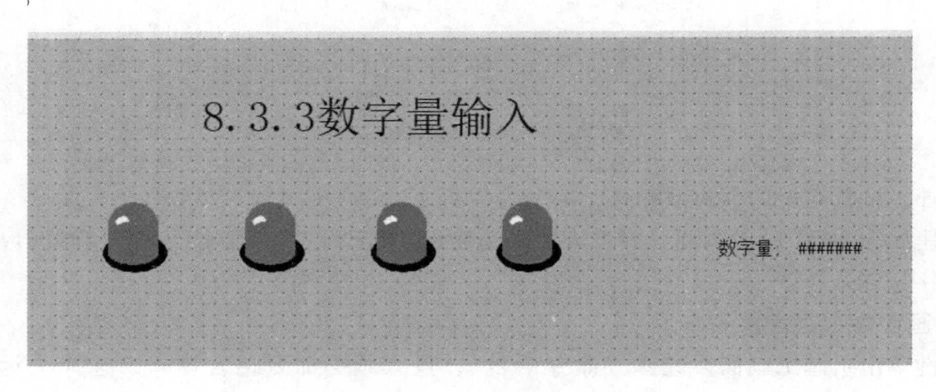

图 8-31　组态王画面

7. 运行系统调试

切换至运行系统，按下单片机 P3.3 ~ P3.6 所接的按钮，组态王运行画面中对应的灯亮。如图 8-32 所示。

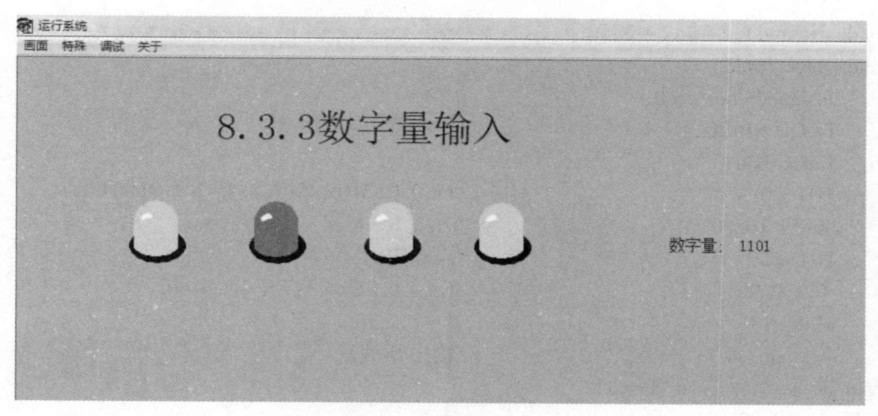

图 8-32　组态王运行画面

8.3.4　单片机数字量输出工程实例

1. 功能简述

使用 STC 单片机，根据组态王通用单片机通信协议（ASCII），编写组态王通用单片机通信协议下的单片机下位机程序设计；完成组态王与单片机的数字量输出的设计。

2. 实例要求条件

计算机（最好是 Windows XP）；软件组态王 6.53；Keil C51；STC 单片机烧写软件；单片机 STC89C51 或 STC89C52 等。

在组态王界面中，以按钮来表示输出的数字量，当按下组态王界面中的按钮时，接在单片机对应 P2.0 和 P2.1 口的发光二极管变亮。

参考程序：

```
/****************************************************************
数字量输出 :** 晶 振  频 率:11.0592M   ** 线路 -> STC 单片机系统。
与组态王联机 单片机地址为:15.0 。
测试代码(通过串口助手以 16 进制发送):40 30 46 43 35 30 30 30 46 30 31 30 41 30 36 0d
****************************************************************/
#include  <REG51.H>
/****************** 开关端口定义 **********************************/
sbit sw_0 = P3^3;
sbit sw_1 = P3^4;
sbit sw_2 = P3^5;
sbit sw_3 = P3^6;
sbit jdq1 = P2^0;                    //灯 1
sbit jdq2 = P2^1;                    //灯 2
unsigned char rec[50];//用于接收组态王发送来的数据,发送过来的数据不能超过此数组长度
unsigned char code error[] = {0x40,0x30,0x46,0x2a,0x2a,0x37,0x36,0x0d};//数据不正确
unsigned char code send[] = {0x40,0x30,0x46,0x23,0x23,0x37,0x36,0x0d};//正确的数据
unsigned char i;
unsigned char sw;                    //开关值
void sw_out(unsigned char);          //开关量输出
unsigned inthtd(unsigned int);       //进制转换函数
unsigned charath(unsigned char,unsigned char);//ASIIC 码转换为十六进制数
```

```
voiduart(void);//串口中断程序        ************************************/
void   main(void)
{   unsigned char a = 0;
    TMOD = 0x20;                       //定时器1 -- 方式2
    TL1 = 0xfd;
    TH1 = 0xfd;                        //11.0592 MHz 晶振,波特率为 9600 bit/s
    SCON = 0x50;                       //方式1
    TR1 = 1;                           //启动定时
     IE = 0x90;                        //EA = 1,ES = 1:打开串口中断
    while(1)
    {sw_out(sw);                       //输出开关量              }     }
void sw_out(unsigned char a)
{ if(a == 0x00)
     {jdq1 = 1;                        //接收到 PC 发来的数据 00,关闭继电器 1 和 2
      jdq2 = 1;}
    else if(a == 0x01)
     {jdq1 = 1;                        //接收到 PC 发来的数据 01,继电器 1 关闭,继电器 2 打开
      jdq2 = 0;}
    else if(a == 0x10)
     {jdq1 = 0;                        //接收到 PC 发来的数据 10,继电器 1 打开,继电器 2 关闭
      jdq2 = 1;}
    else if(a == 0x11)
     {jdq1 = 0;                        //接收到 PC 发来的数据 11,打开继电器 1 和 2
      jdq2 = 0;}}
/********************** 十六进制转十进制函数 **********************/
/* 函数原型:uint htd(uint a) /* 函数功能:十六进制转十进制 /* 输入参数:要转换的数据
/* 输出参数:转换后的数据 /* 调用模块:无
/*************************************************************/
unsigned inthtd(unsigned int a)
{ unsigned int b,c;
     b = a%10;
     c = b;   // * 16^0
     a = a/10;
     b = a%10;
     c = c + (b << 4);// * 16^1
     a = a/10;
     b = a%10;
     c = c + (b << 8);// * 16^2
     a = a/10;
     b = a%10;
     c = c + (b << 12);// * 16^3
     return c;}
/****************** ASIIC 码转换为十六进制程序 **********************/
/* 函数原型:unsigned charath(unsigned char a,unsigned char b)/* 函数功能:ASIIC 码转换为十六进
/* 输入参数:要转换的数据 /* 输出参数:转换后的数据 /* 调用模块:无 ***********/
unsigned charath(unsigned char a,unsigned char b)
{ if(a < 0x40)
     a - = 0x30;
     else if(a < 0x47)
```

```
        a - =0x37;
    else if(a <67)
        a - =0x57;
    if(b <0x40)
        b - =0x30;
    else if(b <0x47)
        b - =0x37;
    else if(a <67)
        b - =0x57;
    return((a<<4) +b);}
/************************串口中断程序****************************/
/*函数原型:voiduart(void)/*函数功能:串口中断处理/*输入参数:无/*输出参数:无/*调用
模块:无    ********************/
voiduart(void) interrupt 4
{ unsigned char a,b;
    if(RI)
    { a =SBUF;
        RI =0;
        if(a ==0x40)                                        //接收到字头
            i =0;rec[i] =a;i ++;
        if(a ==0x0d)                                        //接收到字尾,开始输入数据
        { if(ath(rec[1],rec[2]) ==15)                        //判断是否为本机地址
            {b =0;
              for(a =1;a <i -3;a ++)                        //产生异或值
                  b^ =rec[a];
              if(b ==ath(rec[i -3],rec[i -2]))              //接收到正确数据
              {   if((ath(rec[3],rec[4])&0x01) ==1)         //写操作
                  { sw =ath(rec[11],rec[12]);sw =htd(sw);
                    for(a =0;a <8;a ++)
                    {SBUF =send[a];while(TI!  =1);
                      TI =0;  } } }
              else                                          //接收到错误数据
              {   for(a =0;a <8;a ++)
                  {   SBUF =error[a];
                      while(TI!  =1);
                      TI =0;}   } } }   } else{TI =0;} }
```

3. 单片机与计算机通信测试

打开计算机的设备管理器，查看串口号及进行端口参数设置，如图 8-33 所示。

将程序烧入单片机后，打开串口调试助手，设置通信参数：串口号为“COM5”，波特率为“9600”，校验位为“无”，数据为“8”，停止位为“1”；设置的参数与单片机参数一致。

按图 8-34 所示输入数字，单击“发送”按钮。向单片机发送“40 30 46 43 35 30 30 30 46 30 31 30 41 30 36 0d”，若单片机返回“40 30 46 23 23 37 36 0D”，则表示通信成功。

4. 组态王与单片机通信测试

（1）在组态王中设置新设备

新建组态王工程，在组态王工程浏览器中选择设备，双击右侧的“新建”，启动“设备配置向导”。

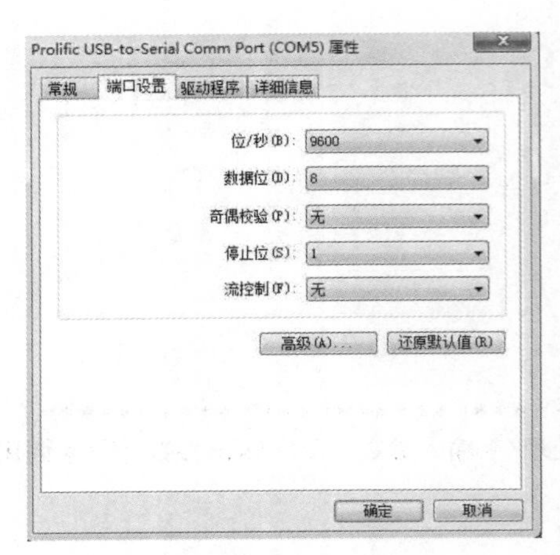

图 8-33　设备管理器串口设置

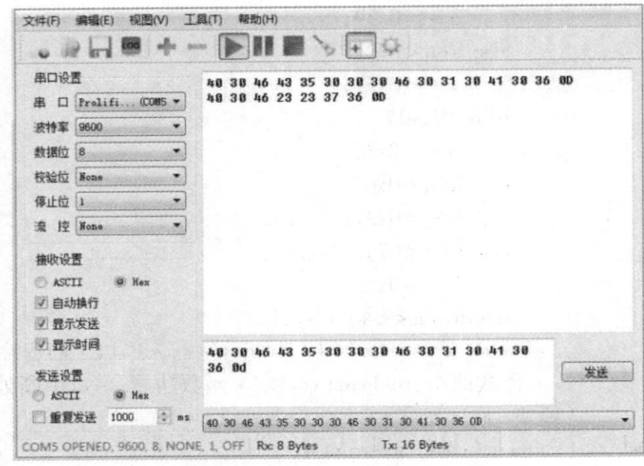

图 8-34　串口助手数字量输入调试

选择“设备驱动”→“智能模块”→“单片机”→“通用单片机 ASCII”→“串口”，如图 8-35 所示。

单击“下一步”按钮，给设备指定唯一逻辑名称，命名“单片机”。单击“下一步”按钮选择串口号，如“COM5”（与电脑设备管理器一致）。再单击“下一步”按钮，安装 PLC 指定地址“15.0”。接着单击“下一步”按钮，出现“通信故障恢复策略”窗口，设置试恢复时间为 30 秒，最长恢复时间为 24 小时。单击“下一步”按钮完成串口设备设置。

（2）单片机通信测试

设置串口通信设置，双击“设备/COM5”，弹出设置串口窗口，进行参数设置，如图 8-36 所示。

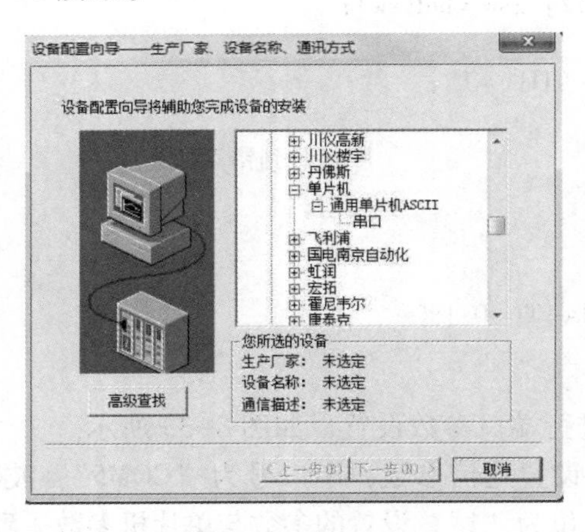

图 8-35　选择串口设备

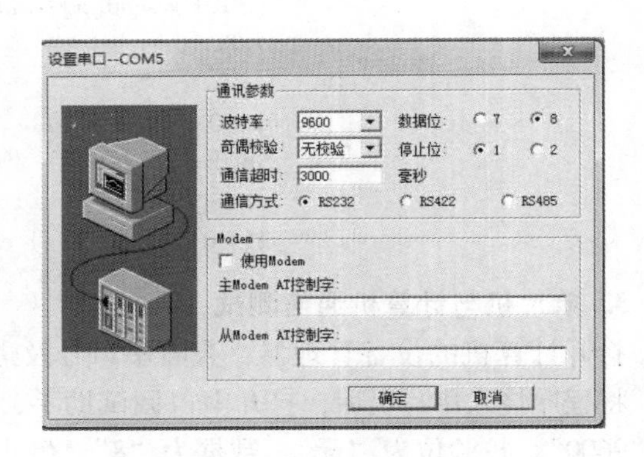

图 8-36　设置串口—COM5

完成设置串口后，选择已建立的单片机设备，单击右键，选择“测试单片机”项，弹出“串口设备测试”，对照参数是否设置正确，若正确，选择“设备测试”选项。如图 8-37 所示。

寄存器选择“X0”，数据类型为“BYTE”，单击“添加”按钮；然后双击寄存器“X0”，数据输入“10”，单击“读取”按钮；寄存器变量值变为“10”，如图 8-38 所示，若将单片机 P2.0 和 P2.1 口接上共阴极发光二极管，可看到接 P2.1 的二极管亮。这说明组态王已经与单片机通信成功。

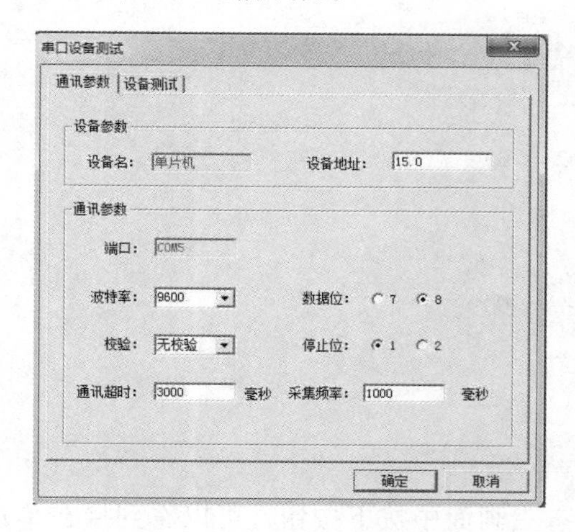

图 8-37　单片机通信参数

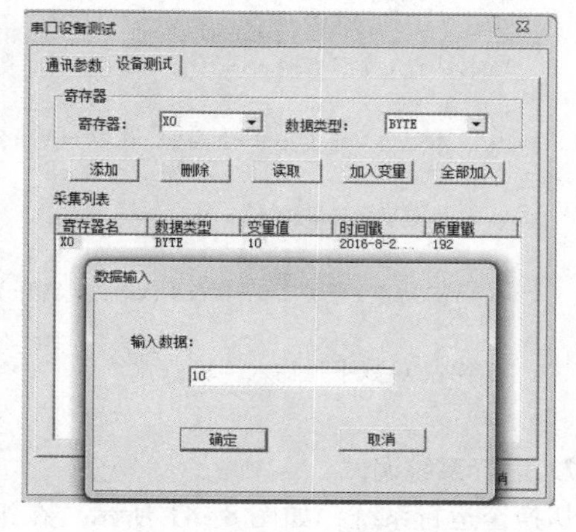

图 8-38　单片机通信测试

5. 组态王工程画面建立

定义变量“数字量输入”，变量属性如图 8-39 所示。

注：变量读写属性为“只写”。

设置两个内存离散变量，命名为“开关1”和“开关2”。

新建如图 8-40 所示画面，并将开关关联到变量“开关1”和“开关2”。“#######”关联到“数字量输出”。

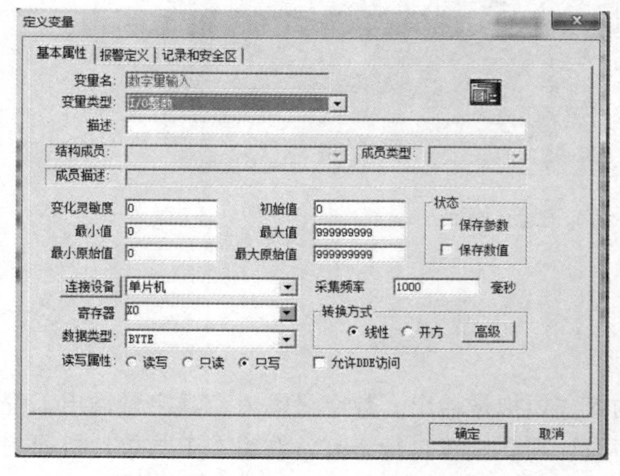

图 8-39　定义“数字量输入”变量

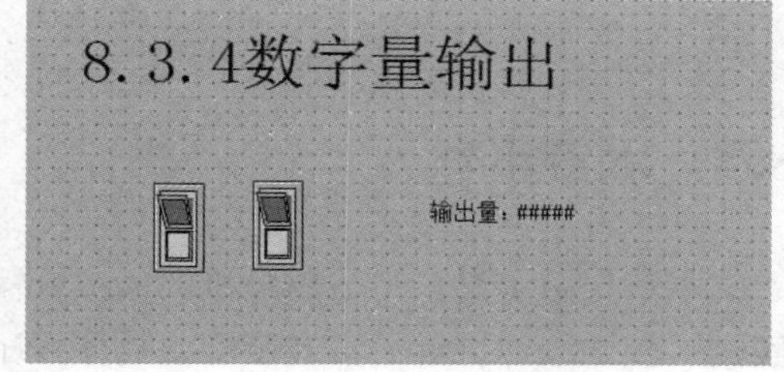

图 8-40　组态王画面

6. 画面命令语言输入

右键单击组态王画面，选择“命令语言”，进入画面命令语言窗口，选择“运行时”，写入如下程序：

```
if(\\本站点\开关1 ==1 &&\\本站点\开关2 ==1)
{
```

```
\\本站点\数字量输入 =00;
}
if(\\本站点\开关 1 ==0 &&\\本站点\开关 2 ==1)
{
\\本站点\数字量输入 =10;
}
if(\\本站点\开关 1 ==1 &&\\本站点\开关 2 ==0)
{
\\本站点\数字量输入 =01;
}
if(\\本站点\开关 1 ==0 &&\\本站点\开关 2 ==0)
{
\\本站点\数字量输入 =11;
}
```

7. 运行系统调试

切换至运行系统，如图 8-41 所示。在组态王画面中按下按钮，可以看到接在单片机 P2.0 和 P2.1 对应的灯亮。

图 8-41 组态王运行画面

8.4 本章小结

本章列举了组态王与单片机的模拟量输入、模拟量输出、数字量输入、数字量输出工程实例，较详细地讲解了实施步骤，具体程序设计需要读者自行研究。在组态王与单片机通信测试，组态王画面绘制，变量定义与单片机的连接及数据交换，按钮及画面命令语言写入，运行系统调试等方面，可按步骤练习。

第9章 基于PLC的控制应用

9.1 PLC概述

PLC（Programmable Logic Controller，可编程序逻辑控制器）是一种数字运算操作的电子系统，在工业环境中有广泛应用。PLC采用一类可编程的存储器，用于其内部存储程序，执行逻辑运算，顺序控制，定时，计数与算术操作等面向用户的指令，并通过数字或模拟式输入/输出控制各种类型的机械或生产过程。

9.1.1 组态软件与PLC

上位计算机运行组态软件，实现集中监控功能，上位机和PLC通信进行数据交换，但最终还是由PLC控制设备运行。上位机通过通信链接到PLC的相应地址从而改变PLC程序数据状态，上位机可以直观的控制设备，可以代替按钮手动控制功能和仪表显示功能。设备离开上位机仍可以运行，但没那么直观及人性化，所以在工控现场组态与PLC的联合变得非常有必要。

9.1.2 PLC的构成简介

PLC分为固定式和组合式（模块式）两种。固定式PLC包括CPU板、I/O板、显示面板、内存块、电源等。模块式PLC包括CPU模块、I/O模块、内存、电源模块、底板或机架。PLC的构成如图9-1所示。

1. CPU

CPU主要由运算器、控制器、寄存器及实现它们之间联系的数据、控制及状态总线构成，CPU单元还包括外围芯片、总线接口及有关电路。内存主要用于存储程序及数据，是PLC不可缺少的组成单元。

2. 存储器

PLC中有两种存储器，一种是系统程序存储器，用于存放系统工作程序（监控程序）、模块化应用功能子程序、命令解释功能子程序的调用管理程序，以及对应定义（I/O、内部继电器、计时器、计数器、移位寄存器等存储系统）参数等功能。

另一种是用户存储器，用于存放用户程序即存放通过编程器输入的用户程序。PLC的用户存储器通常以字（16位/字）为单位来表示存储容量。通常PLC产品资料中所指的存储器形式或存储方式及容量，是对用户程序存储器而言。

3. I/O模块

I/O模块是CPU与现场I/O装置或其他外部设备之间的连接部件。PLC提供了各种操作电平与驱动能力的I/O模块和各种用途的I/O组件供用户选用。I/O模块将外界输入信号变

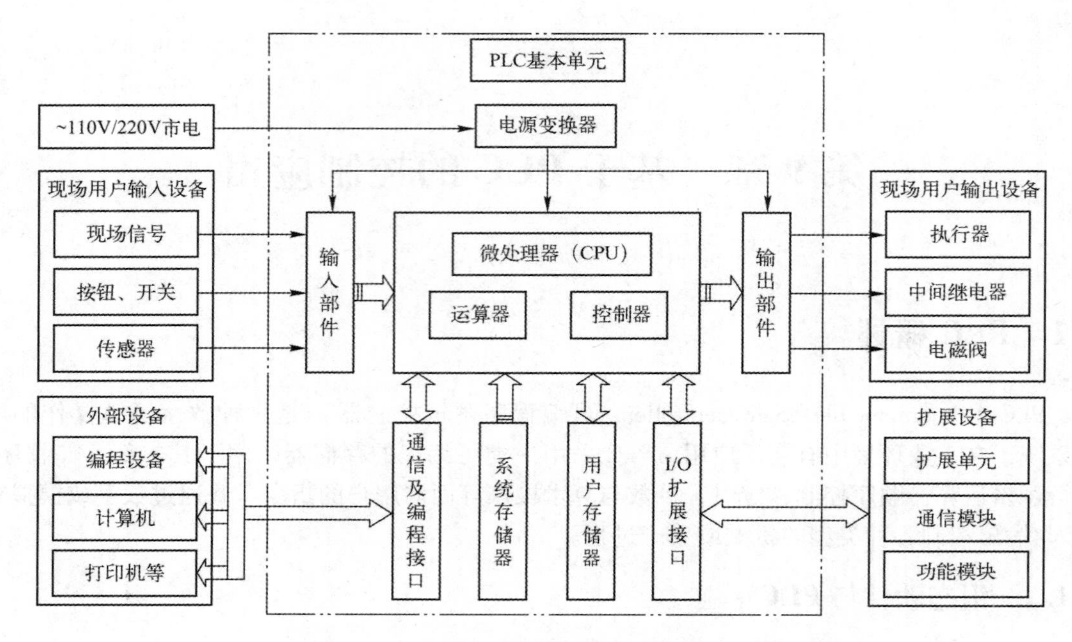

图 9-1　PLC 构成

成 CPU 能接收的信号，或将 CPU 的输出信号变成需要的控制信号去驱动控制对象（包括开关量和模拟量）。

4. 外部编程设备

外部编程设备又称为编程器，分为简易型和智能型两类。前者只能连机编程，而后者即可连机编程又可脱机编程。同时前者输入梯形图的语言键符，后者可以直接输入梯形图。根据不同档次的 PLC 产品选配相应的编程器。编程器用于用户程序的编制、编辑、调试检查和监视等。它通过通信端口与 CPU 联系，完成人机对话连接。编程器上有供编程用的各种功能键和显示灯以及编程、监控转换开关。现在计算机已取代编程器的作用。

5. 电源

PLC 对电源并无特别要求，可使用一般工业电源。

9.1.3　PLC 的特点

1. 可靠性高，抗干扰能力强

工业生产一般对控制设备要求很高，应具有很强的抗干扰能力和高的可靠性，能在恶劣的环境中可靠地工作，平均故障间隔时间长，故障修复时间短。这是 PLC 控制优于微机控制的一大特点。PLC 控制系统的故障通常有两种：一种是偶发性故障，即由于恶劣环境（电磁干扰、超高温、过电压或欠电压）引起的，这类故障只要不引起系统部件的损坏，一旦环境条件恢复正常，系统本应随之恢复正常。另一类是永久性故障，是由于元器件不可恢复的损坏引起的。PLC 的可靠性、抗干扰能力都是很强悍的。

2. 编程简单，使用方便

PLC 在这一点上优于微型计算机。目前大多数 PLC 采用继电控制形式的“梯形图编程方式”，即有传统控制线路的清晰直观，又适合电气技术人员的读图习惯和微机应用水平，易于接受，进一步简化编程。一般只要很短时间的训练即能学会使用。而微机控制系统则要求具有一定知识的人员操作。

3. 控制程序可变，具有很好的柔性

在生产工艺流程改变或生产线设备更新的情况下，不必改变 PLC 的硬件设备，只要改变程序就可以满足要求。所以 PLC 取代继电器控制，而且具有继电器所不具备的优点。

4. 功能完善

现代 PLC 具有数字和模拟量输入输出、逻辑和算术运算、定时、计数、顺序控制、功率驱动、通信、人机对话、自检、记录和显示功能。

5. 扩充方便，组合灵活

PLC 产品具有各种扩充单元，可以方便地适应不同工业控制需要的不同输入输出点及不同输入输出方式的系统。

6. 减少了控制系统设计及施工的工作量

由于 PLC 采用软件编程来达到控制功能，而不同于继电器控制采用接线来达到控制功能，同时 PLC 又能率先进行模拟调试，并且操作化功能和监视化功能很强，这样就减少了许多工作量。

7. 体积小、重量轻，是机电一体化特有的产品

由于 PLC 是工业控制的专用计算机，其结构紧密、坚固、体积小巧，并由于具备很强的抗干扰能力，使之易于装入机械设备内部，因而成为实现“机电一体化”较理想的控制设备。

9.1.4 知名的 PLC 品牌

1. 美国 PLC 产品

（1）B（ALLEN - BRADLEY）公司：SLC500、PLC - 5 、PLC - 3 等。

（2）通用电气（GE）公司：GE - 1、GE - Ⅲ系列等。

（3）莫迪康（MODICON）公司：M84、M484 等。

2. 德国 PLC 产品

西门子（SIEMENS）公司：S5、S7 系列等。

3. 日本 PLC 产品

（1）三菱公司：A、FX、Q 系列等。

（2）欧姆龙（OMRON）公司：P、CQM1 、C200 等。

组态王软件提供以上品牌各系列 PLC 产品的驱动，可通过配置方式快速与 PLC 建立可靠的通信连接。

9.1.5 计算机与 PLC 的连接方式

PLC 与计算机的连接 3 种方式。

（1）通过计算机串口，使用计算机的 RS - 232C 端口（或 RS - 422 端口）与 PLC 的编程口直接相连。

（2）通过网络，与其他站点的 PLC 进行通信。

（3）通过调制解调器，与远程的 PLC 进行通信。

为了方便读者可靠快捷地搭建实验环境，建立起组态王与 PLC 之间的通信，本章实例中组态王软件采用计算机串口方式与 PLC 通信。

9.2 串口总线概述

RS-232 总线和 RS-422 总线是目前比较常用的与 PLC 通信的方式，因两者并无太大差别，本书中的实例采用 RS-422 总线通信。

RS-232C 标准（协议）的全称是 EIA-RS-232C 标准，其中 EIA（Electronic Industry Association）代表美国电子工业协会，RS（recommended standard）代表推荐标准，232 是标识号，C 代表 RS-232 的最新一次修改（1969），在这之前，有 RS232B 和 RS232A。

9.2.1 RS-232 串口通信标准

1. 接口连接器机械特性

目前出现了 DB-25 和 DB-9 两种连接器，各种类型连接器的引脚的定义也有所同；但现在计算机只提供 DB-9 接口（分为公头和母头）。DB-9 各引脚如图 9-2 所示。

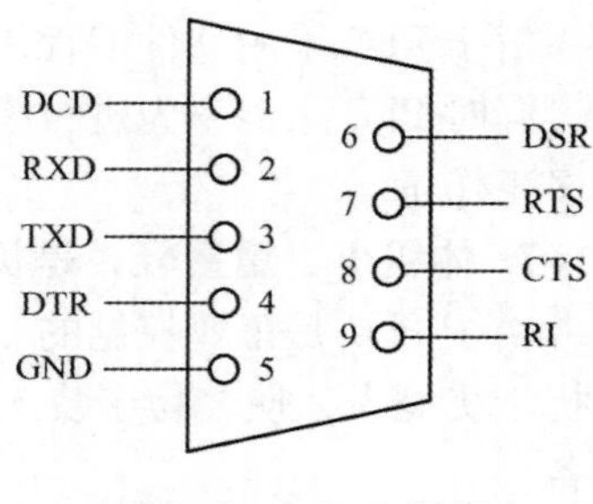

图 9-2 DB-9 引脚

1 脚（DCD）：数据载波输出口；2 脚（RXD）：接收数据；3 脚（TXD）：发送数据；4 脚（DTR）：数据终端设备准备就绪；5 脚（GND）：参考地；6 脚（DSR）：数据通信设备准备就绪；7 脚（RST）：请求发送；8 脚（CTS）：清除发送；9 脚（RT ）：振铃指令。

RS-232C 的每个引脚都有其作用，也有它的信号流动方向。原来的 RS-232C 是设计用来连接调制解调器做传输之用，因此它的引脚意义通常也和调制解调器传输有关。

全部的信号线分为三类，即数据线，地线和联络控制线。

2. 串口电气特性

RS-232C 对电器特性、逻辑电平和各种信号线的功能都做了规定。

（1）在 TxD 和 RxD 上

逻辑 1(MARK) = -3 ~ -15 V　　逻辑 0(SPACE) = +3 ~ +15 V。

（2）在 RTS、CTS、DSR、DTR 和 DCD 等控制线上

信号有效（接通：ON，状态：正电压）= +3 ~ +15 V　信号无效（断开：OFF，状态：负电压）= -3 ~ -15 V。

以上规定说明了 RS-323C 标准对逻辑电平的定义。对于数据（信息码）：逻辑“1”（传号）的电平低于 -3 V；逻辑“0”（空号）的电平高于 +3 V。对于控制信号：接通状态（ON）即信号有效的电平高于 +3 V；断开状态（OFF）即信号无效的电平低于 -3 V。也就是当传输电平的绝对值大于 3 V 时，电路可以有效地检查出来；实际工作时，应保证电平在 ±(3 ~15)V 之间。

RS-232C 与 TTL 转换：EIA-RS-232C 是用正负电压来表示逻辑状态，与 TTL 以高低电平表示逻辑状态的规定不同。因此，为了能够同计算机接口或终端的 TTL 器件连接，必须在 EIA-RS-232C 与 TTL 电路之间进行电平和逻辑关系的变换。实现这种变换的方法可

用分立元件，也可用集成电路芯片。目前较为广泛地使用集成电路转换器件，如 MC1488、SN75150 芯片可完成 TTL 电平到 EIA 电平的转换，而 MC1489、SN75154 可实现 EIA 电平到 TTL 电平的转换。MAX232 芯片可完成 TTL←→EIA 双向电平转换。

9.2.2 RS－422 串口通信标准

RS－422 由 RS－232 发展而来，它是为了弥补 RS－232 通信距离短、速率低的缺点而提出的，RS－422 定义了一种平衡通信接口，将传输速率提高到 10 Mbit/s，传输距离延长到 1200 m（速度低于 100 kbit/s 时），并允许在一条平衡总线上连接最多 10 个接收器。RS－422 是一种单机发送、多机接收的单向、平衡传输规范，被命名为 TIA/EIA－422－A 标准。为了扩展应用范围，EIA 又于 1983 年在 RS－422 基础上制定了 RS－485 标准，增加了多点、双向通信能力，即允许多个发送器连接到同一条总线上，同时增加了发送器的驱动能力和冲突保护特性，扩展了总线共模范围，后命名为 TIA/EIA－485－A 标准。由于 EIA 提出的建议标准都是以“RS”作为前缀的，所以在通信工业领域，仍然习惯将上述标准以 RS 作前缀称谓。

1. RS－422 平衡传输

RS－422 与 RS－232 不一样，数据信号采用差分传输方式，也称作平衡传输，它使用一对双绞线，将其中一线定义为 A，另一线定义为 B。通常情况下，发送驱动器 A、B 之间的正电平在 2～6 V，是一个逻辑状态，负电平在 －2～－6 V，是另一个逻辑状态。另有一个信号地 C，在 RS－485 中还有一个“使能”端，而在 RS－422 中这是可用可不用的。“使能”端用于控制发送驱动器与传输线的切断与连接。当“使能”端起作用时，发送驱动器处于高阻态。

2. RS－422 电气规定

由于接收器采用高输入阻抗和比 RS－232 驱动能力更强的发送驱动器，故允许在相同传输线上连接多个接收节点，最多可接 10 个节点。即一个主设备（Master），其余为从设备（Salve），从设备之间不能通信，所以 RS－422 支持点对多的双向通信。RS－422 四线接口由于采用单独的发送和接收通道，因此不必控制数据方向，各装置之间任何必需的信号交换均可以按软件方式（XON/XOFF 握手）或硬件方式（一对单独的双绞线）实现。RS－422 的最大传输距离约为 1219 m，最大传输速率为 10 Mbit/s。其平衡双绞线的长度与传输速率成反比，在 100 kbit/s 速率以下，才可能达到最大传输距离。只有在很短的距离下才能获得最高速率传输。

9.2.3 计算机中的串行端口

右键单击计算机中的“计算机”图标，选择“属性”再单击“设备管理器”，打开设备管理器。双击设备管理器中的“端口（COM 和 LPT）”，显示出已连接的串口为 COM5，如图 9-3 所示。

再对其双击进入串口属性窗口，切换至 COM5 属性的“端口设置”选项卡，对已连接的串口进行参数设置，如图 9-4 所示。

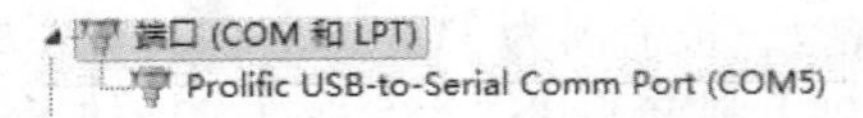

图 9-3　端口的串口号

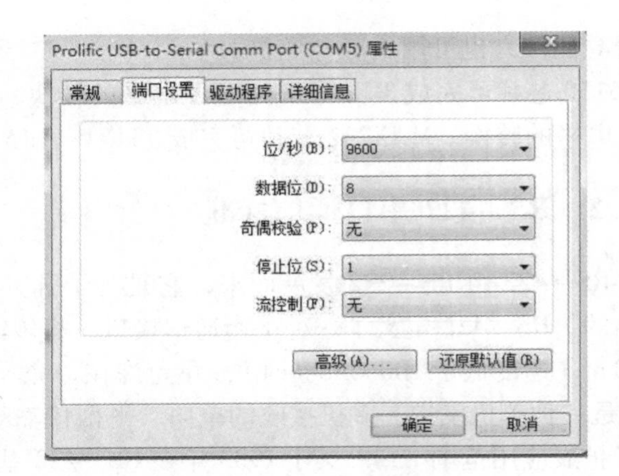

图 9-4　端口设置

9.2.4　串口通信调试

在进行串口开发前一般要进行串口通信调试，常使用串口通信调式助手程序进行调试。其是一个适用于 Windows 平台的串口监视和串口调试程序，可在线设置各种通道速率，通信端口参数，也可设置自动发送/手动发送方式，可十六进制显示接收数据等。

9.2.5　组态王中虚拟串口的使用

组态王中有专门的虚拟模拟串口，在定义设备时即可使用模拟串口，如图 9-5 所示。

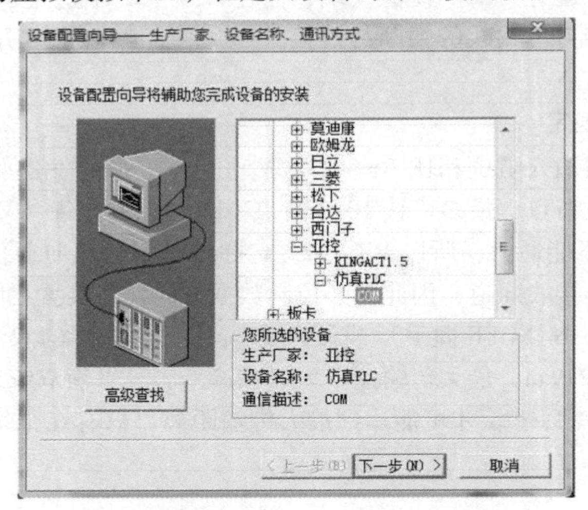

图 9-5　模拟串口使用

9.3　系统设计说明

9.3.1　设计任务

1. 模拟量电压输入

以 PLC 检测模拟电压变化（范围：0 ~ 5 V）；计算机接收 PLC 发送的电压值，以数字，曲线方式显示。

2. 模拟电压输出

在计算机组态王中产生一个变化的数值（范围：0～10），绘制数据变化曲线，在 PLC 输出端也应测得相应的电压值。

3. 数字量输入

利用按钮来改变 PLC 某个输入口的状态（打开或关闭），在组态王中也应读取出此状态（打开或关闭）。

4. 数字量输出

在组态王界面中指定输出口的状态（打开或关闭）应与 PLC 对应的输出口一致，且在组态王界面中要可控制 PLC 对应的输出口。

9.3.2 硬件连接说明

三菱 FX 系列 PLC 可以通过自身的编程口和计算机通信，也可通过通信口和计算机通信。通过编程口，一台计算机只能和一台 PLC 通信。实现对 PLC 中软元件的间接访问；通过通信口，一台计算机可与多台 PLC 通信，并实现对 PLC 中软元件的直接访问，但两者通信协议不同。

模拟电压输入：将模拟量输入模块 FX2N—4AD 与 PLC 相连。在模拟量输入 1 通道 V + 与 VI - 之间输入电压 0～10 V。

模拟电压输出：将模拟量输出模块 FX2N—4DA 与 PLC 相连。在 PLC 输出口可以连接一个发光二极管来表示电压变化。

数字量输入：按钮、行程开关等常用触点接 PLC 输入端点（X0、X1、…、X17 与 COM 之间接开关）。

数字量输出：不需要连线，直接使用 PLC 提供的输出信号指示灯，也可外接指示灯或继电器等装置来显示开关输出状态。

9.3.3 组态王中的通信设置

如果将三菱 FX 系列 PLC 与计算机相连，需要一根编程电缆。

当 PLC 使用 RS - 232 与计算机上位机相连时，需要对参数进行设置。波特率：9600；数据位长度：7；停止位长度：1；奇偶校验位：偶校验。

组态王定义设备时选择：PLC→三菱→FX2N→编程口。

组态王的设备地址与 PLC 的设置保持一致（0～15）。

9.3.4 仿真 PLC

在进行组态王程序调试时，可以使用仿真 I/O 设备，用来模拟实际设备向程序提供数据。以下是组态王中内部寄存器：

- 自动加一寄存器 INCREA：最大变化范围是 0～1000，寄存器变量的编号原则是在寄存器名后加数值，此数值表示变量从 0 开始递增变化范围。
- 自动减一寄存器 DECREA：最大变化范围是 0～1000，寄存器变量的编号原则是在寄存器名后加数值，此数值表示变量从 0 开始递减变化范围。

- 随机寄存器 RADOM：变量值是一个随机值，此变量只能读，无法写入；寄存器变量的编号原则是在寄存器名后加数值，此数值表示变化最大值范围。
- 常量寄存器 STATIC：是一个静态变量，可保存用户的数据，并且可以读出。
- 常量字符串寄存器 STRINC：也是一个静态变量，可保存用户的字符，并且可以读出。
- CommEr 寄存器：可读写离散变量，用户通过控制 CommEr 寄存器状态来控制运行系统与仿真 PLC 通信。

9.4 数据采集与控制程序设计

9.4.1 模拟量输入工程实例

1. 功能概述：

实现组态王对三菱 FX1N PLC—4AD 模拟量输入模块电压的采集。

2. 硬件连接

PLC 硬件连接，如图 9-6 所示。使用分压电路（滑动电阻器）将 0 ~ 5 V 电压接到模拟通道输入 1。

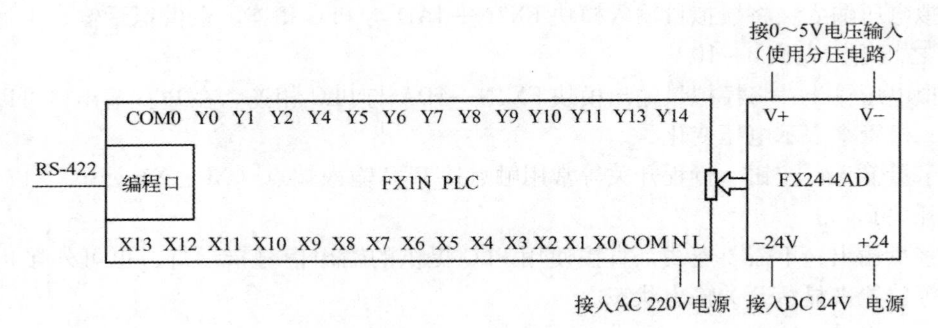

图 9-6 PLC 模拟电压量输入硬件连线图

3. 三菱 FX1N 系列 PLC 模拟量输入梯形图程序

在三菱 FX1N 系列 PLC 中输入如图 9-7 所示梯形图程序。

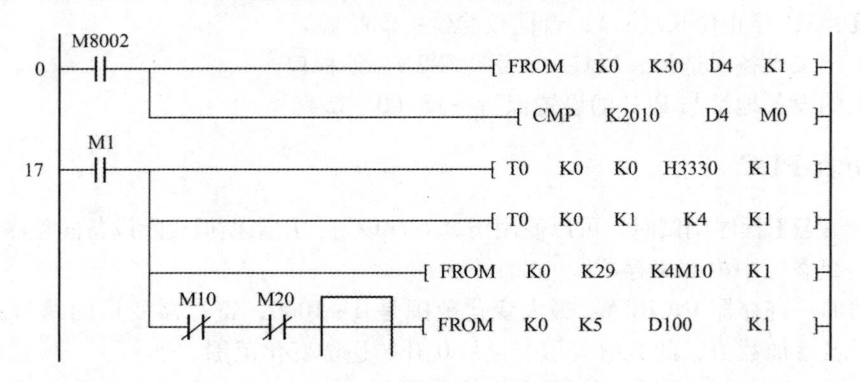

图 9-7 PLC 模拟量输入梯形图程序

4. 在组态王中实现与三菱 PLC 模拟量输入

（1）串口设备连接及测试

1）打开电脑的设备管理器，查看串口连接及进行端口参数设置，如图 9-8 所示。

2）在组态王中设置新设备。新建组态王工程，在组态王工程浏览器中选择设备，双击右侧的“新建”，启动“设备配置向导”。

选择：“设备驱动”→PLC→三菱→FX2→编程口，如图 9-9 所示。

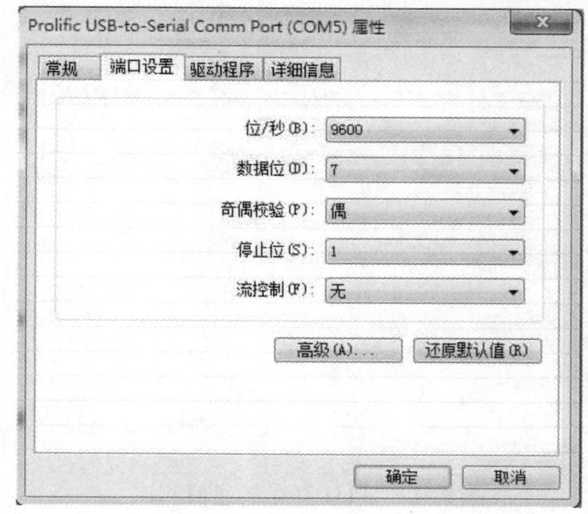

图 9-8　设备管理器串口设置

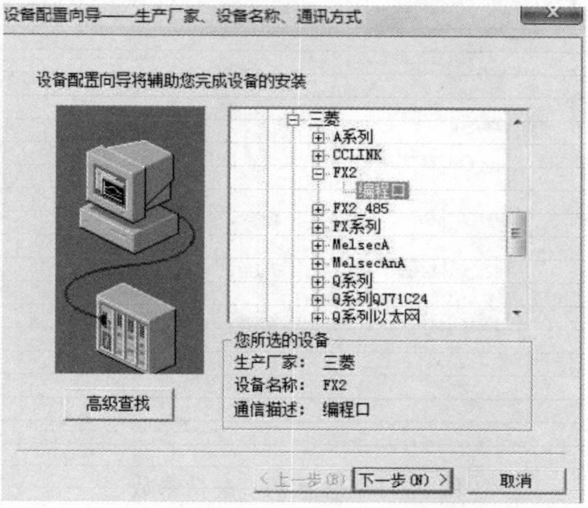

图 9-9　选择串口设备

单击“下一步”按钮，给设备指定唯一逻辑名称，命名“PLC”。单击“下一步”按钮选择串口号，如“COM5”（与电脑设备管理器一致），再单击“下一步”按钮，安装 PLC 指定地址“0”。接着单击“下一步”按钮，出现“通信故障恢复策略”窗口，设置试恢复时间为 30 秒，最长恢复时间为 24 小时。单击“下一步”按钮完成串口设备设置。

3）PLC 通信测试。

设置串口通信设置，双击“设备/COM5”，弹出设置串口窗口，进行参数设置，如图 9-10 所示。

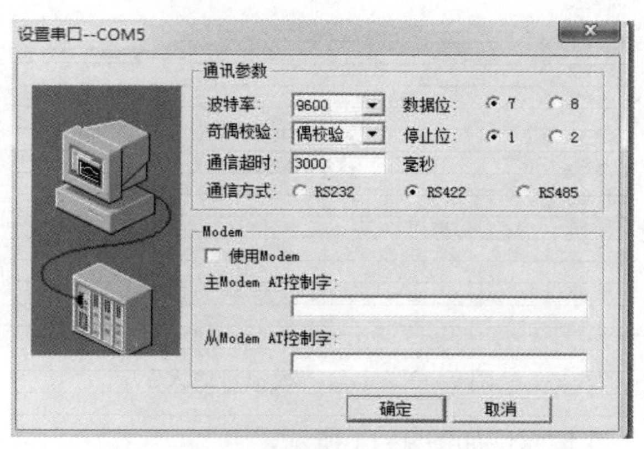

图 9-10　设置串口 - COM5

完成设置串口后，选择已建立的 PLC 设备，单击鼠标右键，选择“测试 PLC”项，弹出“串口设备测试”对话框，对照参数是否设置正确，若正确，选择“设备测试”选项卡。

如图 9-11 所示。

寄存器选择“D100”，数据类型为“SHORT”，单击“添加”→“读取”按钮，可以看到 PLC 返回的数值。如图 9-12 所示，这说明组态王已经与三菱 FX1N PLC—4AD 模拟量输入模块通信成功。用万用表测量滑动变阻器两端电压约 2.3 V 左右。

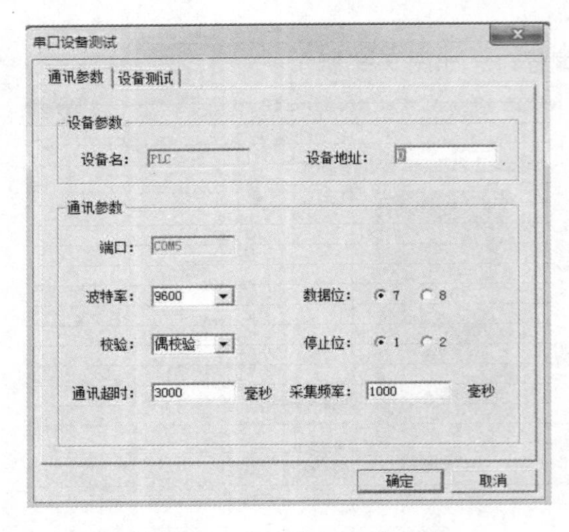

图 9-11　对照 PLC 通信参数

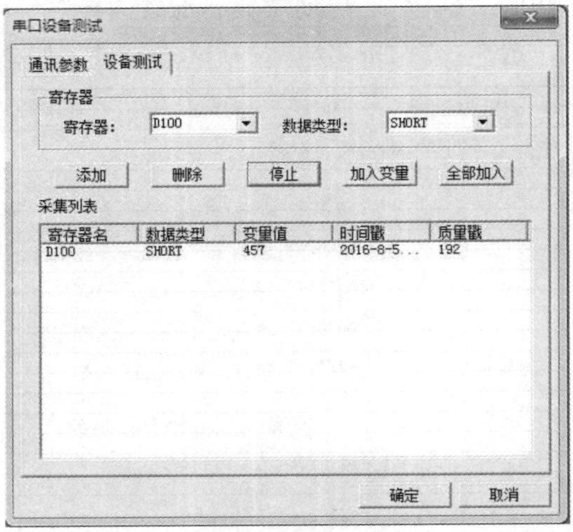

图 9-12　PLC 寄存器通信测试

(2) 组态王工程画面建立

定义变量“PLC 模拟量输入”，变量属性如图 9-13 所示。注：变量读写属性为“只读”。

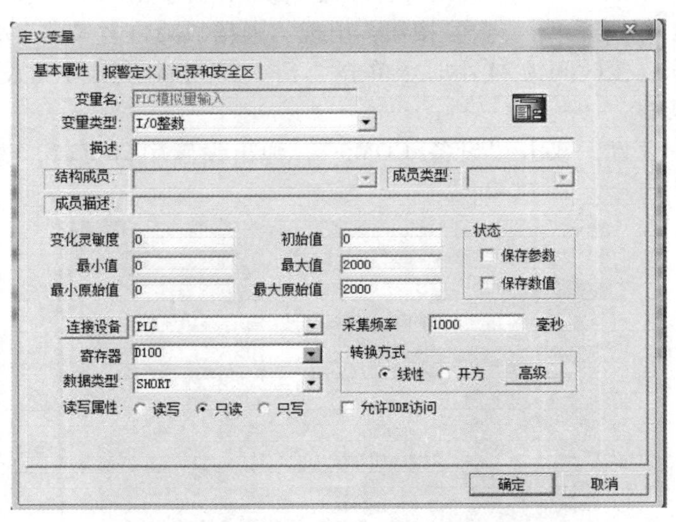

图 9-13　定义“模拟量输入”

定义变量“时间”，变量属性如图 9-14 所示。

再定义一个内存实型变量“电压”，最小值为 0，最大值为 6。新建“PLC 模拟量输入”画面，如图 9-15 所示。在“模拟值输入”和“模拟值输出”处将“####”关联到“电压”变量。

定义变量

基本属性 | 报警定义 | 记录和安全区

变量名: 时间

变量类型: I/O整数

描述:

结构成员: 成员类型:

成员描述:

变化灵敏度 0 初始值 0 状态

最小值 0 最大值 200 保存参数

最小原始值 0 最大原始值 200 保存数值

连接设备 模拟PLC 采集频率 1000 毫秒

寄存器 INCREA200 转换方式

数据类型: SHORT 线性 开方 高级

读写属性: 读写 只读 只写 允许DDE访问

确定 取消

图 9-14 定义变量“时间”

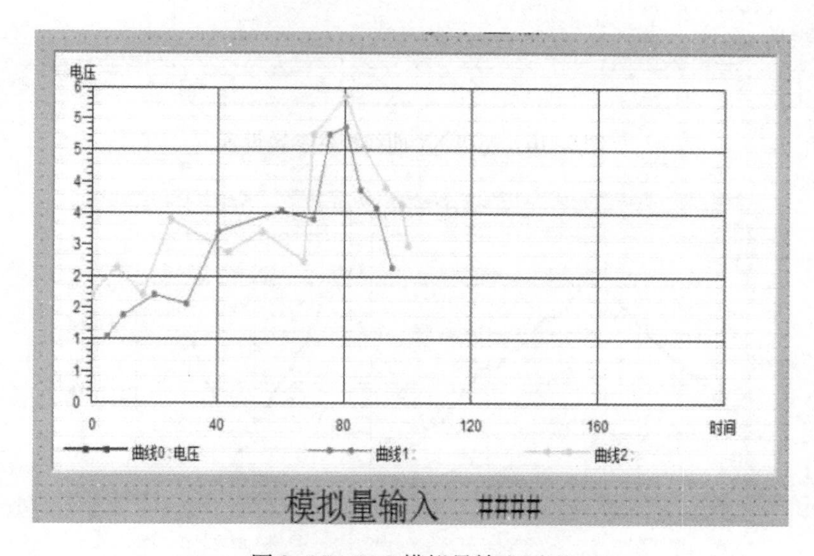

图 9-15 PLC 模拟量输入画面

在工具箱的“插入通用控件”列表中插入超级 XY 曲线，打开控件属性，按图 9-16 所示设置参数。

（3）画面命令写入

进入画面命令语言，选择“存在时”选项卡，将“每 3000 毫秒”改为“每 1000 毫秒”，写入如下程序：

```
\\本站点\电压 = \\本站点\PLC 模拟量输入/200;
Ctrl0. AddNewPoint(\\本站点\时间,\\本站点\电压,0);
```

（4）运行系统调试

调节滑动电阻器，可看到组态王画面中的超级 XY 曲线变化，如图 9-17 所示。

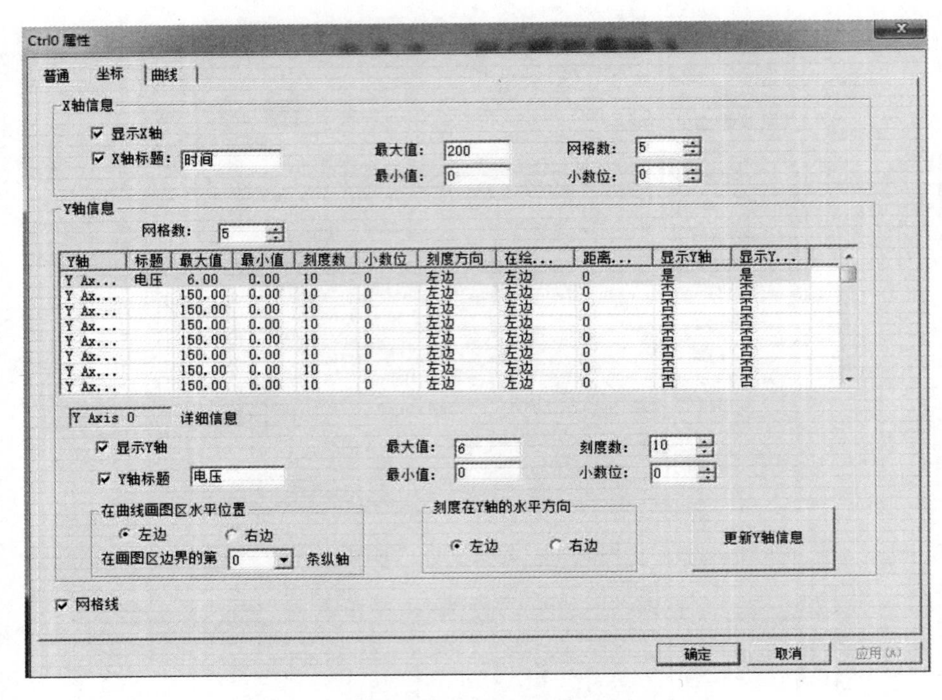

图 9-16 超级 XY 曲线控件参数设置

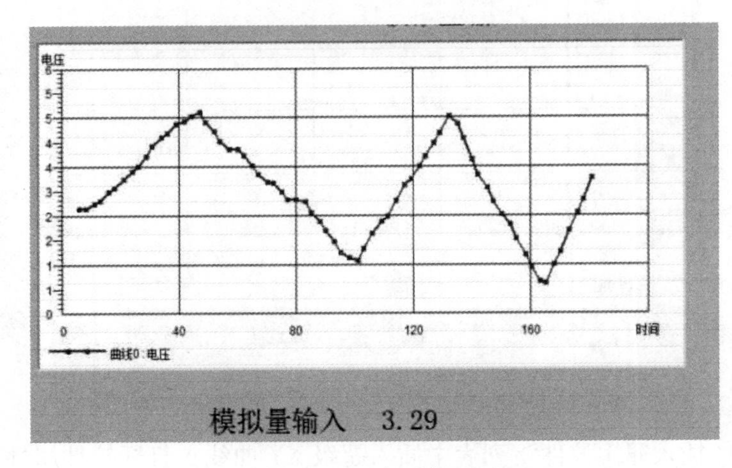

图 9-17 运行系统画面

9.4.2 模拟量输出工程实例

1. 功能概述

实现组态王与三菱 FX2N PLC—4DA 模拟量输出模块电压采集。

2. 硬件连接

PLC 硬件连接，如图 9-18 所示。在 FX2N—4DA 模拟通道 1 将输出 0～10 V 电压。

3. 三菱 PLC 数字量输入梯形图程序

在三菱 PLC 中输入如图 9-19 所示梯形图程序。

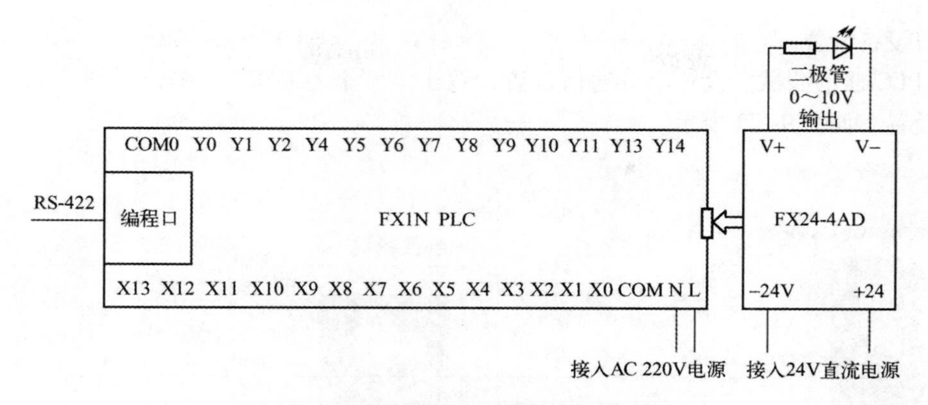

图 9-18　PLC 模拟电压量输入硬件连线图

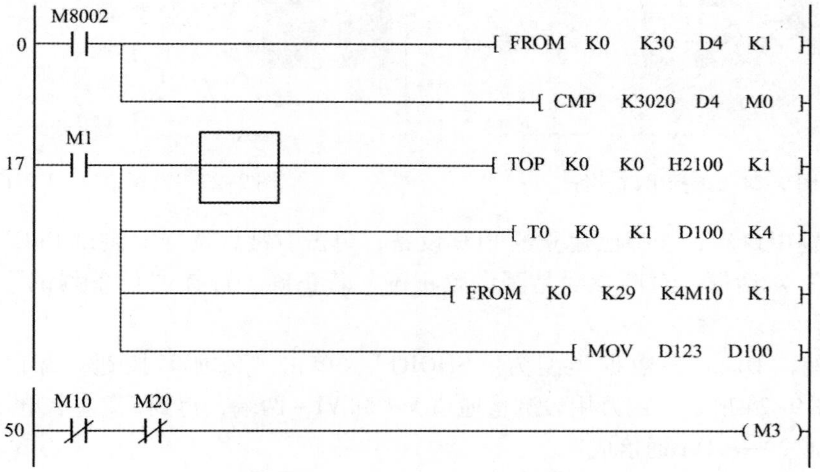

```
    M8002
0 ──┤├──┬──────────────[ FROM  K0    K30   D4    K1  ]
        └──────────────[ CMP   K3020 D4    M0        ]
    M1
17──┤├──┬──────────────[ TOP   K0    K0    H2100 K1  ]
        ├──────────────[ T0    K0    K1    D100  K4  ]
        ├──────────────[ FROM  K0    K29   K4M10 K1  ]
        └──────────────[ MOV   D123  D100            ]
    M10   M20
50──┤/├───┤/├──────────────────────────────( M3 )
```

图 9-19　PLC 模拟量输出梯形图程序

4. 在组态王中实现与三菱 PLC 模拟量输出

（1）串口设备连接及测试

1）打开计算机的设备管理器，查看串口连接及进行端口参数设置，如图 9-20 所示。

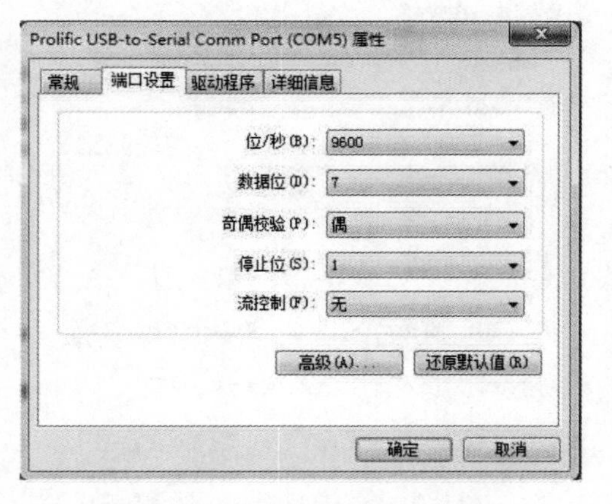

图 9-20　设备管理器串口设置

2）在组态王中设置新设备。新建组态王工程，在组态王工程浏览器中选择设备，双击右侧的“新建”，启动“设备配置向导”

选择“设备驱动”→PLC→三菱→FX2→编程口，如图 9-21 所示。

单击“下一步”按钮，给设备指定唯一逻辑名称，命名为“PLC”

单击“下一步”按钮选择串口号，如“COM5”（与计算机设备管理器一致），再单击“下一步”按钮，安装 PLC 指定地址“0”。接着单击“下一步”按钮，出现“通信故障恢复策略”窗口，设置试恢复时间为 30 秒，最长恢复时间为 24 小时。单击“下一步”按钮完成串口设备设置。

3）PLC 通信测试。设置串口通信设置，双击“设备/COM5”，弹出设置串口窗口，进行参数设置，如图 9-22 所示。

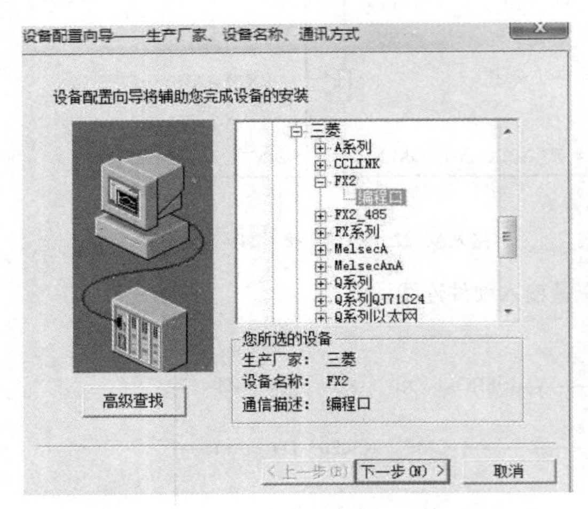

图 9-21　选择串口设备

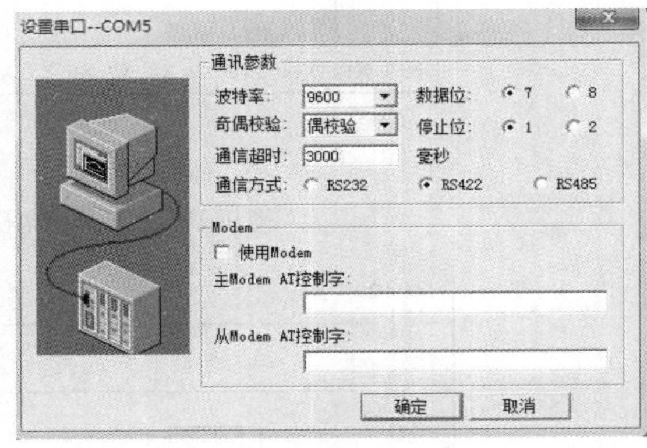

图 9-22　设置串口—COM5

完成设置串口后，选择已建立的 PLC 设备，单击右键，选择“测试 PLC”，弹出“串口设备测试”对话框，对照参数是否设置正确，若正确，选择“设备测试”选项卡，如图 9-23 所示。

寄存器写“D123”，数据类型为“SHORT”，单击“添加”按钮，寄存器变量值为“600”，如图 9-24 所示。用万用表测量通道 V + 和 VI - 两端，得到 3 V 左右电压。表明组态王已经与 PLC 2N—4DA 通信成功。

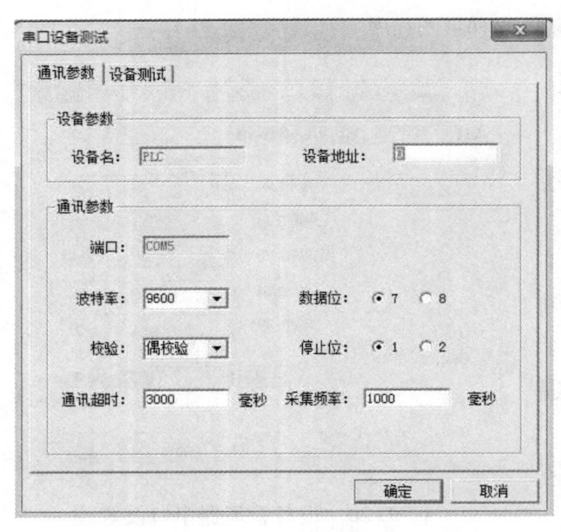

图 9-23　通信参数设置

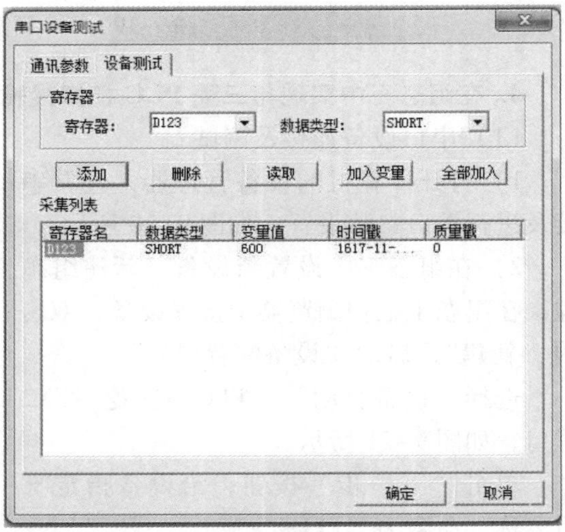

图 9-24　PLC 寄存器通信测试

（2）组态王工程画面建立

定义变量“PLC 模拟量输出”，变量属性如图 9-25 所示。注：变量读写属性为“只写”。

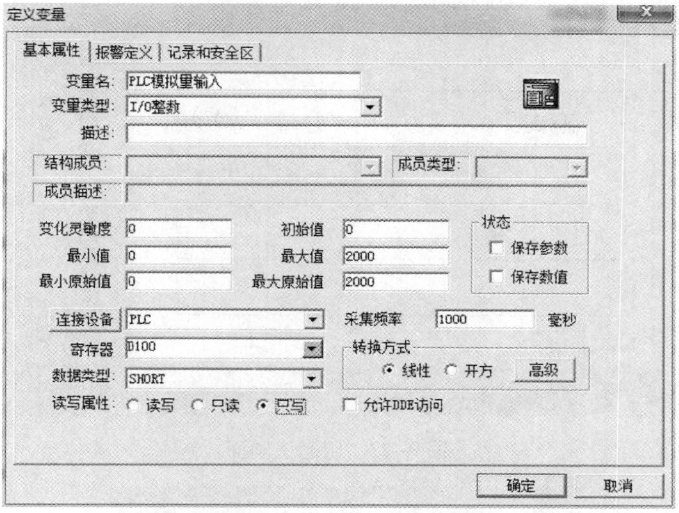

图 9-25　定义“PLC 模拟量输出”变量

定义变量“时间”，在“连接设备”处新建仿真设备“模拟 PLC”，变量属性如图 9-26 所示。

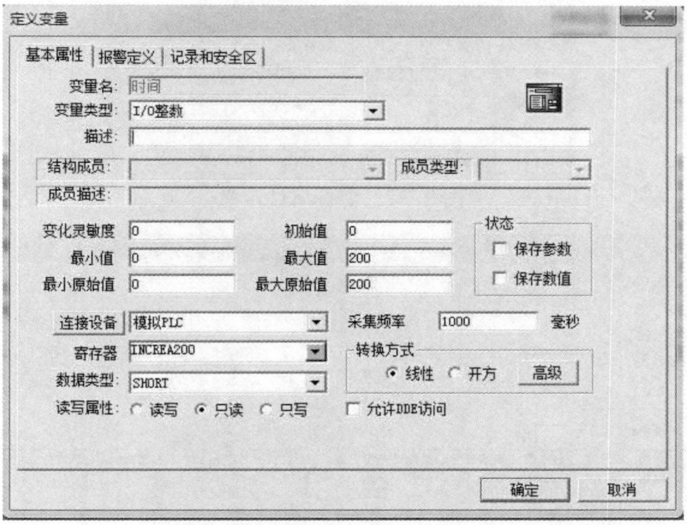

图 9-26　定义变量“时间”

再定义一个内存实型变量“电压”，最小值为 0，最大值为 5。新建“PLC 模拟量输出”画面，如图 9-27 所示。

在图库中选择一个游标插入在画面中，将游标关联到“电压”变量，双击游标可设置其参数，游标参数如图 9-28 所示。

将“####”在模拟值输出处与“电压”变量相关联。在画面中插入超级 XY 曲线，打开控件属性，设置如图 9-29 所示参数。

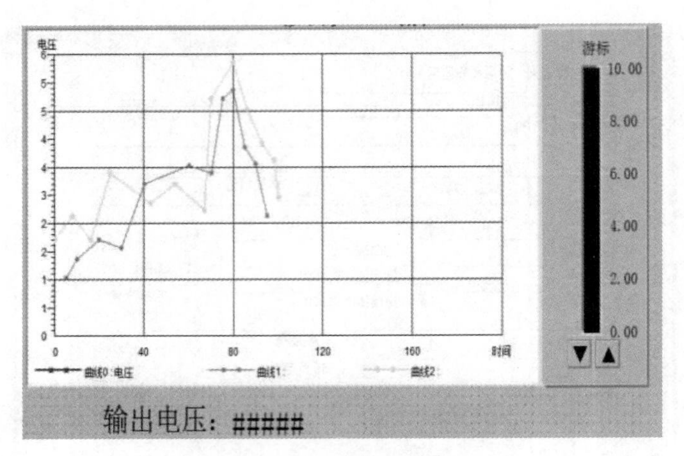

图 9-27　组态王画面

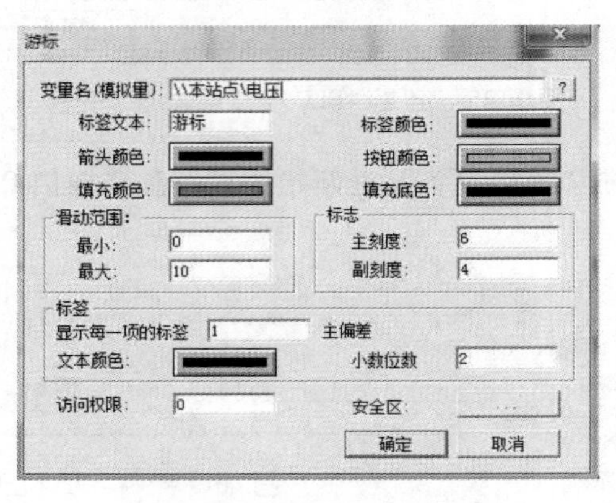

图 9-28　游标属性定义

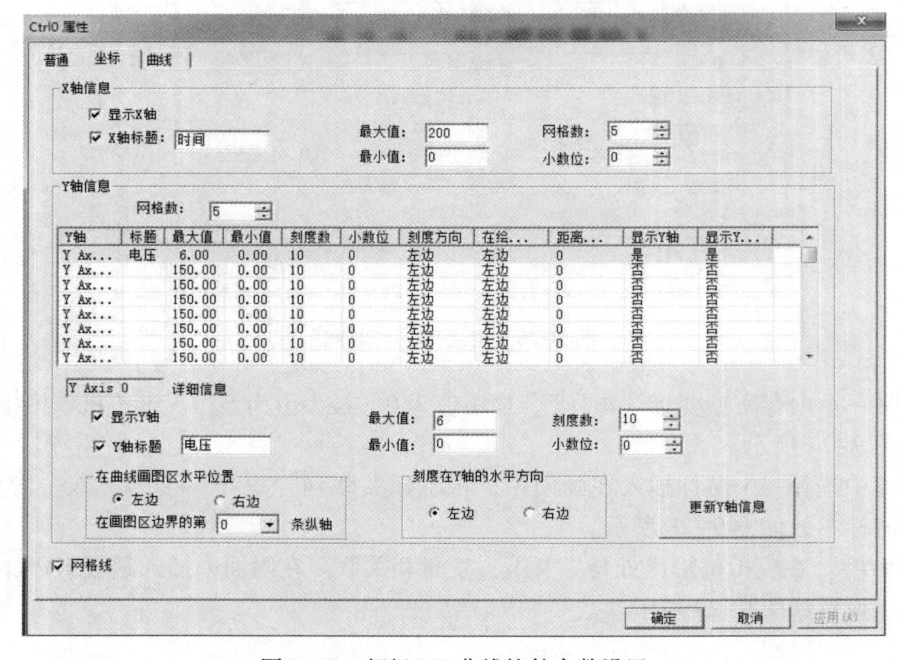

图 9-29　超级 XY 曲线控件参数设置

（3）画面命令写入

进入画面命令语言，选择运行时，写入如下程序：

```
\\本站点\ PLC 模拟量输出 = \\本站点\电压 * 200;
Ctrl0. AddNewPoint( \\本站点\时间, \\本站点\电压,0);
```

（4）运行系统调试

调节组态王画面中的游标，可看到组态王画面中的超级 XY 曲线变化及硬件上发光二极管的亮度变化。如图 9-30 所示。

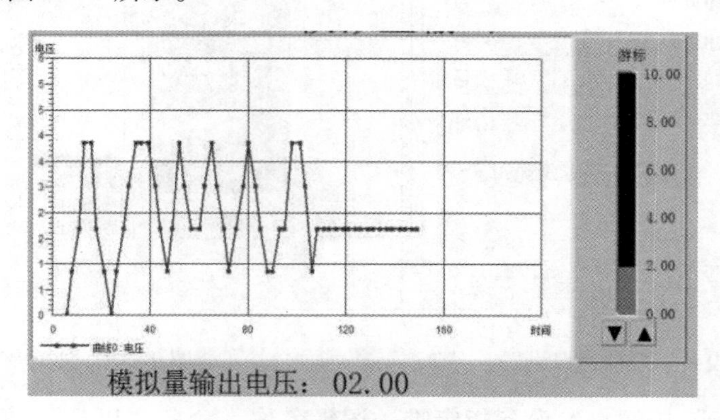

图 9-30　运行系统画面

9.4.3　数字量输入工程实例

1. 功能概述

实现组态王与三菱 FX - 1N PLC 数字量输入通信，当 PLC 某个端口有输入时，组态王界面显示对应的端口编号。

2. 三菱 PLC 数字量输入梯形图程序

在三菱 PLC 中输入如图 9-31 所示梯形图程序，这段程序用于设置 PLC 的通信参数：波特率为 9600 bit/s，数据位为 7 位，停止位为 1 位，偶校验。

图 9-31　PLC 通信参数设置程序

3. 在组态王中实现与三菱 PLC 数字量输入

（1）串口设备连接及测试

1）打开计算机的设备管理器，查看串口连接及进行端口参数设置，如图 9-32 所示。

2）在组态王中设置新设备。新建组态王工程，在组态王工程浏览器中选择设备，双击右侧的“新建”，启动“设备配置向导”。

选择“设备驱动”→PLC→三菱→FX2→编程口，如图 9-33 所示。

图 9-32　设备管理器串口设置

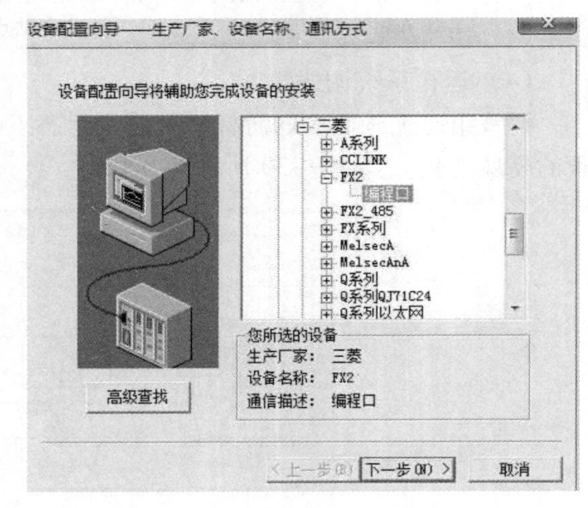

图 9-33　选择串口设备

单击“下一步”按钮，给设备指定唯一逻辑名称，命名“PLC”。单击“下一步”按钮选择串口号，如“COM5”（与计算机的设备管理器一致）。再单击“下一步”按钮，安装 PLC 指定地址“1”。接着单击“下一步”按钮，出现“通信故障恢复策略”窗口，设置试恢复时间为 30 秒，最长恢复时间为 24 小时。单击“下一步”按钮完成串口设备设置。

3）PLC 通信测试。设置串口通信设置，双击“设备/COM5”，弹出“设置串口”对话框，按图 9-34 所示进行参数设置。

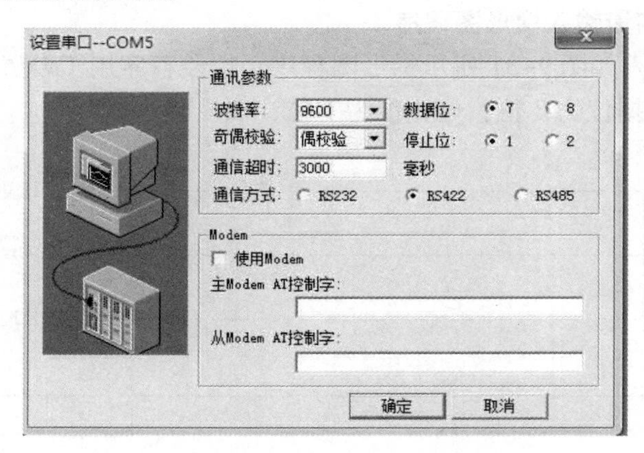

图 9-34　设置串口—COM5

完成设置串口后，选择已建立的 PLC 设备，单击右键，选择“测试 PLC”，弹出“串口设备测试”对话框，对照参数是否设置正确，若正确，选择“设备测试”选项卡。如图 9-35 所示。

寄存器选择“X1”，数据类型为“Bit”，单击“添加”→“读取”按钮，寄存器变量值为“关闭”，如图9-36所示。若将PLC硬件上输入“X1”端与COM端连接，则显示打开。表明组态王已经与PLC通信成功。

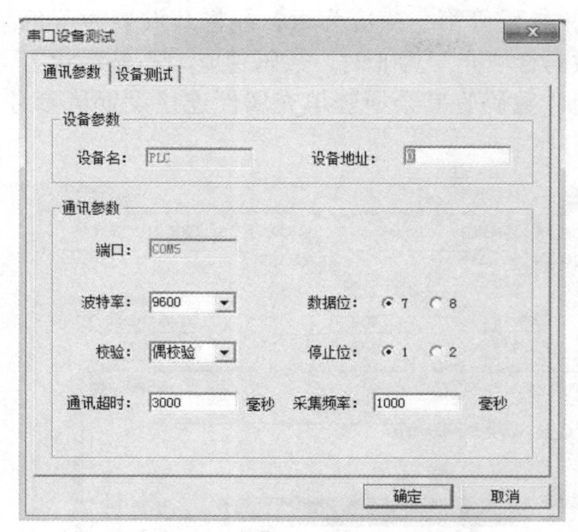

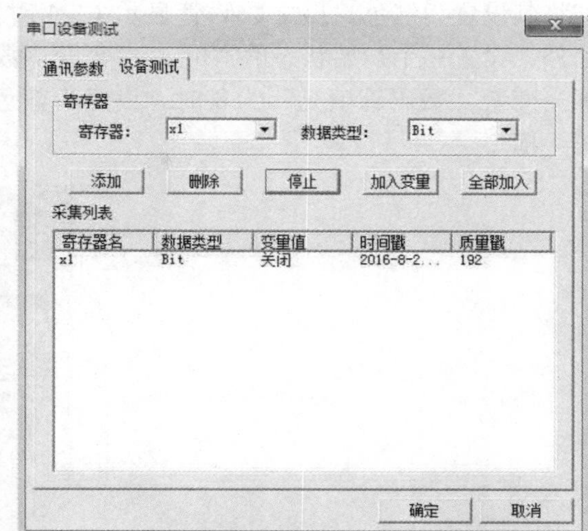

图9-35　对照PLC通信参数　　　　图9-36　PLC寄存器通信测试

（2）组态王工程画面建立

定义变量“PLC输入0”，变量属性如图9-37所示。同样定义7个变量：“PLC输入1”~“PLC输入7”，对应寄存器为“X1”~“X7”，其他属性相同。注：变量读写属性为“只读”。

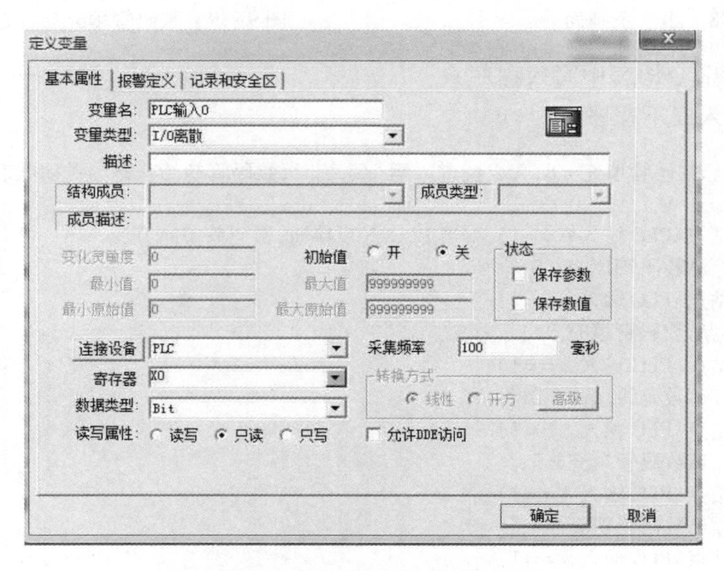

图9-37　定义变量“PLC输入0”

设置一个内存整数变量，命名为“数码管填充”，初始值为0，最小值为0，最大值为8。新建如图9-38所示画面，选择工具箱中的“圆角矩形”工具绘制数码管。

数码管填充连接设置如图9-39所示。以数码第一横为例。双击第一横，弹出“动画连接”，选择“填充属性”，弹出“填充属性连接”，单击？图标选择“数码填充”变量关联。规定红色为亮，蓝色为灭。所以，数码管显示0，2，3，5，6，7时，数码管第一横应为亮，即将其设置为红色。反之数码管显示1，4时，数码管第一横应为灭，即将其设置为蓝色。另外，设置一个初始状态值“8”，当变量“数码管填充”为8时，数码管应为不显示状态，即当变量“数码管填充”为8时，设置为蓝色。数码管其余横竖填充属性连接设置请参考第一横。

图9-38　组态王画面

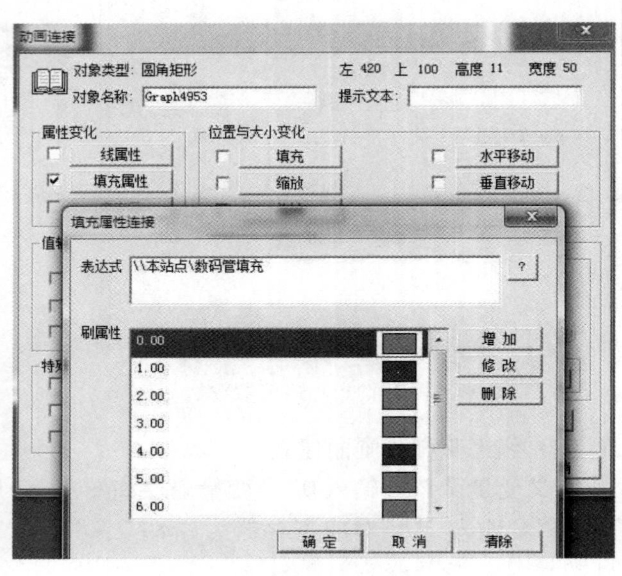

图9-39　数码管填充属性连接

（3）在画面命令语言中写入程序

在存在时输入以下程序：

```
\\本站点\数码管填充=8；  //使进入运行系统时，数码管初始状态为关闭状态。
运行时：
if(\\本站点\PLC 输入 0==1) //当 PLC“X0”接通，数码管显示 0.
{\\本站点\数码管填充=0;}
if(\\本站点\PLC 输入 1==1)
{\\本站点\数码管填充=1;}
if(\\本站点\PLC 输入 2==1)
{\\本站点\数码管填充=2;}
if(\\本站点\PLC 输入 3==1)
{\\本站点\数码管填充=3;}
if(\\本站点\PLC 输入 4==1)
{\\本站点\数码管填充=4;}
if(\\本站点\PLC 输入 5==1)
{\\本站点\数码管填充=5;}
if(\\本站点\PLC 输入 6==1)
{\\本站点\数码管填充=6;}
if(\\本站点\PLC 输入 7==1)
{\\本站点\数码管填充=7;}
if(\\本站点\PLC 输入 0==0 &&\\本站点\PLC 输入 1==0  //当 PLC 无输入时，数码管无显示
```

&&\\本站点\PLC 输入 2 ==0 &&\\本站点\PLC 输入 3 ==0
&&\\本站点\PLC 输入 4 ==0 &&\\本站点\PLC 输入 5 ==0
&&\\本站点\PLC 输入 6 ==0 &&\\本站点\PLC 输入 7 ==0
)
{\\本站点\数码管填充 =8;}

（4）运行系统调试

切换至运行系统，连接 PLC 输入端“X4”，数码显示如图 9-40 所示。

图 9-40 “X4”数码显示

9.4.4 数字量输出工程实例

1. 功能概述

实现组态王与三菱 FX－1N PLC 数字量输出通信。在组态王界面中可控制三菱 FX－1N PLC 输出 Y0～Y7 的跑马灯控制，实现开始、暂停和停止功能。另外，也可对 Y0～Y7 进行手动开关控制。

2. 三菱 PLC 数字量输出梯形图

在三菱 PLC 中输入如图 9-41 所示梯形图程序，这段程序用于设置 PLC 的通信参数：波特率为 9600 bit/s，数据位为 7 位，停止位为 1 位，偶校验。

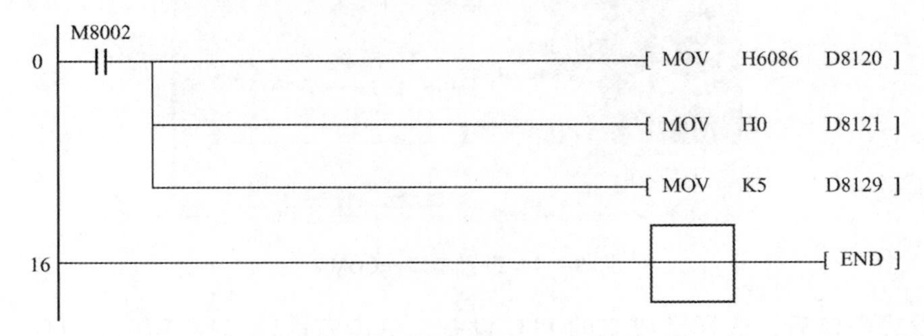

图 9-41 PLC 通信参数设置程序

3. 在组态王中实现与三菱 PLC 数字量输入

（1）串口设备连接及测试

1）打开计算机的设备管理器，查看串口连接及进行端口参数设置，如图 9-42 所示。

2）在组态王中设置新设备。新建组态王工程，在组态王工程浏览器中选择设备，双击右侧的“新建”，启动“设备配置向导”对话框。

选择“设备驱动”→PLC→三菱→FX2→编程口，如图 9-43 所示。

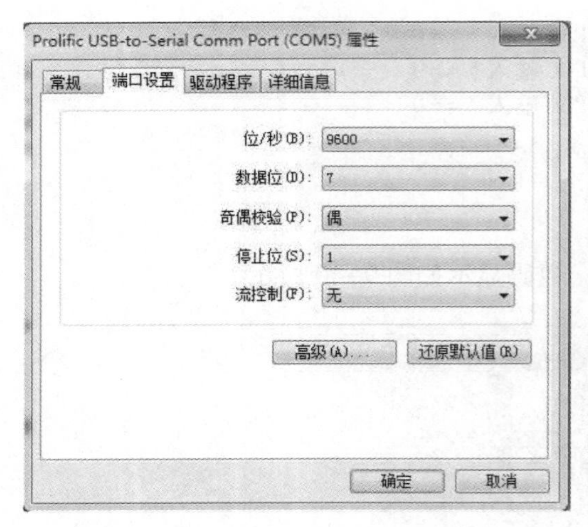

图 9-42　设备管理器串口设置

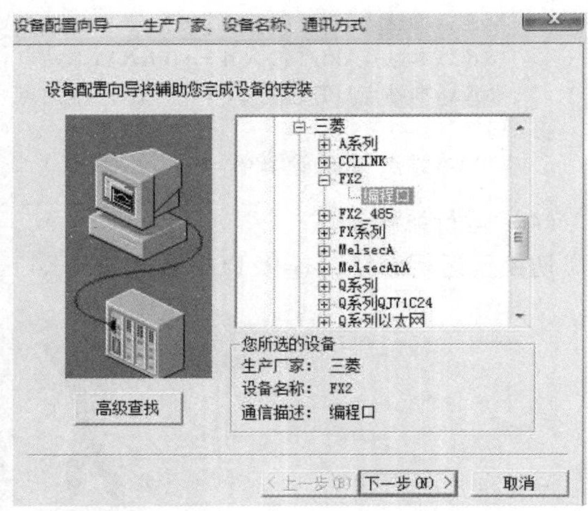

图 9-43　选择串口设备

单击“下一步”按钮，给设备指定唯一逻辑名称，命名为“PLC”；单击“下一步”按钮，选择串口号，如“COM5”（与计算机设备管理器一致）；再单击“下一步”按钮，安装 PLC 指定地址“1”。接着单击“下一步”按钮，出现“通信故障恢复策略”窗口，设置试恢复时间为 30 秒，最长恢复时间为 24 小时。单击“下一步”按钮完成串口设备设置。

3）PLC 通信测试。设置串口通信设置，双击“设备/COM5”，弹出设置串口窗口，进行参数设置，如图 9-44 所示。

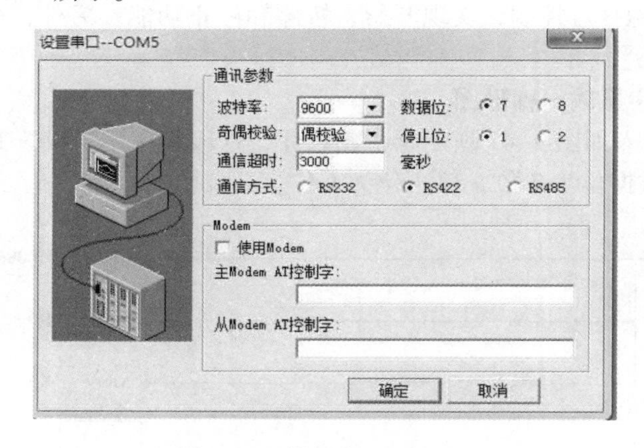

图 9-44　设置串口—COM5

完成设置串口后，选择已建立的 PLC 设备，单击右键，选择“测试 PLC”项，弹出“串口设备测试”对话框，对照参数是否设置正确，若正确，选择“测试设备”选项卡。如图 9-45 所示。

寄存器选择“Y0”，数据类型为“Bit”，单击“添加”→“读取”按钮。寄存器变量值为“关闭”，如图 9-46 所示。若将 PLC 硬件上输入“X1”端与 COM 端连接，则显示打开，表明组态王已经与 PLC 通信成功。

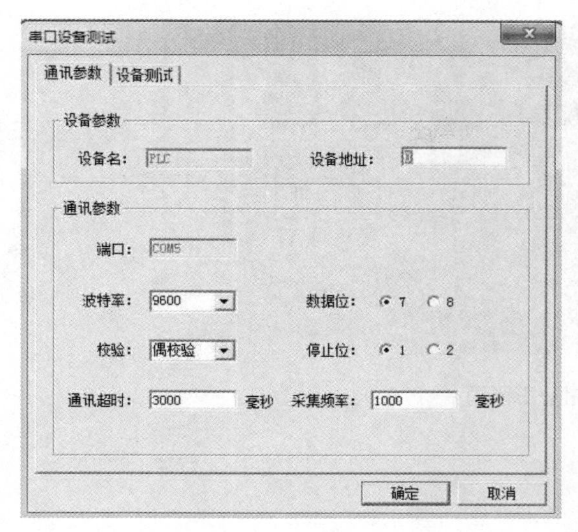

图 9-45　对照 PLC 通信参数

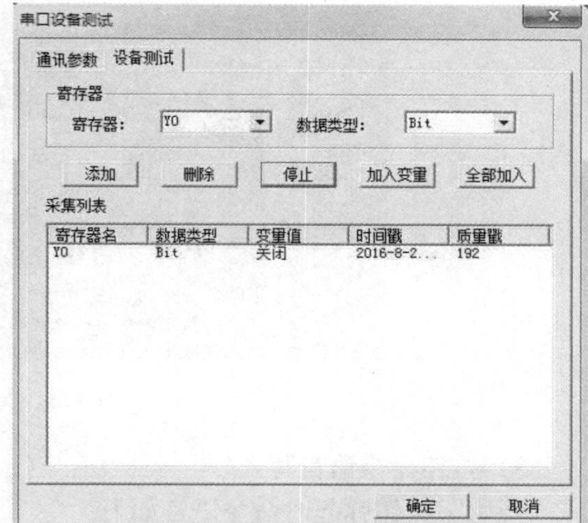

图 9-46　PLC 寄存器通信测试

（2）组态王工程画面建立

定义变量“PLC 输出 0”，变量属性如图 9-47 所示。同样定义 7 个变量：“PLC 输出 1”～“PLC 输出 7”，对应寄存器为“X1”～“X7”，其他属性相同。注：变量读写属性为“读写”。

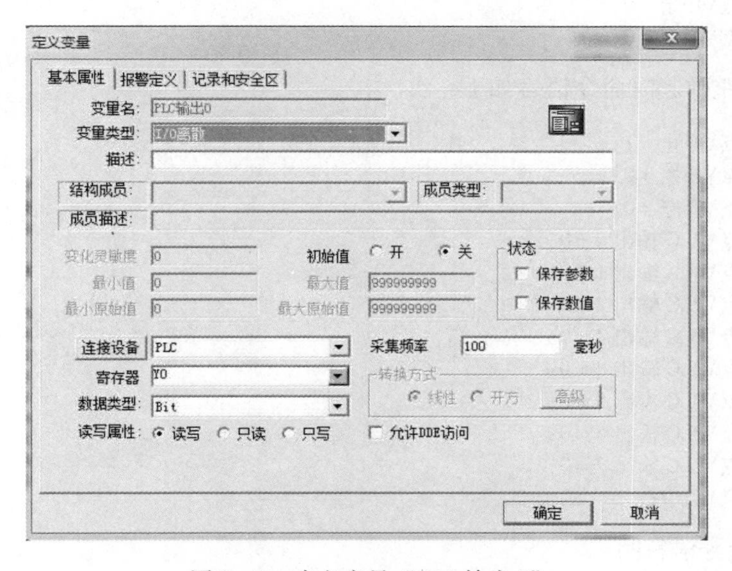

图 9-47　定义变量“PLC 输出 0”

设置一个内存整数变量，命名为“a”，初始值为 0，最小值为 0，最大值为 8。

再设置三个内存离散变量，分别命名为“开始”“暂停”“停止”，初始值均为“关”。

新建如图 9-48 所示画面，打开“图库”→“指示灯/开关”，即可找到画面中所需的灯及开关。绘制完画面后将对应的变量进行关联。

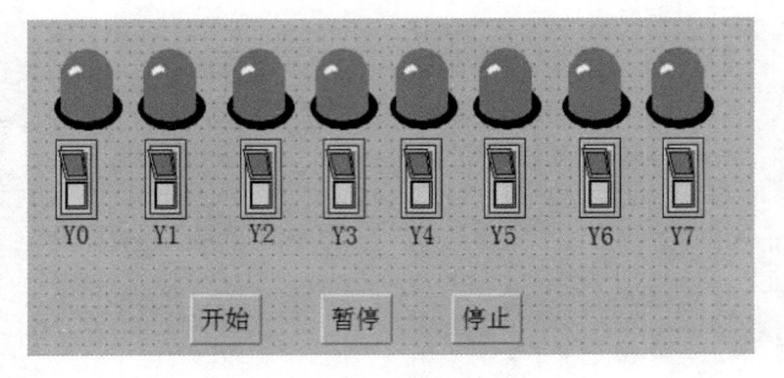

图 9-48　组态王画面

（3）按钮命令语言写入

“开始”按钮弹起时命令语言如下：

```
\\本站点\开始 =1;
\\本站点\暂停 =0;
\\本站点\停止 =0;
```

“暂停”按钮弹起时命令语言如下：

```
\\本站点\暂停 =1;
\\本站点\开始 =0;
\\本站点\停止 =0;
```

“停止”按钮弹起时命令语言如下：

```
\\本站点\停止 =1;
\\本站点\开始 =0;
\\本站点\暂停 =0;
\\本站点\PLC 输出 0 =0;
\\本站点\PLC 输出 1 =0;
\\本站点\PLC 输出 2 =0;
\\本站点\PLC 输出 3 =0;
\\本站点\PLC 输出 4 =0;
\\本站点\PLC 输出 5 =0;
\\本站点\PLC 输出 6 =0;
\\本站点\PLC 输出 7 =0;
\\本站点\a =0;
```

（4）画面命令语言写入

选择“存在时”选项卡写入以下命令语言：

```
if(\\本站点\开始 ==1 &&\\本站点\暂停 ==0 &&\\本站点\停止 ==0)
{\\本站点\a = \\本站点\a +1;}
if(\\本站点\a ==0)
{\\本站点\PLC 输出 0 =0;
\\本站点\PLC 输出 1 =0;
\\本站点\PLC 输出 2 =0;
\\本站点\PLC 输出 3 =0;
```

```
\\本站点\PLC 输出 4 =0;
\\本站点\PLC 输出 5 =0;
\\本站点\PLC 输出 6 =0;
\\本站点\PLC 输出 7 =0;}
if(\\本站点\a ==1)
{\\本站点\PLC 输出 0 =1;
\\本站点\PLC 输出 1 =0;
\\本站点\PLC 输出 2 =0;
\\本站点\PLC 输出 3 =0;
\\本站点\PLC 输出 4 =0;
\\本站点\PLC 输出 5 =0;
\\本站点\PLC 输出 6 =0;
\\本站点\PLC 输出 7 =0;}
if(\\本站点\a ==2)
{\\本站点\PLC 输出 0 =0;
\\本站点\PLC 输出 1 =1;
\\本站点\PLC 输出 2 =0;
\\本站点\PLC 输出 3 =0;
\\本站点\PLC 输出 4 =0;
\\本站点\PLC 输出 5 =0;
\\本站点\PLC 输出 6 =0;
\\本站点\PLC 输出 7 =0;}
if(\\本站点\a ==3)
{\\本站点\PLC 输出 0 =0;
\\本站点\PLC 输出 1 =0;
\\本站点\PLC 输出 2 =1;
\\本站点\PLC 输出 3 =0;
\\本站点\PLC 输出 4 =0;
\\本站点\PLC 输出 5 =0;
\\本站点\PLC 输出 6 =0;
\\本站点\PLC 输出 7 =0;}
if(\\本站点\a ==4)
{\\本站点\PLC 输出 0 =0;
\\本站点\PLC 输出 1 =0;
\\本站点\PLC 输出 2 =0;
\\本站点\PLC 输出 3 =1;
\\本站点\PLC 输出 4 =0;
\\本站点\PLC 输出 5 =0;
\\本站点\PLC 输出 6 =0;
\\本站点\PLC 输出 7 =0;}
if(\\本站点\a ==5)
{\\本站点\PLC 输出 0 =0;
\\本站点\PLC 输出 1 =0;
\\本站点\PLC 输出 2 =0;
\\本站点\PLC 输出 3 =0;
\\本站点\PLC 输出 4 =1;
\\本站点\PLC 输出 5 =0;
\\本站点\PLC 输出 6 =0;
\\本站点\PLC 输出 7 =0;}
```

```
if(\\本站点\a==6)
{\\本站点\PLC 输出 0=0;
\\本站点\PLC 输出 1=0;
\\本站点\PLC 输出 2=0;
\\本站点\PLC 输出 3=0;
\\本站点\PLC 输出 4=0;
\\本站点\PLC 输出 5=1;
\\本站点\PLC 输出 6=0;
\\本站点\PLC 输出 7=0;}
if(\\本站点\a==7)
{\\本站点\PLC 输出 0=0;
\\本站点\PLC 输出 1=0;
\\本站点\PLC 输出 2=0;
\\本站点\PLC 输出 3=0;
\\本站点\PLC 输出 4=0;
\\本站点\PLC 输出 5=0;
\\本站点\PLC 输出 6=1;
\\本站点\PLC 输出 7=0;}
if(\\本站点\a==8)
{\\本站点\PLC 输出 0=0;
\\本站点\PLC 输出 1=0;
\\本站点\PLC 输出 2=0;
\\本站点\PLC 输出 3=0;
\\本站点\PLC 输出 4=0;
\\本站点\PLC 输出 5=0;
\\本站点\PLC 输出 6=0;
\\本站点\PLC 输出 7=1;
\\本站点\a=0;}   }
```

注：在“画面命令语言”对话框中设置每 1000 毫秒，此处可设置跑马灯的间隔时间。

（5）运行系统调试

切换至运行系统，打开画面的其中一个开关，观察 PLC 对应输出端是否有输出；再按下对应按钮，观察 PLC 输出端 Y0 ~ Y7 是否实现跑马灯的开始、暂停和停止功能。如图 9-49 所示。

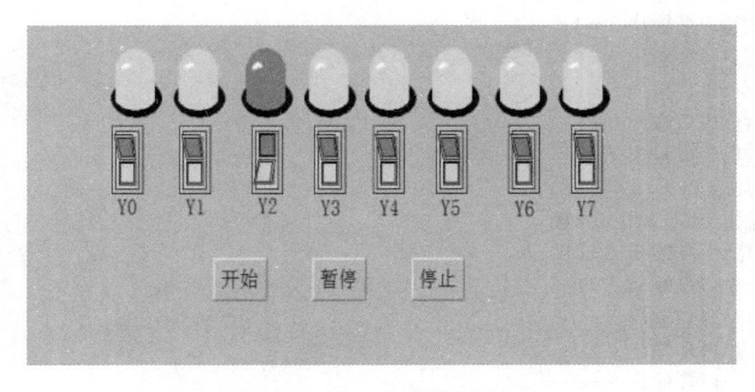

图 9-49　运行系统画面

9.5 本章小结

PLC 是在工业环境中运用的数字运算操作的电子系统，采用编程的存储器、执行逻辑运算、顺序控制、定时、计数与算术操作等面向用户的指令，并通过数字或模拟式输入/输出控制各种类型的机械或生产过程。PLC 分为固定式和组合式（模块式）两种。固定式 PLC 包括 CPU 板、I/O 板、显示面板、内存块、电源等。模块式 PLC 包括 CPU 模块、I/O 模块、内存、电源模块、底板或机架。

上位计算机运行组态软件，实现集中监控功能，上位机和 PLC 通信进行数据交换，但最终还是由 PLC 控制设备运行。上位机通过通信链接到 PLC 的相应地址从而改变 PLC 程序数据状态，上位机可以直观地控制设备，可以代替按钮手动控制功能和仪表显示功能。设备离开上位机仍可以运行，但没那么直观及人性化。所以在工控现场通过组态与 PLC 的联合来提升生产的自动化水平。

本章列举了组态王与 PLC 的模拟量输入、模拟量输出、数字量输入、数字量输出工程实例，详细讲解了实施步骤，包括：PLC 硬件连接，组态王与三菱 FX2N PLC 通信测试，组态王画面绘制，变量定义与 PLC 的连接及数据交换，按钮及画面命令语言写入，运行系统调试，读者可依步骤练习。

第10章　组态软件工程应用综合实例

本章将前面章节所学习的内容进行综合，并通过几个有趣例子，加深读者对组态王软件的操作，体会组态王软件中各个功能内容的组合使用。

10.1　小区供水系统实例

某居民小区供水系统，为了设计简化，模拟5个用水户。蓄水池由自来水公司供水，假设蓄水池高度为3 m，蓄水池水通过一台水泵给用户供水，供水管正常压力为0.35 MPa。测量信号包括有用户用水量5个，水管压力1个，储水池水位1个。需要计算每个用户每个月的水费，并且保存到数据库以便查询及打印。通过该实例，可以加强学习者对组态王画图工具的使用以及动画效果的设计能力。

10.1.1　变量定义

表10-1　变量定义

变量名	类型	初始值	最大值
蓄水池阀	内存离散	关	
水泵阀	内存离散	关	
用户1阀~用户5阀	内存离散	关	
用户1用水量~用户5用水量	内存整数		
用户1费用~用户5费用	内存整数		
蓄水池水位	内存整数	300	300
日期	内存字符串		
供水管压力	内存实数		
DeviceID	内存整数		

10.1.2　楼房设计

新建一个画面“小区供水系统模拟”并打开，绘制5层楼房，先画出需要的分离图块，再将图块进行组合。从用户5到用户1，对每个楼层的“文本”“水柱”、“水阀”进行动画连接设置。如图10-1~图10-3所示。

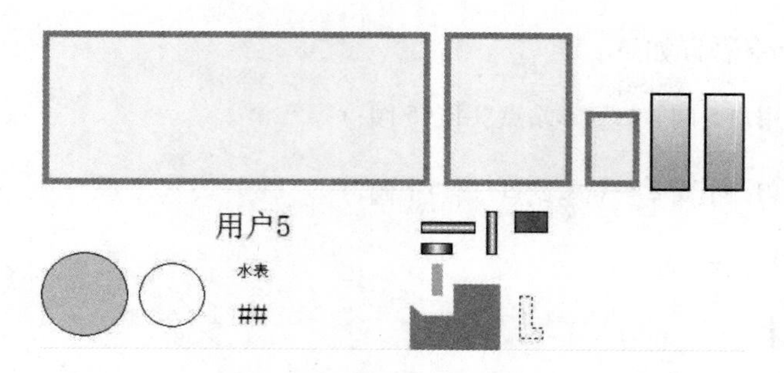

图 10-1　单楼层分离图块

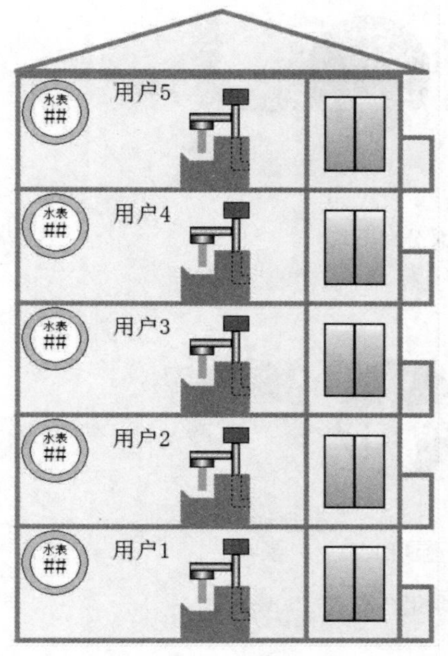

图 10-2　楼层总图

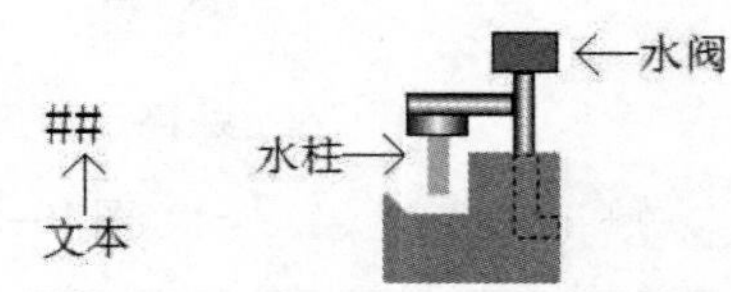

图 10-3　动画连接设置部位

(1) 文本“##”参数设置

- 模拟值输出——表达式：(\\本站点\用户 5 用水量)~(\\本站点\用户 1 用水量)，整数位数 3，小数位数 0，居中，十进制。
- 模拟值输入——变量名：(\\本站点\用户 5 用水量)~(\\本站点\用户 1 用水量)，最大 999999999。

(2) 图形“水柱”参数设置

- 隐含——表达式：(\\本站点\水泵阀 * \\本站点\用户 5 用水量)~(\\本站点\水泵阀 * \\本站点\用户 1 用水量)，表达式为真时 显示。
- 缩放——表达式：(\\本站点\$毫秒)，最小时（对应值 0，百分比 0），最大时（对应值 1000，百分比 100），方向选择 上。

(3) 图形“水阀”参数设置

- 填充属性——表达式：(\\本站点\用户 5 阀)~(\\本站点\用户 1 阀)，刷属性(0——红、1——绿)。

- “按下时” 命令语言如下：

  (\\本站点\用户 5 阀 = ! \\本站点\用户 5 阀;)
  ~
  (\\本站点\用户 1 阀 = ! \\本站点\用户 1 阀;)

- 等价键：5 ~ 1。

10.1.3 水泵设计

首先设计分离图块如图 10-4 所示。

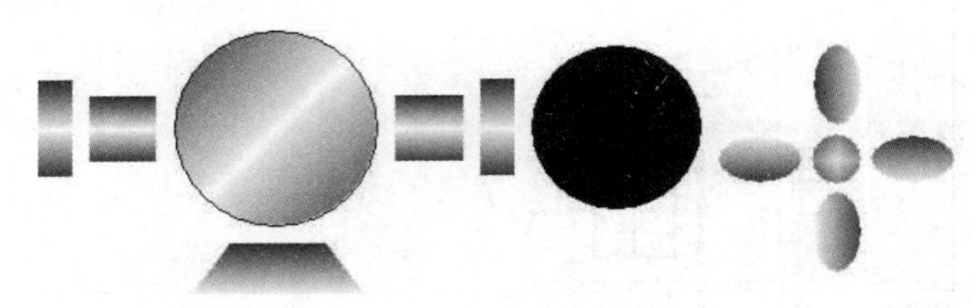

图 10-4 水泵分离图块

然后设计成组合图素，如图 10-5 所示。

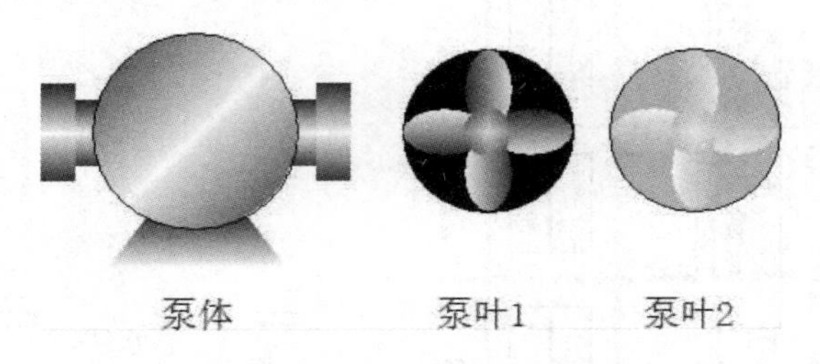

图 10-5 水泵组合图素

双击各图块进行动画连接设置。

(1) 泵叶 1

- 隐含——表达式：(\\本站点\水泵阀)，表达式为真时 隐含；
- “按下时” 命令语言

  \\本站点\水泵阀 = ! \\本站点\水泵阀;

(2) 泵叶 2

- 隐含——表达式：(\\本站点\水泵阀)，表达式为真时 显示；
- 旋转——表达式：(\\本站点\ $毫秒)，最大逆时针（角度 0，对应值 0)，最大顺时针（角度 360，对应值 1000)；

(3) “按下时” 命令语言

  \\本站点\水泵阀 = ! \\本站点\水泵阀;

(4) 等价键：Space。

设置好动画连接后组合图块，如图 10-6 所示。

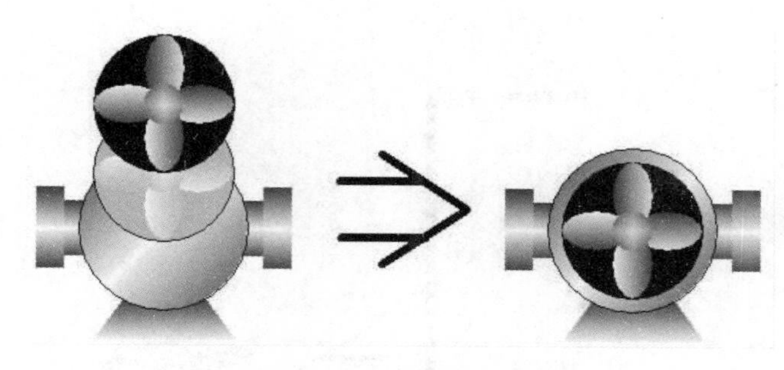

图 10-6　水泵组合图块

单击“图库→打开图库”，在左侧单击“创建新图库”，名称为“个人”，单击“关闭”按钮，确认保存后回到画面，选中已画好的水泵后合并单元。再次选中水泵，单击“图库→创建图库精灵”，名称为“水泵”，确认后先单击左侧创建的“个人”，然后再单击右侧空白处。这一步不是必需的，这样做的目的是让读者能够积累自己常用的图形，在进行其他工程设计的时候就不需要再次绘画，从图库中选取出来就可以用。而且当读者从图库中选出来用的时候，其大小是可以进行缩放的。

10.1.4　蓄水池设计

从图库中的反应器类别选择一个至画面中，通过工具箱中的“直线”和“文本”画出刻度，如图 10-7 所示。

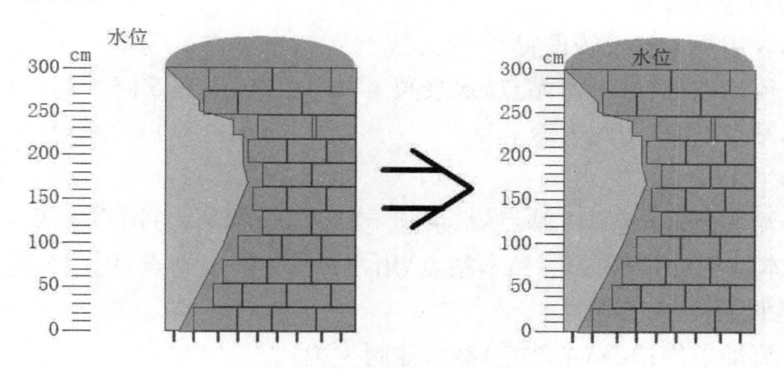

图 10-7　蓄水池设计图

双击进行动画连接设置。

（1）文本“水位”

- 模拟值输出——表达式：(\\本站点\蓄水池水位)，整数位数 3，小数位数 0，居中，十进制；
- 模拟值输入——变量名：(\\本站点\蓄水池水位)，最大值 300，最小值 50。

（2）“反应器”

变量名：(\\本站点\蓄水池水位)，填充颜色与之前选的水颜色一样，最小值 0、占据百分比 0，最大值 300、占据百分比 100。

10.1.5　供水管设计

将前面所有画的图进行位置排布，从图库里的阀门中选取一个作为蓄水池阀，单击工具箱里的“立体管道”，按流水的方向进行绘制。如图 10-8 所示。

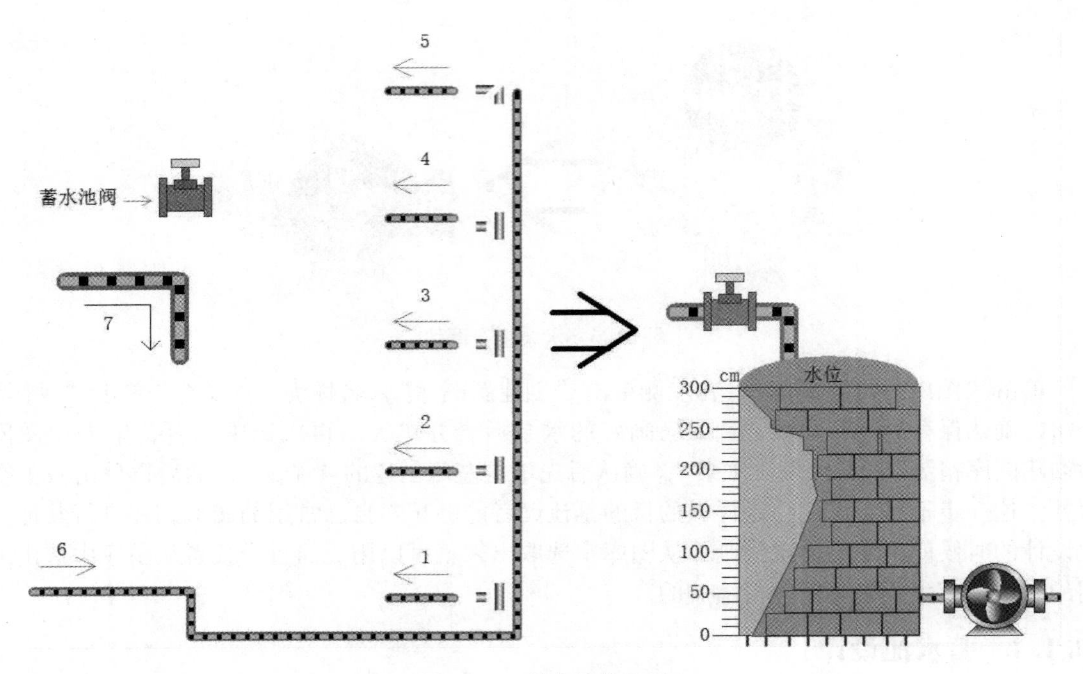

图 10-8　供水管排布图

双击进行动画连接设置。

(1) 用户 5 ~ 用户 1 的水管设置

- 流动——流动条件：(\\本站点\水泵阀 * \\本站点\用户 5 阀 * 2) ~ (\\本站点\水泵阀 * \\本站点\用户 1 阀 * 2)。

(2) 水管 6 设置

- 流动——流动条件：(\\本站点\水泵阀 * (1 + (\\本站点\用户 1 阀 + \\本站点\用户 2 阀 + \\本站点\用户 3 阀 + \\本站点\用户 4 阀 + \\本站点\用户 5 阀) * 1.8))。

(3) 水管 7 设置

- 流动——流动条件：(\\本站点\蓄水池阀 * 10)。
- 蓄水池阀——变量名：(\\本站点\蓄水池阀)，关闭颜色为红，打开颜色为绿。

10.1.6　供水管压力显示设计

从图库中的仪表内选择一个到画面中，双击进行设置，如图 10-9 所示。

添加文本“供水管压力”，双击进行动画连接设置，如图 10-10 所示。

模拟值输出——表达式：(\\本站点\供水管压力)，整数位数 1，小数位数 2，居左，十进制。

10.1.7　数据库设置

把用户的用水量以及水费保存到数据库中。

新建一个 Access 数据库，命名为“用水量 .mdb”，在数据库中新建一个表，也命名为“用水量”，在表的第一行添加字段，如图 10-11 所示。

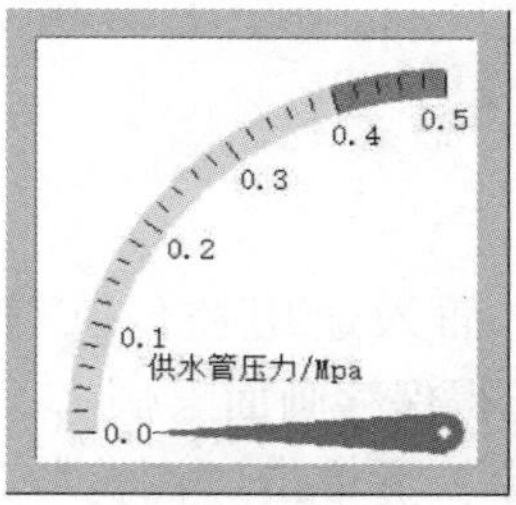

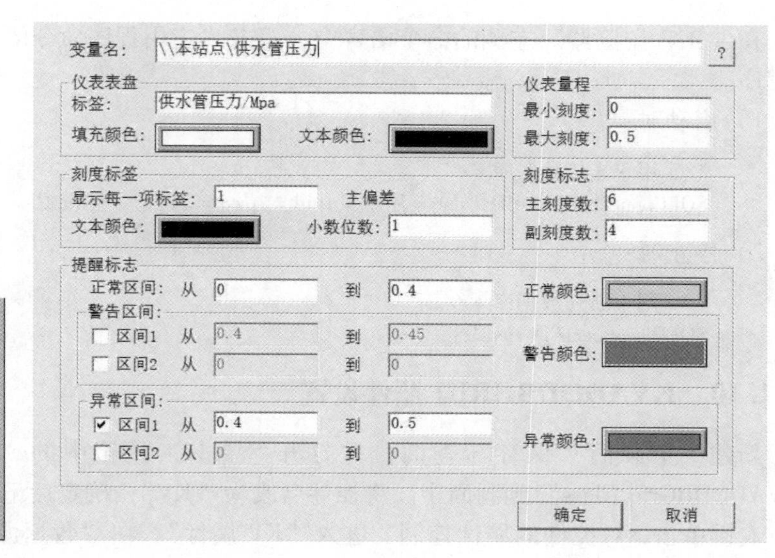

0.0
0.1
0.2
0.3
0.4
0.5
供水管压力/Mpa

图 10-9　供水管压力表

变量名:
\\本站点\供水管压力
仪表表盘
标签:
供水管压力/Mpa
填充颜色:
文本颜色:
仪表量程
最小刻度:
0
最大刻度:
0.5
刻度标签
显示每一项标签:
1
主偏差
文本颜色:
小数位数:
1
刻度标志
主刻度数:
6
副刻度数:
4
提醒标志
正常区间:
从
0
到
0.4
正常颜色:
警告区间:
区间1
从
0.4
到
0.45
区间2
从
0
到
0
警告颜色:
异常区间:
区间1
从
0.4
到
0.5
区间2
从
0
到
0
异常颜色:
确定
取消

图 10-10　供水管压力表动画连接设置

表
用水量
日期
用户1用水量
用户1费用
用户2用水量
用户2费用
用户3用水量
用户3费用
用户4用水量
用户4费用
用户5用水量
用户5费用

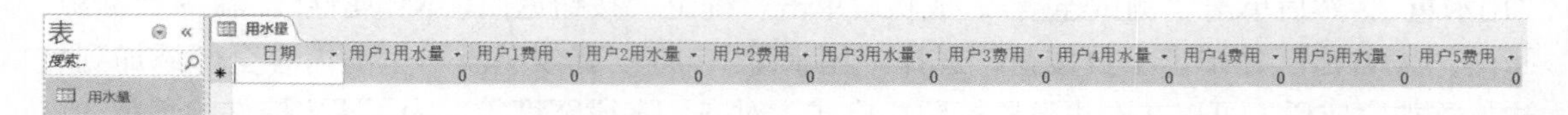

图 10-11　数据库表设置

完成后保存并关闭，将数据库“用水量.mdb”放到工程文件里（比如：C:\Program Files(x86)\kingview\小区供水系统实例）。

10.1.8　设置 ODBC 数据源

打开计算机的“控制面板”，单击“管理工具”，双击“ODBC 数据源”，在“用户 DSN”下单击“添加”按钮，选择“Microsoft Access Driver（*.mdb）”并单击完成进行下一步设置：数据源名为“用水量”、单击“选择”从工程文件下选中“用水量.mdb”，完成后单击“确定”按钮关闭，如图 10-12 所示。

10.1.9　记录体设置

在“工程浏览器”左侧，单击并新建一个记录体，如图 10-13 所示。

数据源名(N):
用水量
说明(D):
数据库
数据库:
D:\用水量.mdb

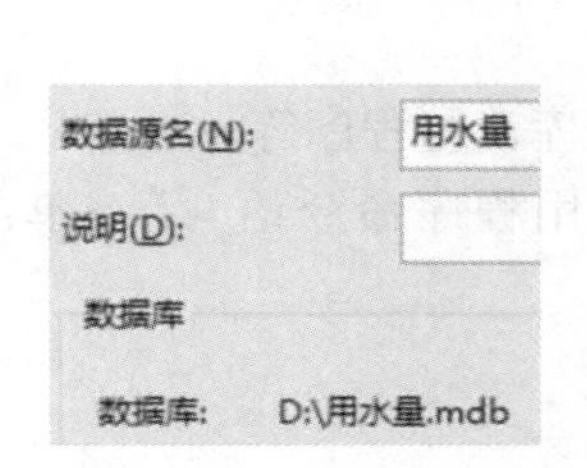

图 10-12　ODBC 数据源设置

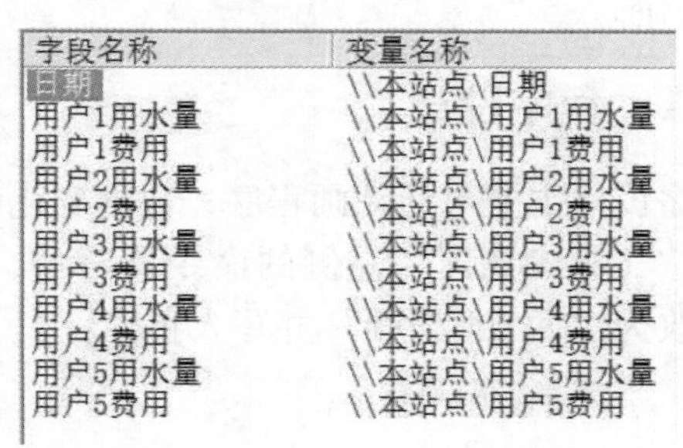

字段名称
变量名称
日期
\\本站点\日期
用户1用水量
\\本站点\用户1用水量
用户1费用
\\本站点\用户1费用
用户2用水量
\\本站点\用户2用水量
用户2费用
\\本站点\用户2费用
用户3用水量
\\本站点\用户3用水量
用户3费用
\\本站点\用户3费用
用户4用水量
\\本站点\用户4用水量
用户4费用
\\本站点\用户4费用
用户5用水量
\\本站点\用户5用水量
用户5费用
\\本站点\用户5费用

图 10-13　记录体设置

在“工程浏览器”左侧的命令语言中，双击“应用程序命令语言”，在对应的时间下写入程序。

1）启动时：

```
//＊用于连接数据库＊//
SQLConnect(DeviceID,"dsn = 用水量;uid = ;pwd = ");记录体设置
```

2）停止时：

```
//＊用于断开数据库＊//
SQLDisconnect(DeviceID);
```

10.1.10 KVADODBGRID 控件设置

新建一个画面“保存与查询”并打开。单击工具箱中的“插入通用控件”，选择“KVADODBGrid Class”到画面中。将控件名改为“KV”，确定后记得保存画面。

右键单击 KV 控件的属性控制，进入“KV 属性”。在“数据源”下单击“浏览”进入“数据连接属性”，接着在“连接”下的第一个“使用数据源名称”处单击下拉按钮，选择“用水量”，然后单击“测试连接”，成功后单击“确定”按钮返回“KV 属性”。在“数据源”下的“表名称”处单击下拉按钮，选择“用水量”，将“有效字段”里的内容全部添加到右边。添加完成后，可以在右边设置标题、格式、对齐、字段宽度等，为了 KV 控件的美观，可以适当增加“字段宽度”（推荐设置：日期、用户 1 费用～用户 5 费用——100，用户 1 用水量～用户 5 用水量——120），如图 10-14 所示。

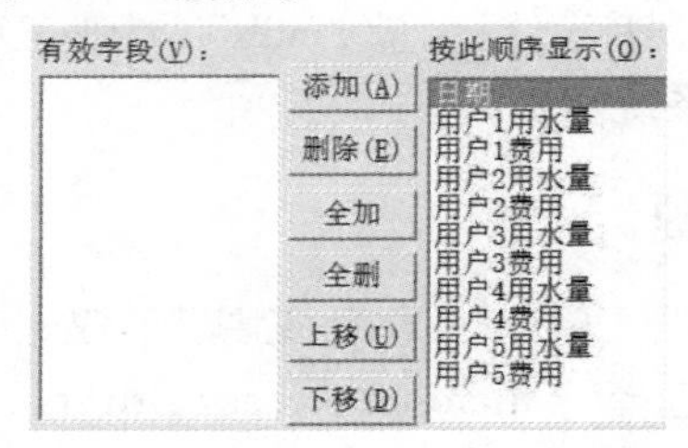

图 10-14　KVADODBGRID 控件设置

设置完成后单击“确定”按钮返回并保存画面。为了按月份查询用户的用水情况，可以使用日历控件来实现月份的选择。单击工具箱中的“插入通用控件”，选择“Microsoft Date and Time Picker Control…”到画面中。双击此控件，将控件名改为“RQ”，单击“确定”按钮后保存画面。

10.1.11 程序设计

程序设计主要包括动画程序、数据变化程序、数据库读写程序等。

在“工程浏览器”左侧的命令语言中，双击“应用程序命令语言”，单击“存在时”将时间改为“每 55 毫秒”并写入程序：

```
//＊动画效果设计＊//
long a = a + 1;
long b = \\本站点\用户 1 阀 + \\本站点\用户 2 阀 + \\本站点\用户 3 阀 + \\本站点\用户 4 阀 + \
\本站点\用户 5 阀;
```

```
long c = 2 * (6 - b);
if( \\本站点\蓄水池水位 > 50&&\\本站点\水泵阀 == 1&&( \\本站点\用户 1 阀 + \\本站点\用户 2 阀 + \\本站点\用户 3 阀 + \\本站点\用户 4 阀 + \\本站点\用户 5 阀) != 0)
{
    if(a >= c)
    {
        a = 0;
        \\本站点\蓄水池水位 = \\本站点\蓄水池水位 - 1;
    }
}
else
{
    if( \\本站点\蓄水池水位 >= 300)
        \\本站点\蓄水池阀 = 0;
    else
    {
        \\本站点\蓄水池阀 = 1;
        \\本站点\蓄水池水位 = \\本站点\蓄水池水位 + 1;
    }
}

//*用水量模拟*//
long d = d + 1;
if(d == 18)
{
    d = 0;
    if( \\本站点\用户 1 阀 + \\本站点\水泵阀 == 2)
        \\本站点\用户 1 用水量 = \\本站点\用户 1 用水量 + 1;
    if( \\本站点\用户 2 阀 + \\本站点\水泵阀 == 2)
        \\本站点\用户 2 用水量 = \\本站点\用户 2 用水量 + 1;
    if( \\本站点\用户 3 阀 + \\本站点\水泵阀 == 2)
        \\本站点\用户 3 用水量 = \\本站点\用户 3 用水量 + 1;
    if( \\本站点\用户 4 阀 + \\本站点\水泵阀 == 2)
        \\本站点\用户 4 用水量 = \\本站点\用户 4 用水量 + 1;
    if( \\本站点\用户 5 阀 + \\本站点\水泵阀 == 2)
        \\本站点\用户 5 用水量 = \\本站点\用户 5 用水量 + 1;
}

//*水费计算*//
//第一阶梯:每户每月用水量 26 吨及以下 2 元/吨
//第二阶梯:每户每月用水量 27 ~ 34 吨,含 34 吨 3 元/吨
//第三阶梯:每户每月用水量 34 吨以上 4 元/吨
if( \\本站点\用户 1 用水量 > 34)
        \\本站点\用户 1 费用 = ( \\本站点\用户 1 用水量 - 34) * 4 + 73;
else
{
    if( \\本站点\用户 1 用水量 > 26)
        \\本站点\用户 1 费用 = ( \\本站点\用户 1 用水量 - 26) * 3 + 52;
    else
```

```
            \\本站点\用户 1 费用 = \\本站点\用户 1 用水量 * 2;
    }
    if( \\本站点\用户 2 用水量 >34)
            \\本站点\用户 2 费用 = ( \\本站点\用户 2 用水量 - 34) * 4 +73;}
    else
    {
        if( \\本站点\用户 2 用水量 >26)
            \\本站点\用户 2 费用 = ( \\本站点\用户 2 用水量 - 26) * 3 +52;
        else
            \\本站点\用户 2 费用 = \\本站点\用户 2 用水量 * 2;
    }
    if( \\本站点\用户 3 用水量 >34)
        \\本站点\用户 3 费用 = ( \\本站点\用户 3 用水量 - 34) * 4 +73;
    else
    {
        if( \\本站点\用户 3 用水量 >26)
            \\本站点\用户 3 费用 = ( \\本站点\用户 3 用水量 - 26) * 3 +52;
        else
            \\本站点\用户 3 费用 = \\本站点\用户 3 用水量 * 2;
    }
    if( \\本站点\用户 4 用水量 >34)
        \\本站点\用户 4 费用 = ( \\本站点\用户 4 用水量 - 34) * 4 +73;
    else
    {
        if( \\本站点\用户 4 用水量 >26)
            \\本站点\用户 4 费用 = ( \\本站点\用户 4 用水量 - 26) * 3 +52;
        else
            \\本站点\用户 4 费用 = \\本站点\用户 4 用水量 * 2;
    }
    if( \\本站点\用户 5 用水量 >34)
        \\本站点\用户 5 费用 = ( \\本站点\用户 5 用水量 - 34) * 4 +73;
    else
    {
        if( \\本站点\用户 5 用水量 >26)
            \\本站点\用户 5 费用 = ( \\本站点\用户 5 用水量 - 26) * 3 +52;
        else
            \\本站点\用户 5 费用 = \\本站点\用户 5 用水量 * 2;
    }

    //*供水管压力模拟*//
    //F = ρgh · S;P(h =300,b =0) =0.35 Mpa;P(h =50,b =5) =0 Mpah;//
    \\本站点\供水管压力 = (0.35 * ( \\本站点\蓄水池水位/300) - 0.35 * (50/300) * (b/5)) * \\
    本站点\水泵阀;
```

进入画面“小区供水系统模拟”，从工具箱中添加以下按钮；

1）“保存与查询”（动画连接——“按下时”命令语言）

```
    ShowPicture("保存与查询");//转至“保存与查询”画面//
```

2）“缴费”（动画连接——“按下时”命令语言）

```
\\本站点\用户 1 用水量 =0;
\\本站点\用户 2 用水量 =0;
\\本站点\用户 3 用水量 =0;
\\本站点\用户 4 用水量 =0;
\\本站点\用户 5 用水量 =0;
```

进入画面“保存与查询”，从工具箱中添加以下按钮；

1）“保存”（动画连接——“按下时”命令语言）

```
\\本站点\日期 = StrFromInt( RQ. Year,10) + " - " + StrFromInt( RQ. Month,10);//月份选择//
stringwhe = "日期 ='" + \\本站点\日期 + "'";//按日期查询的条件//
SQLDelete( DeviceID,"用水量",whe);//如果之前有数据则先删除//
SQLInsert( DeviceID,"用水量","Bind");//然后再保存新的数据//
```

2）“删除”（动画连接——“按下时”命令语言）

```
\\本站点\日期 = StrFromInt( RQ. Year,10) + " - " + StrFromInt( RQ. Month,10);//月份选择//
stringwhe = "日期 ='" + \\本站点\日期 + "'";//按日期删除的条件//
SQLDelete( DeviceID,"用水量",whe);//删除数据//
```

3）“查询”（动画连接——“按下时”命令语言）

```
KV. FetchData();//查询数据库表的内容并显示在 KV 控件里//
KV. FetchEnd();//停止查询//
```

4）“打印”（动画连接——“按下时”命令语言）

```
KV. Print();//将 KV 控件显示的内容进行打印//
```

5）“返回”（动画连接——“按下时”命令语言）

```
ShowPicture("小区供水系统模拟");//转至"小区供水系统模拟"画面//
```

10.1.12 进入运行系统

在“工程浏览器”中双击“设置运行系统”，在“主画面配置”下选择“小区供水系统模拟”，在“特殊”下设置“运行系统基准频率——55 毫秒”，单击“确定”按钮完成设置。在“工程浏览器”的上端单击“VIEW”图标，进入运行系统。

当按下空格键时，可以看到水泵开始运转，供水管内有水，供水管压力显示为 3.5。当按下数字键 1～5 时，对应用户的水管就会有水，并且水表处开始计数，蓄水池水位下降。如果用水的用户越多，供水管流速就越快，蓄水池水位下降越快。随着蓄水池水位的下降，或者用水的用户增多，供水管压力会下降。当 5 个用户全部用水导致蓄水池水位下降到 50 的时候，供水管压力变为 0。当所有用户关闭用水，或者蓄水池水位低到 50，蓄水池阀打开，蓄水池水管开始进水，直至满水后蓄水池阀关闭，如图 10-15 所示。

当全部用户停止用水时，单击“保存与查询”按钮。在“保存与查询”画面中，单击日历控件选择月份，单击“保存”按钮就会将数据存到数据库表里，单击“查看”按钮就会在 KV 控件里看到数据库表里的数据，如图 10-16 所示。同样，如果想要删除某个月份的数据，先单击日历控件选择月份，然后单击“删除”按钮即可。如果要模拟多个月份的数据，可以在保存当前月份后，单击“返回”按钮，在“小区供水系统模拟”画面中单击“缴费”按钮，这样所有用户的水表就会清零，方便再次操作。

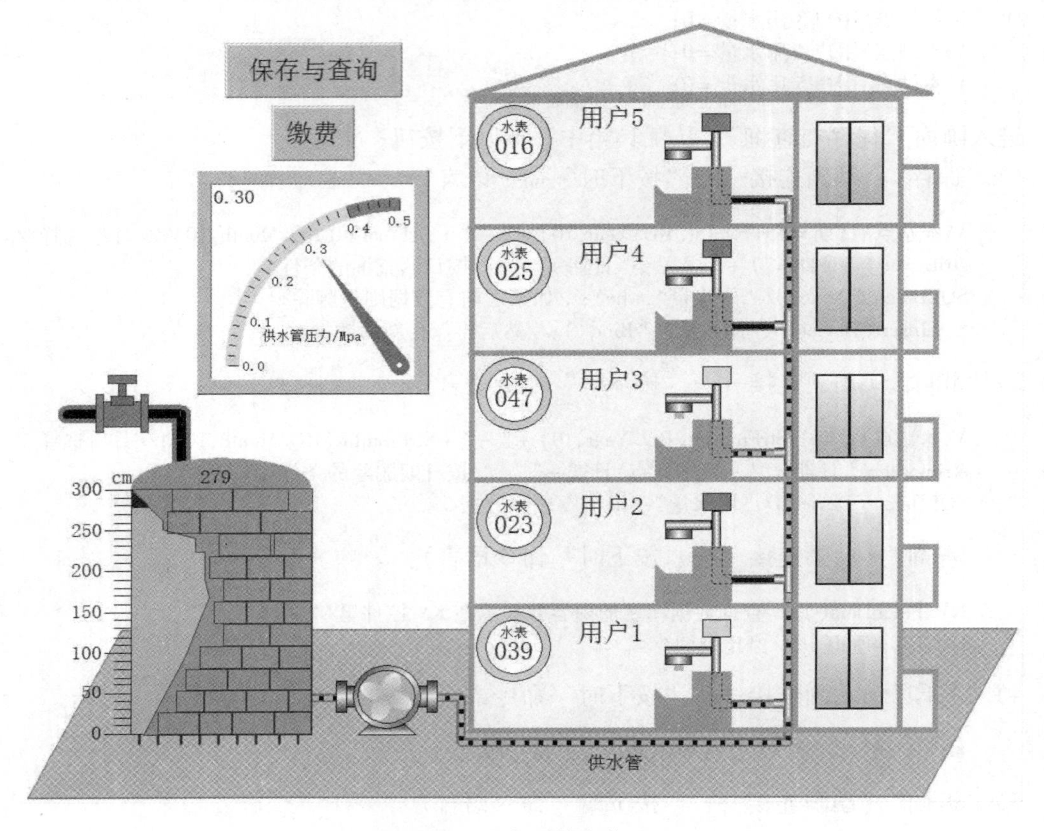

图 10-15　运行系统变化画面

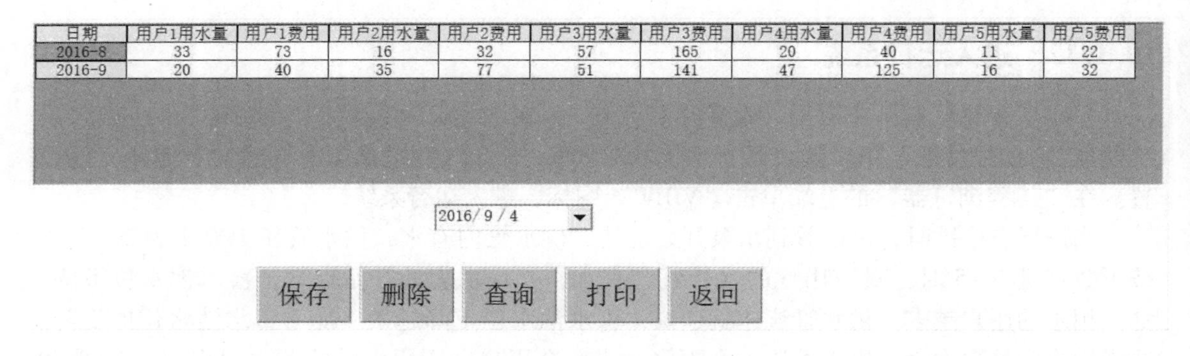

日期	用户1用水量	用户1费用	用户2用水量	用户2费用	用户3用水量	用户3费用	用户4用水量	用户4费用	用户5用水量	用户5费用
2016-8	33	73	16	32	57	165	20	40	11	22
2016-9	20	40	35	77	51	141	47	125	16	32

图 10-16　用户用水量查询

10.2　混合配料监控系统

为了提高产品质量，缩短生产周期，适应产品迅速更新换代的要求，产品生产正向缩短生产周期、降低成本、提高生产质量等方向发展。在炼油、化工、制药等行业，多种液体混合是必不可少的工序，而且也是其生产过程中十分重要的组成部分。该实例总体功能主要包括两个方面，一个为混合配料监控系统，主要是实现将两种液体按照 1∶3 的比例放入混合罐中进行搅拌，然后再将混合好的液体以交替输出的方式输出到两个半成品罐中。当所有罐液位达上限时，自动关进液阀、停泵，当低于满量程 10% 时，自动关出液阀、停泵。当混合罐液位超过满量程 50% 时，起动搅拌电动机，直到出液使液位低于 40% 时停止。另一个部分为监控部分，主要包括趋势曲线、报警窗口、实时数据查询、历史数据查询和报警查询。

10.2.1 变量定义

首先新建一个工程并打开，然后在数据词典中新建 25 个变量（见表 10-2）。

表 10-2 变量定义

变 量 名	类 型	初 始 值
进料泵 1 ~ 进料泵 2	内存离散	关
进料阀 1 ~ 进料阀 2	内存离散	关
出料阀	内存离散	关
进液泵	内存离散	关
进液阀 1 ~ 进液阀 2	内存离散	关
出液阀 1 ~ 出液阀 2	内存离散	关
出液泵	内存离散	关
开关	内存离散	关
混合罐灯	内存离散	关
半成品罐 1 灯 ~ 半成品罐 2 灯	内存离散	关
温度灯	内存离散	关
进料 1 液位 ~ 进料 2 液位	内存实数	
混合罐	内存实数	
半成品罐 1 ~ 半成品罐 2	内存实数	
温度	内存实数	
旋转	内存实数	
选择日期	内存字符串	
查询日期	内存字符串	

10.2.2 新建画面

如图 10-17 所示，新建一个画面，然后进行画面的绘制。在工具箱找到按钮控件，在工具栏找到文本控件，对图 10-17 中各仪器进行标注。由于组态中的柱状图不能实现功能，因此需利用工具箱中的直线手动画出。右上角为实时曲线，双击工具箱中的“实时曲线”，即可在画面中创建实时曲线。

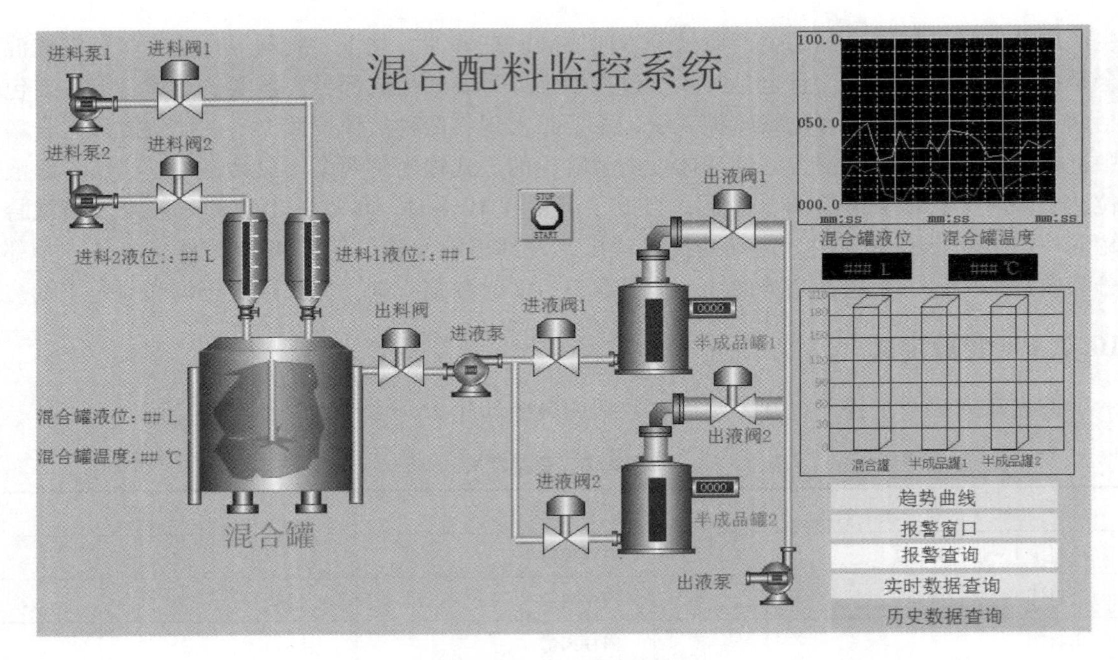

图 10-17　混合配料监控画面

10.2.3　关联变量

（1）阀门、泵等仪器的关联

双击仪器，弹出“动画连接属性”对话框，选择对应的变量进行关联。图 10-18 所示为混合罐的关联，其他仪器关联操作一致。

（2）风扇关联

风扇是用工具箱中的多边形工具画出来的，因为图库中的风扇不能进行动画连接，所以需要手动画。画好以后合成组合图素，双击风扇，设置“旋转”动画连接。

- 表达式：\\本站点\旋转。
- 最大逆时针方向对应角度：0；对应值 0。
- 最大顺时针方向对应角度：360；对应值 100。
- 旋转圆心偏离图素中心大小：水平方向 0；垂直方向 0。

（3）立体图关联

在立体图上，双击矩形框，设置“填充”。

- 表达式：\\本站点\混合罐。
- 最小填充高度：对应数值 0；占据百分比 0。
- 最大填充高度：对应数值 0；占据百分比 0。
- 填充方向：向下。

（4）实时曲线关联

双击实时曲线，弹出“实时趋势曲线”属性对话框。在“曲线定义”选项卡中“曲线”栏添加变量，变量添加完后单击“标识定义”选项卡，在此界面中选择“实际值”。在这个对话框内可以对实时曲线属性进行设置，如图 10-19 所示。

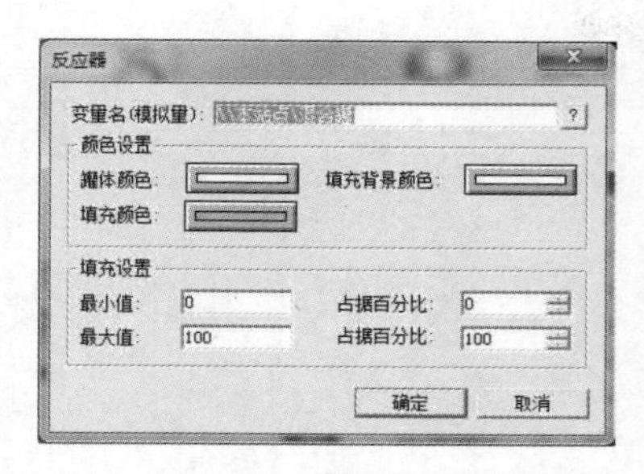

图 10-18　混合罐动画连接设置

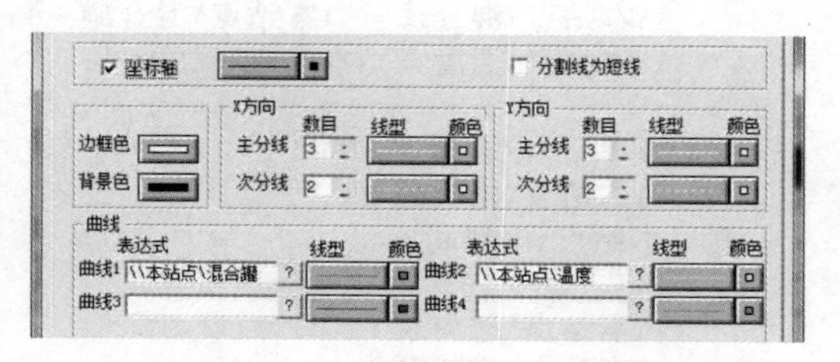

图 10-19　实时曲线动画连接设置

（5）输入各个按钮程序

1）“趋势曲线”按钮程序如下：

```
ShowPicture("趋势曲线");
```

2）“报警窗口”按钮程序如下：

```
ShowPicture("报警窗口");
```

3）“报警查询”按钮程序如下：

```
ShowPicture("报警查询");
```

4）“实时数据查询”按钮程序如下：

```
ShowPicture("实时数据查询");
```

5）“历史数据查询”按钮程序如下：

```
ShowPicture("历史数据查询");
```

10.2.4　程序设计

单击鼠标右键，选择“画面属性”，单击“命令语言”，在“存在时”写入风扇旋转的限制条件：

```
If(\\本站点\旋转==7)
    \\本站点\旋转;
If(\\本站点\混合罐>40)
    \\本站点\旋转=\\本站点\旋转+1;
```

在工程浏览器“系统”选项卡中单击“命令语言”，双击“应用程序命令语言”，写入整个画面运行程序。程序如下：

```
if(\\本站点\开关==1)
{
    \\本站点\进料阀1=1;
    \\本站点\进料阀2=1;
    \\本站点\进料泵1=1;
    \\本站点\进料泵2=1;
}
if(\\本站点\进料泵1==1&&\\本站点\进料泵2==1&&\\本站点\进料阀1==1&&\\本站点\
进料阀2==1)
{
    \\本站点\进料1液位=\\本站点\进料1液位+1;
```

```
    \\本站点\进料2液位 = \\本站点\进料2液位 + 3;
    \\本站点\混合罐 = \\本站点\混合罐 + 4;
    \\本站点\温度 = \\本站点\温度 + 1;
}
if(\\本站点\混合罐 == 200)
    \\本站点\出料阀 = 1;
if(\\本站点\出料阀 == 1)
{
    \\本站点\进料泵1 = 0;
    \\本站点\进料泵2 = 0;
    \\本站点\进料阀1 = 0;
    \\本站点\进料阀2 = 0;
    \\本站点\进液泵 = 1;
}
if(\\本站点\进料泵1 == 0&&\\本站点\进料泵2 == 0&&\\本站点\进料阀1 == 0&&\\本站点\
进料阀2 == 0)
{
    \\本站点\进料1液位 = \\本站点\进料1液位 - \\本站点\进料1液位;
    \\本站点\进料2液位 = \\本站点\进料2液位 - \\本站点\进料2液位;
}
if(\\本站点\进液泵 == 1&&\\本站点\进液阀2 == 0&&\\本站点\出液阀1 == 0)
    \\本站点\进液阀1 = 1;
if(\\本站点\出料阀 == 1&&\\本站点\进液泵 == 1)
{
    \\本站点\温度 = \\本站点\温度 - 1;
    \\本站点\混合罐 = \\本站点\混合罐 - 5;
    if(\\本站点\混合罐 == 20)
    {
        \\本站点\出料阀 = 0;
        \\本站点\进液泵 = 0;
        \\本站点\进液阀1 = 0;
        \\本站点\进液阀2 = 0;
        \\本站点\温度 = 20;
    }
    if(\\本站点\出料阀 == 0&&\\本站点\进液泵 == 0&&\\本站点\进液阀1 == 0&&\\本站点\
进液阀2 == 0)
    {
        \\本站点\进料阀1 = 1;
        \\本站点\进料阀2 = 1;
        \\本站点\进料泵1 = 1;
        \\本站点\进料泵2 = 1;
    }
    if(\\本站点\进液阀1 == 1)
        \\本站点\半成品罐1 = \\本站点\半成品罐1 + 1;
    if(\\本站点\进液阀2 == 1)
        \\本站点\半成品罐2 = \\本站点\半成品罐2 + 1;
}
if(\\本站点\半成品罐1 == 50)
{
    \\本站点\出液阀1 = 1;
    \\本站点\进液阀1 = 0;
    if(\\本站点\进液阀2 == 0&&\\本站点\出液阀2 == 0)
        \\本站点\进液阀1 = 1;
    if(\\本站点\出液阀2 == 0&&\\本站点\进液阀2 == 0)
        \\本站点\进液阀2 = 1;
```

```
}
if(\\本站点\出液阀1==1)
{
    \\本站点\进液阀1=0;
    \\本站点\半成品罐1=\\本站点\半成品罐1-1;
    if(\\本站点\半成品罐1==10)
    {
        \\本站点\出液阀1=0;
        \\本站点\进液阀1=0;
    }
}
if(\\本站点\半成品罐2==50)
{
    \\本站点\出液阀2=1;
    \\本站点\进液阀2=0;
}
if(\\本站点\出液阀2==1)
{
    \\本站点\半成品罐2=\\本站点\半成品罐2-1;
    if(\\本站点\半成品罐2==10)
    {
        \\本站点\出液阀2=0;
        \\本站点\进液阀2=0;
    }
}
if(\\本站点\出液阀1==1 || \\本站点\出液阀2==1)
    \\本站点\出液泵=1;
```

10.2.5 运行结果

运行结果如图10-20所示。

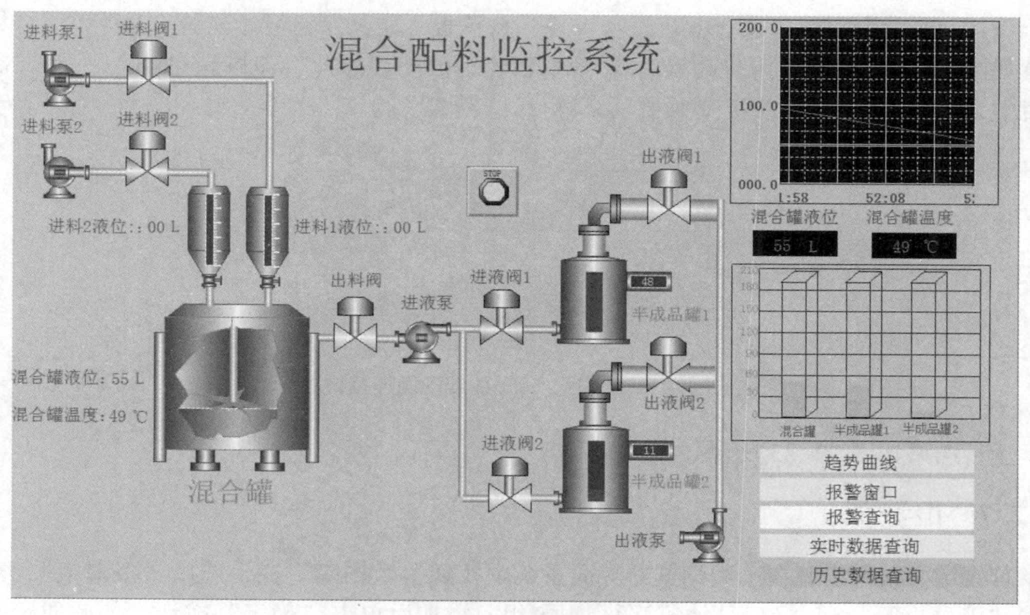

图10-20 混合配料运行画面

10.2.6 趋势曲线

在画面中插入实时趋势曲线控件和历史趋势曲线控件，并关联混合罐液位、半成品罐 1 液位、半成品罐 2 液位和混合罐温度。用工具箱的文本控件进行实时趋势曲线、历史趋势曲线等的标注。画面设计如图 10–21 所示。

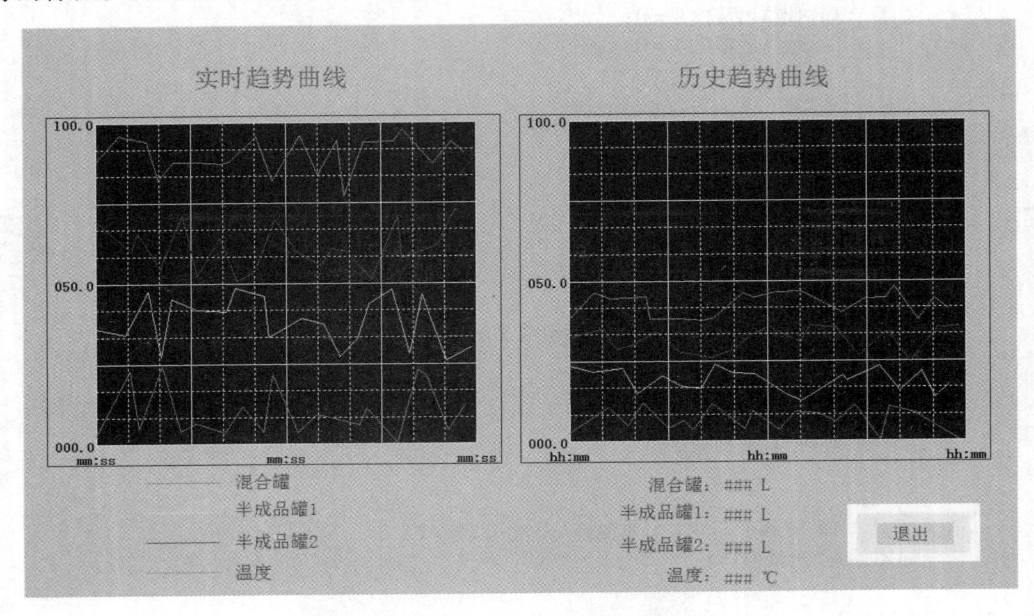

图 10–21　实时、历史趋势曲线画面设计

双击“实时趋势曲线”，弹出“实时趋势曲线”属性设置对话框，在“曲线定义”选项卡添加变量，并对线型及线颜色进行设置。在“标识定义”选项卡选择“实际值”。具体设置如图 10–22 所示。“历史趋势曲线”属性设置操作步骤与“实时趋势曲线”一致，需要注意的是，“历史趋势曲线”必须要写名称。

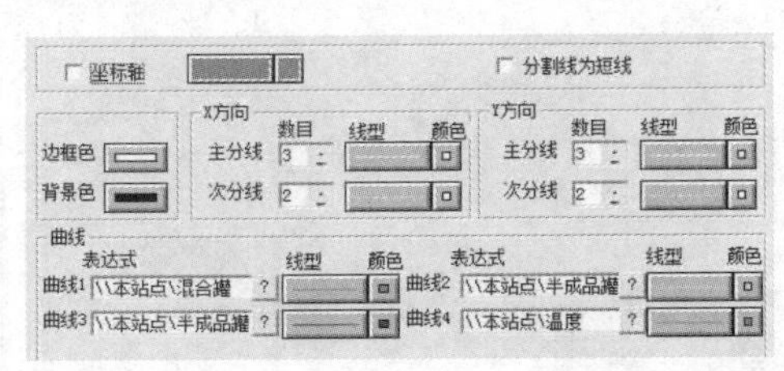

图 10–22　实时、历史曲线动画连接设置

运行结果如图 10–23 所示。

10.2.7 报警窗口

首先定义报警组。在工程浏览器界面系统中找到“数据库”栏，选择“报警组”，双击添加“液位报警”和“温度报警”两个报警组，添加后单击“确定”按钮，如此便定义了两个报警组，如图 10–24 所示。

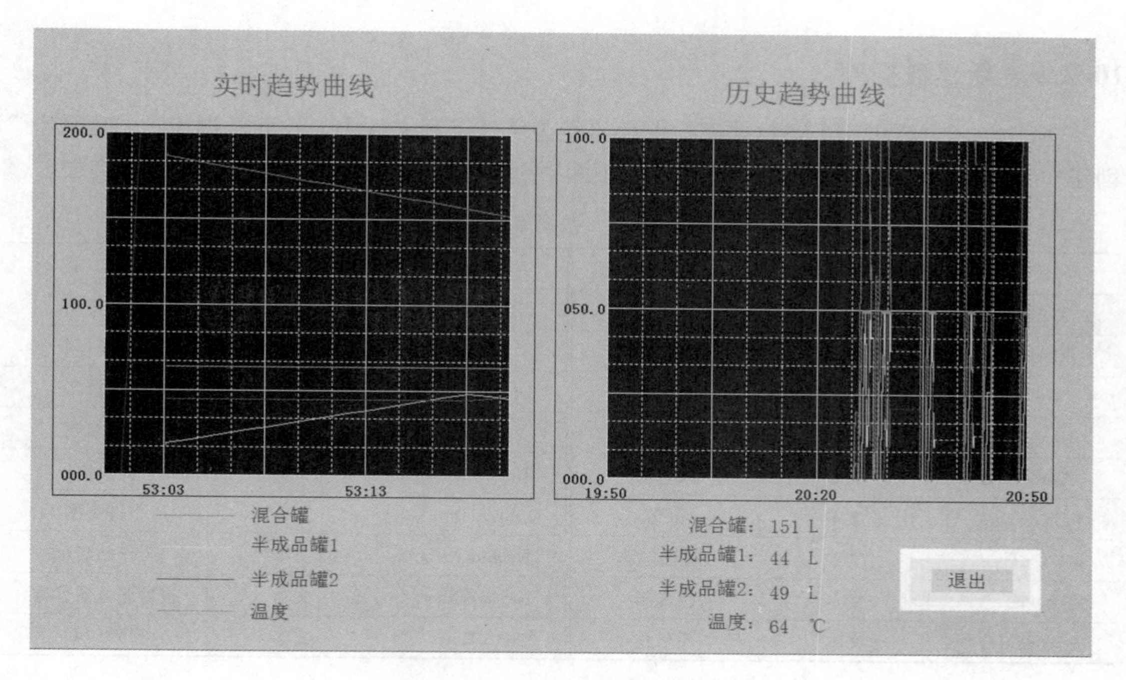

图 10-23　趋势曲线运行画面

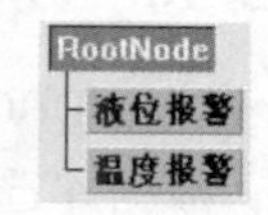

图 10-24　报警组定义

在变量定义的“报警定义”选项卡中对混合罐、半成品罐 1、半成品罐 2、温度进行报警定义。“混合罐”报警界限为低低、低、高、高高，报警值分别为 0、20、160、180；“半成品罐”报警界限为低低、低、高、高高，报警值分别为 0、10、45、50；“温度”报警界限为低低、低、高、高高，报警值分别为 0、10、40、60。

10.2.8　新建“实时报警”画面

在工具箱中选择报警窗口，然后在画面上完成报警窗口的制作。双击报警窗口，将报警窗口命名为“报警”，选择“历史报警窗”。

关联与混合罐液位、半成品罐 1 液位、半成品罐 2 液位和反应罐温度相应的指示灯进行报警。4 个指示灯可在图库中找到。添加一个“退出”按钮。按钮命令语言如下：

```
ShowPicture("反应车间");
```

运行结果如图 10-25 所示。

报警窗口

混合罐液位	163.00
半成品罐1液位	33.00
半成品罐2液位	0.00
混合罐温度	49.00

事件日期	事件时间	报警日期	报警时间	变量名	报警类型
——	——	16/07/21	20:51:16.850	混合灌	高
16/07/21	20:51:16.850	16/07/21	20:51:16.845	混合灌	高高
——	——	16/07/21	20:51:16.845	混合灌	高高
16/07/21	20:51:16.845	16/07/21	20:51:16.348	混合灌	高
——	——	16/07/21	20:51:16.348	混合灌	高
16/07/21	20:51:16.348	16/07/21	20:51:16.341	混合灌	高高
——	——	16/07/21	20:51:16.341	混合灌	高高
16/07/21	20:51:16.341	16/07/21	20:51:15.845	混合灌	高
——	——	16/07/21	20:51:15.845	混合灌	高
16/07/21	20:51:15.845	16/07/21	20:51:15.838	混合灌	高高

图 10-25　报警窗口运行画面

10.2.9　新建数据库

在 Access 中新建一个空数据库，保存路径为所建工程文件中。在此数据库“视图设计”创建一个数据表：表的名称为 Alarm，表的字段名称见表 10-3，字段类型都为文本类型。

表 10-3　数据库表字段

字段名称	数据类型	说　明	字段名称	数据类型	说　明
AlarmDate	文本	报警日期	AcrDate	文本	事件日期
AlarmTime	文本	报警时间	AcrTime	文本	事件时间
VarName	文本	变量名	OperatorName	文本	操作员名
GroupName	文本	报警组名	VarComment	文本	变量描述
AlarmValue	文本	报警值	ResumeValue	文本	恢复值
LimitValue	文本	限值	EventType	文本	事件类型
AlarmType	文本	报警类型	MachineName	文本	工作站名称
Pri	文本	优先级	IOServerName	文本	报警服务器名称
Quality	文本	质量位	AcrTime	文本	事件时间

10.2.10　设置 ODBC 数据源

建立 ODBC 数据源，选择“Microsoft Access Driver（＊.mdb）”驱动。数据源名为“报警”，数据库选择文件“报警数据库.mdb”。如图 10-26 所示。

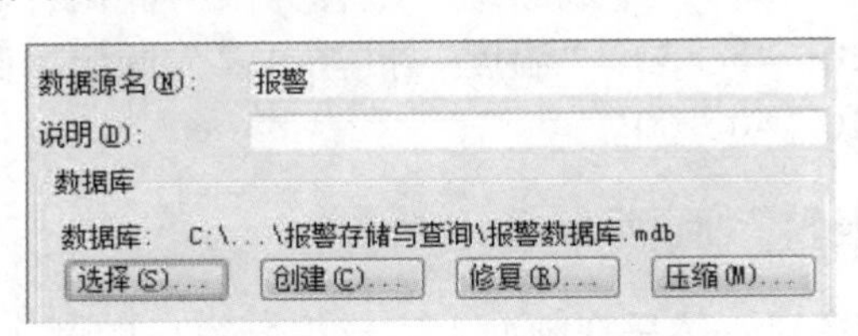

图 10-26　选择数据源设置

10.2.11　报警配置

（1）双击组态王工程浏览器的“系统配置”中的“报警配置”，弹出“报警配置属性页”对话框，选择“数据库配置”选项卡，勾选“记录报警事件到数据库”，单击报警格式，出现如图 10-27 所示对话框。需要注意的是设置的报警格式要与新建的数据库格式一致。具体配置如图 10-27 所示。

（2）报警格式设置好后单击“确定”按钮，回到“报警配置属性页”对话框，单击“数据源”→“用户 DSN”，选择之前定义的数据源“报警”，单击“确定”按钮。

（3）画面编辑完成后保存画面，单击“打开”中的“切换到 view”，打开“实时报警”画面，当有报警产生后，会在报警画面中显示当前的报警信息，同时也会将报警信息存储到 Access 数据库中。可以打开新建的数据库，打开“Alarm”表，如图 10-28 所示，报警信息已经存储到数据库中。

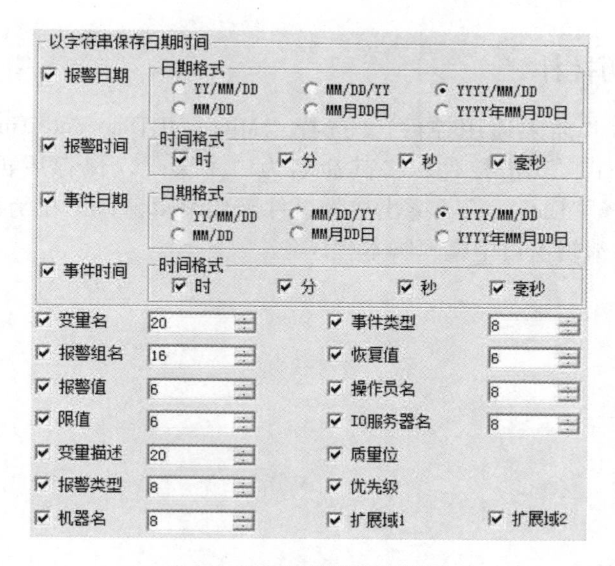

图 10-27　选择数据源设置

AlarmType	AcrDate	AcrTime	EventType	VarName	AlarmValu	LimitValu	ResumeVal
低			报警	混合罐	4.0000	20.000	
低			报警	温度	1.0000	10.000	
低			报警	混合罐	4.0000	20.000	
低			报警	温度	1.0000	10.000	
低	2016/07/21	20:26:32 2	报警恢复	混合罐	4.0000	20.000	24.000
低	2016/07/21	20:26:34 8	报警恢复	温度	1.0000	10.000	11.000
高			报警	混合罐	160.00	160.00	

图 10-28　选择数据源设置

10.2.12　创建 KVADODBGrid 控件

在工程浏览器中新建画面“报警查询”，在画面中插入“KVADODBGrid Class”控件，双击此控件，命名为“KV”后单击“确定”按钮，回到画面。右键单击控件，选择“控件属性”，弹出“KV 属性”对话框。

在“数据源”选项卡下单击“浏览”按钮，出现“数据连接属性”对话框，在“连接”选项卡下的“使用数据源名称”处选择“报警”，单击“确定”按钮回到“KV 属性”对话框。

在“表名称”处选择“Alarm”表，将左边需要查询的“有效字段”分别添加到右边，并在右侧修改名称及格式，如图 10-29 所示。

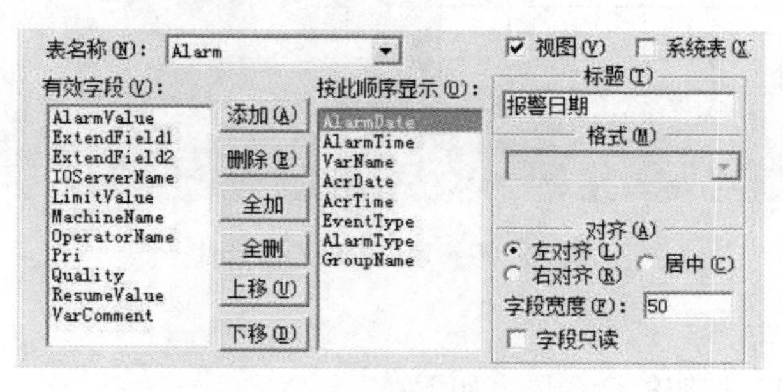

图 10-29　KV 属性对话框

10.2.13 创建日历控件

单击工具箱中的“插入通用控件”，选择“Microsoft Date and Time Picker Control 6.0 (SP4)”控件到画面上，双击控件，将其命名为“ADate”，保存后再次双击该控件，在“事件”选项卡中选择“CloseUp”，弹出控件事件函数编辑窗口，在函数声明中为此函数命名为 CloseUp1( )，在编辑窗口中编写脚本程序：

```
float Ayear;
float Amonth;
float Aday;
long x;
long y;
long Row;
longStartTime;
string temp;
Ayear = Date. Year;
Amonth = Date. Month;
Aday = Date. Day;
temp = StrFromInt( Ayear,10) ;
if( Amonth < 10)
      temp = temp + "/0" + StrFromInt( Amonth,10) ;
else
      temp = temp + "/" + StrFromInt( Amonth,10) ;
if( Aday < 10)
      temp = temp + "/0" + StrFromInt( Aday,10) ;
else
      temp = temp + "/" + StrFromInt( Aday,10) ;
\\本站点\选择日期 = temp;
```

添加几个按钮，如图 10-30 所示。

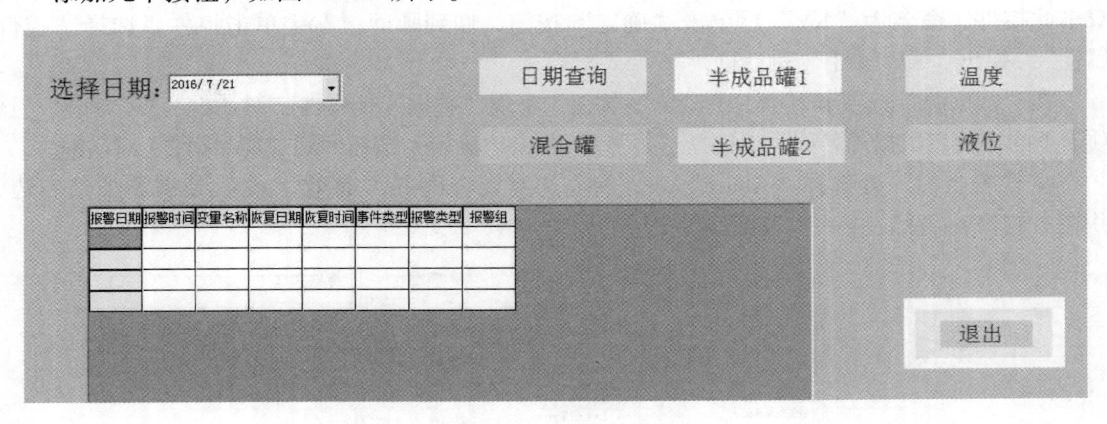

图 10-30 日历控件画面设计

输入按钮命令语言。

1）“按日期查询”按钮的命令语言如下：

```
string when;
when = "AlarmDate ='" + \\本站点\选择日期 + "'";
KV. Where = when;
KV. FetchData( );
KV. FetchEnd( );
```

2）“混合罐”按钮的命令语言如下：

```
string when;
when = "AlarmDate ='" + \\本站点\选择日期 + "'and VarName ='混合罐'";
KV. Where = when;
KV. FetchData( );
KV. FetchEnd( );
```

3）“半成品罐1”按钮的命令语言如下：

```
string when;
when = "AlarmDate ='" + \\本站点\选择日期 + "'and VarName ='半成品罐1'";
KV. Where = when;
KV. FetchData( );
KV. FetchEnd( );
```

4）“半成品罐2”按钮的命令语言如下：

```
string when;
when = "AlarmDate ='" + \\本站点\选择日期 + "'and VarName ='半成品罐2'";
KV. Where = when;
KV. FetchData( );
KV. FetchEnd( );
```

5）“液位”按钮的命令语言如下：

```
string when;
when = "AlarmDate ='" + \\本站点\选择日期 + "'and GroupName ='液位报警'";
KV. Where = when;
KV. FetchData( );
KV. FetchEnd( );
```

6）“温度”按钮的命令语言如下：

```
string when;
when = "AlarmDate ='" + \\本站点\选择日期 + "'and GroupName ='温度报警'";
KV. Where = when;
KV. FetchData( );
KV. FetchEnd( );
```

7）“退出”按钮的命令语言如下：

```
ShowPicture("反应车间");
```

运行结果如图10-31所示。

报警日期	报警时间	变量名称	恢复日期	恢复时间	事件类型	报警类型	报警组
2016/07/21	20:25:46 051	混合罐	NULL	NULL	报警	低	液位报警
2016/07/21	20:25:46 085	温度	NULL	NULL	报警	低	温度报警
2016/07/21	20:26:29 755	混合罐	NULL	NULL	报警	低	液位报警
2016/07/21	20:26:29 756	温度	NULL	NULL	报警	低	温度报警
2016/07/21	20:26:29 755	混合罐	2016/07/21	20:26:32 288	报警恢复	低	液位报警
2016/07/21	20:26:29 756	温度	2016/07/21	20:26:34 828	报警恢复	低	温度报警
2016/07/21	20:26:49 528	混合罐	NULL	NULL	报警	高	液位报警
2016/07/21	20:26:49 528	混合罐	2016/07/21	20:26:52 074	报警恢复	高	液位报警

图 10-31　日历控件运行画面

10.2.14　实时数据查询

新建一个名为“实时数据查询”的画面，在工具箱中找到报表，并插入报表控件、三个按钮以及文本，对各个文本进行变量关联。

1）“查询”按钮的程序如下：

```
ReportSetHistData2(2,1);
```

2）“打印”按钮的程序如下：

```
ReportPrintSetup("Report1");
```

3）“退出”按钮的程序如下：

```
ShowPicture("反应车间");
```

单击“文件”中“切换到 view”，进行运行。运行时，单击“查询”按钮，弹出“报表查询”对话框，在“变量选择”界面中选择“从历史库中添加”，并添加需要查询的变量，具体设置如图 10-32 所示。

序号	数据来源	站点名.ID	站点名	变量名	变量全名
0001	历史库	本站点.0035	本站点	半成品罐1	\\本站点\半成品
0002	历史库	本站点.0036	本站点	半成品罐2	\\本站点\半成品
0003	历史库	本站点.0034	本站点	混合罐	\\本站点\混合罐
0004	历史库	本站点.0037	本站点	温度	\\本站点\温度

图 10-32　实时数据查询窗口

运行结果如图 10-33 所示。

实时数据查询

日期	时间	半成品罐1	半成品罐2	混合罐	温度
16/07/21	20:35:07	---	---	---	---
16/07/21	20:36:07	0.00	0.00	68.00	17.00
16/07/21	20:37:07	20.00	29.00	117.00	49.00
16/07/21	20:38:07	12.00	47.00	94.00	49.00
16/07/21	20:39:07	---	---	---	---

混合罐液位：159 L

半成品罐1液位：36 L

半成品罐1液位：23 L

混合罐温度：64 ℃

图 10-33　实时数据查询结果

10.2.15　历史数据查询

新建一个名为“历史数据查询”的画面，插入日历控件“Microsoft Date and Time Picker Control 6.0（SP4）”，再插入一个报表以及按钮控件。画面设计如图 10-34 所示。

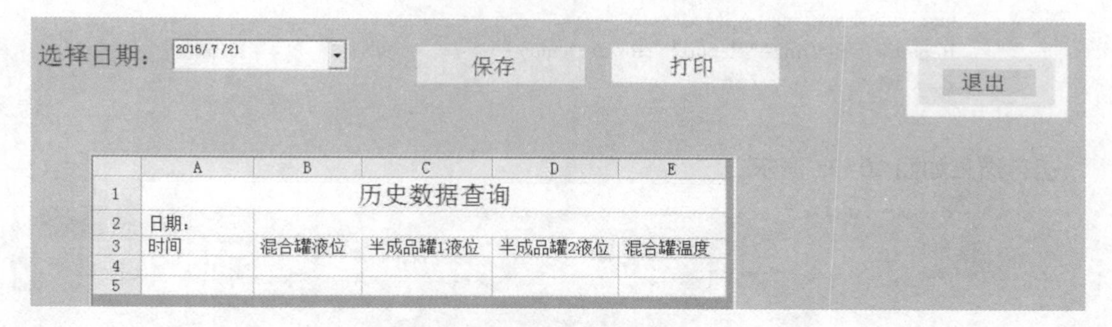

图 10-34　历史数据查询画面设计

双击日历控件，将控件名改为 ADate，单击“确定”按钮全部保存之后，双击日历控件，双击 CloseUp 对应的关联函数，进入到画面控件事件函数对话框，编写程序如下：

```
float Ayear;
float Amonth;
float Aday;
long x;
long y;
long Row;
longStartTime;
string temp;
Ayear = ADate. Year;
Amonth = ADate. Month;
Aday = ADate. Day;
temp = StrFromInt(Ayear,10);
if(Amonth < 10)
    temp = temp + " -0" + StrFromInt(Amonth,10);
else
    temp = temp + " - " + StrFromInt(Amonth,10);
if(Aday < 10)
    temp = temp + " -0" + StrFromInt(Aday,10);
else
temp = temp + " - " + StrFromInt(Aday,10);
\\本站点\查询日期 = temp;
ReportSetCellString2("Report2",4,1,51,6,"");
ReportSetCellString("Report2",2,2,temp);
StartTime = HTConvertTime(Ayear,Amonth,Aday,0,0,0);
ReportSetHistData("Report2","\\本站点\混合罐",StartTime,1800,"B4:B51");
ReportSetHistData("Report2","\\本站点\半成品罐 1",StartTime,1800,"C4:C51");
ReportSetHistData("Report2","\\本站点\半成品罐 2",StartTime,1800,"D4:D51");
ReportSetHistData("Report2","\\本站点\温度",StartTime,1800,"E4:E51");
```

```
x = 0;
while( x < 48)
{
    row = 4 + x;
    y = StartTime + x * 1800;
    temp = StrFromTime( y,2) ;
    ReportSetCellString( "Report2" ,row,1,temp) ;
    x = x + 1;
}
```

运行结果如图 10-35 所示。

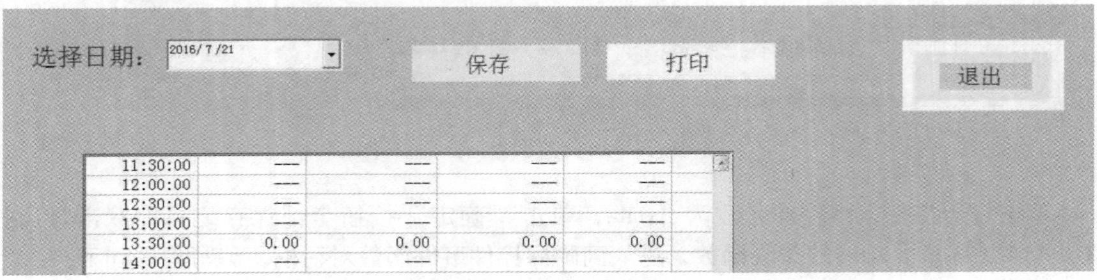

图 10-35　历史数据查询结果

10.3　小区照明系统实例

某小区的住宅楼区域分为住宅区，临街商铺分为商铺区，地下车库单独为一个区域，小花园、中心广场、体育场及地面停车场分为同一个区域，均为地面照明区域。根据早晚、深夜、白昼时间段自动开启照明系统；可以手动启动和关闭灯；需要显示路灯开关状态、用电量、关键点照度实时数据；显示趋势曲线，包括分区电量、关键点的照度；设计日、月报表，汇总电量、关键点的照度等数据。为了使工程画面形象逼真，需在画面中添加一些图片，图片格式保存为“. png”格式。

10.3.1　小区外景

新建画面“小区外景”（见图 10-36）。在工具箱中单击“点位图”控件，拖动鼠标在画面中画出一个矩形框，选中矩形框，单击鼠标右键，选择“从文件中加载”选项，选择需要加载的背景图片。

在工具箱中单击“按钮”控件创建画面切换按钮：进入小区、商铺、小区用电情况，并设置“弹起时”的命令语言。

1）“进入小区”按钮的命令语言如下：

```
ShowPicture( "小区内景") ;
```

2）“商铺”按钮的命令语言如下：

```
ShowPicture( "商铺场景") ;
```

3）“小区用电情况”按钮的命令语言如下：

```
ShowPicture("小区用电情况");
```

图 10-36　小区外景

10.3.2　小区内景

新建画面“小区内景”（见图 10-37），添加画面背景图片，在画面中添加按钮，设置“弹起时”命令。

1）“住宅区”按钮的命令语言如下：

```
ShowPicture("住宅区");
```

2）“地下车库”按钮的命令语言如下：

```
ShowPicture("地下车库");
```

3）“小花园”“中心广场”和“地上停车场与体育场”按钮的命令语言如下：

```
ShowPicture("地面照明区域");
```

4）“小区外景”按钮的命令语言如下：

```
ShowPicture("小区外景");
```

5）“小区用电情况”按钮的命令语言如下：

```
ShowPicture("小区用电情况");
```

10.3.3　住宅区

“住宅区”需要实现的功能有：住宅区照明手动总控、用电量实时监控、用电量实时报表、住户电费查询，如图 10-38 所示。

图 10-37　小区内景

在新建变量窗口中单击“连接设备”按钮，弹出“设备管理”对话框，单击“新建”按钮，弹出“设备配置向导”对话框，选择“设备驱动→PLC→亚控→仿真 PLC→COM”，单击“下一步”按钮，为设备命名为“PLC1”，单击“下一步”按钮，选择串口号“COM1”，单击“下一步”按钮，填写地址“50”，单击“下一步”按钮，根据需要填写恢复间隔时间，填写“34”秒和“24”小时，单击“下一步”按钮，完成设备配置。具体变量如表 10-4 所示。

表 10-4　变量定义

变量名	类型	初始值	最大值/最大原始值	采集频率	连接设备	寄存器	数据类型	数据变化记录
住宅 1 栋	I/O 实数	0.00	500	500	PLC1	INCREA100	SHORT	0
住宅 2 栋	I/O 实数	0.00	500	600	PLC1	INCREA101	SHORT	0
住宅 3 栋	I/O 实数	0.00	500	700	PLC1	INCREA102	SHORT	0
住宅 4 栋	I/O 实数	0.00	500	800	PLC1	INCREA103	SHORT	0
住宅 5 栋	I/O 实数	0.00	500	900	PLC1	INCREA104	SHORT	0
住宅 6 栋	I/O 实数	0.00	500	1000	PLC1	INCREA105	SHORT	0
住宅 7 栋	I/O 实数	0.00	500	1100	PLC1	INCREA106	SHORT	0
Day	I/O 整数	0	100	1000	PLC1	INCREA107	SHORT	0
主住宅区照明	内存离散	关						
主住宅区开关	内存离散	关						
电费查询	内存字符串							

在“住宅区”画面，用点位图控件添加画面背景图片和住宅楼图片，如图 10-38 所示。

在图库中选择一个开关放在画面中，此开关作为住宅楼照明的手动控制开关使用。双击开关，关联变量“\\本站点\主住宅区开关”。

图 10-38　住宅区画面设计

在工具箱中单击“圆角矩形”控件按钮，在画面中拖动鼠标画出一个合适大小的矩形方框，用来仿真楼层住户照明。双击矩形方框，弹出“动画连接”对话框，单击“填充属性”按钮，弹出“填充属性连接”对话框，关联表达式“\\本站点\主住宅区照明”，“刷属性”内增加“0——蓝；1——天蓝”，如图 10-39 所示。

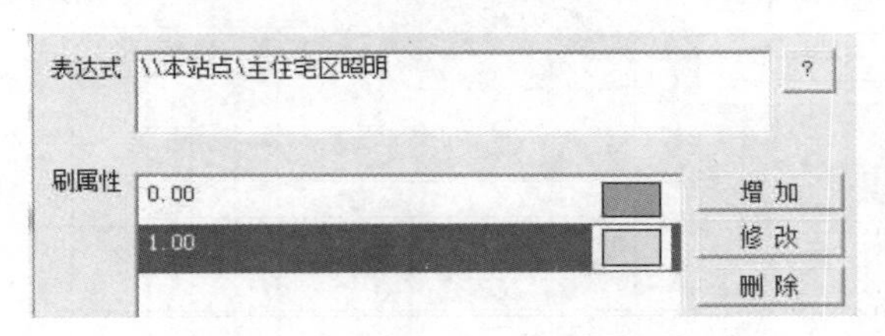

图 10-39　填充属性设置

通过“复制”、“粘贴”将小方框添加至住宅楼图片中，用于仿真住宅楼的住户。在画面上单击鼠标右键，选择“画面属性”，编辑画面命令语言，实现住宅区的照明的整体控制，“存在时”命令语言如下：

```
if(\\本站点\主住宅区开关==1)
    \\本站点\主住宅区照明=1;
else
    \\本站点\主住宅区照明=0;
```

在工具箱中单击“多边形”按钮，画出一个菱形，并在菱形中间添加文字表示楼栋数，同时选中文字和菱形单击鼠标右键，选择“组合拆分→合成组合图素”，将二者合成为一个图素，制作 1 栋、2 栋……7 栋的楼栋电费查询按钮。当需要查询某栋楼的电费情况时，单击“楼栋”按钮即可切换至电费查询界面直接查询。

双击组合的查询按钮“1 栋”，在动画连接中选择“弹起时”，编辑按钮命令语言如下，2 栋、3 栋……7 栋的按钮命令语言只需将数字“1”改为对应的楼栋数字即可：

```
\\本站点\电费查询 = "1";
ShowPicture("住宅区用电情况");
```

在工具箱中单击“按钮”控件，在画面中添加画面切换按钮，并设置动画连接“弹起时”的命令语言。

1）“小区外景”按钮的命令语言如下：

```
ShowPicture("小区外景");
```

2）“小区内景”按钮的命令语言如下：

```
ShowPicture("小区内景");
```

3）“住宅区用电情况”按钮的命令语言如下：

```
ShowPicture("住宅区用电情况");
```

10.3.4 创建“住宅区用电情况”画面

“住宅区用电情况”画面分为4个部分的功能，分别是照明仿真手动控制、住宅区电费查询、住宅楼用电量实时报表和住宅楼用电量监控曲线。“住宅区用电情况”画面如图10-40所示。

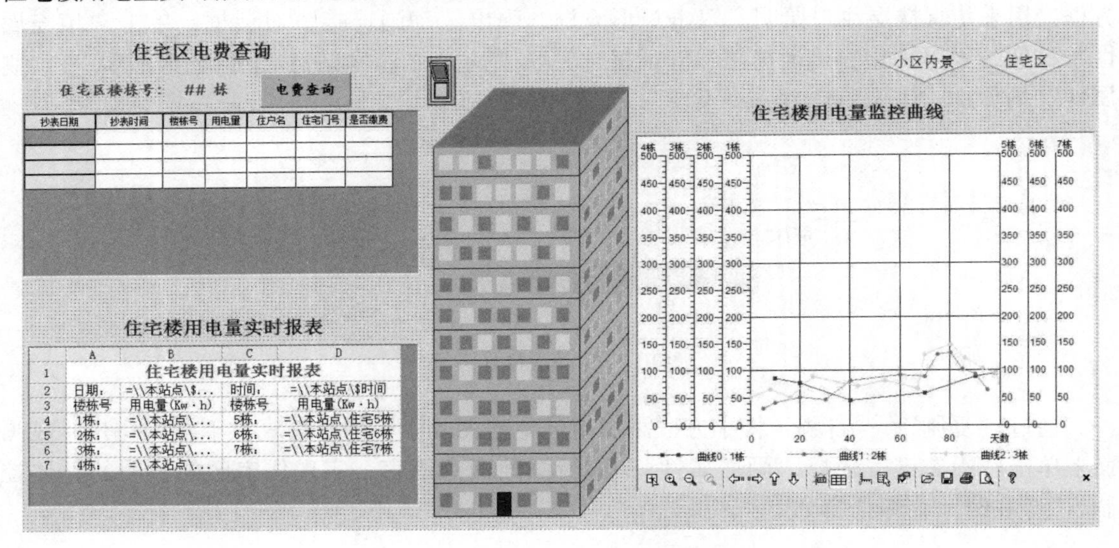

图10-40 住宅区用电情况画面

在图库中选一个开关放在画面上，并关联表达式“\\本站点\主住宅区开关”。利用工具箱中的画图工具画出一个形象的住宅楼，用小方框表示住户，操作方法同“住宅区”画面中的方框一致，方框关联变量“\\本站点\主住宅区照明”，当开关打开时，方框变成亮色，开关关闭时，方框变成暗色。

10.3.5 住宅区电费查询

电费查询功能是利用KVADODBGird控件实现对电费数据库的查询处理。在工程文件夹中存在一个“小区电费.mdb”的Access的数据库。此画面中需要用到数据库中的数据表

"住宅区电费"。数据库查询的具体方法如下。

添加 DOBC 数据源。在"用户 DSN"下单击"添加"按钮，选择"Microsoft Access Driver (*. mdb)"，并单击"完成"按钮进行下一步设置：数据源名为"小区电费"、单击"选择"按钮，从工程文件下选中"小区电费 . mdb"，如图 10-41 所示，完成后单击"确定"按钮关闭。

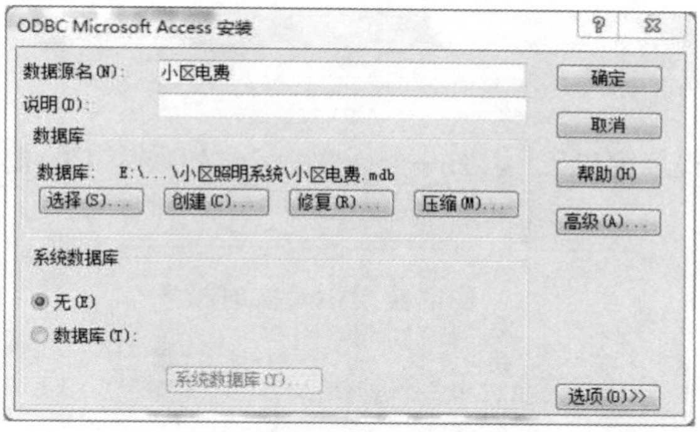

图 10-41　ODBC 数据源定义

回到"住宅区用电情况"画面中，单击工具箱中的"插入通用控件"按钮，在对话框的列表中选择"KVADODBGird Class"控件，单击"确定"按钮放到画面中，双击控件，将控件命名为"ZZ"后保存画面。然后再选中控件，选择"控件属性"，弹出控件属性对话框；在"数据源"选项卡中单击"浏览"按钮，弹出"数据链接属性"对话框；选择"连接"选项卡，在"指定数据源"处选择"使用数据源名称"选项，单击"刷新"按钮；在下拉列表中选择数据源"小区电费"，单击测试连接，显示测试连接成功后，单击"确定"按钮完成数据源的连接。回到属性对话框，在表名称处选择"住宅区电费"，将"有效字段"处的字段按照数据表中的字段顺序依次添加在右侧显示框内，单击"应用"按钮，再单击"确定"按钮，如图 10-42 所示。设置完成后，有效字段可应用在控件列表中，同时按下键盘的〈Ctrl + Alt + O〉，可以对控件的行高和列宽进行设置，设置完成后的画面如图 10-43 所示。

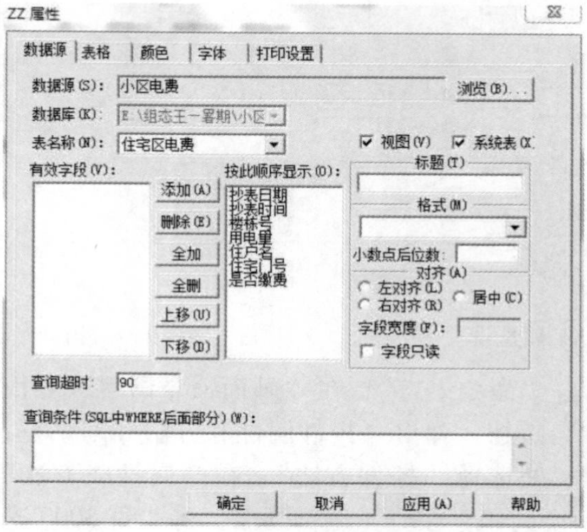

图 10-42　连接数据源

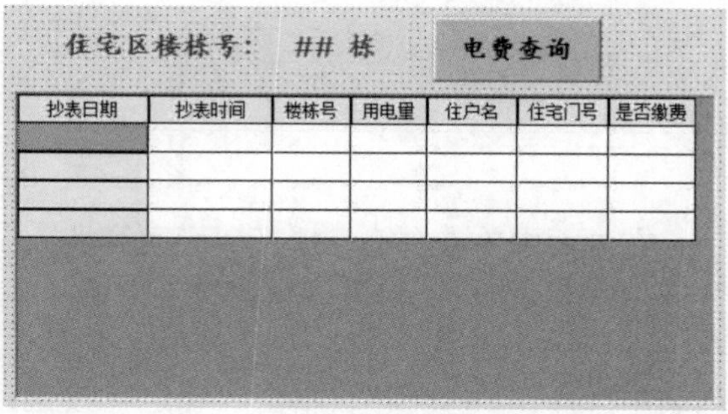

图 10-43　控件属性设置

对画面中查询日期后的文本“##”进行动画连接，在字符串输入和字符串输出处与“\\本站点\电费查询”相关联。

在画面中插入“电费查询”按钮，对控件的记录进行查询，“弹起时”的命令语言如下：

```
stringwhe;
whe = "楼栋号 ='" + \\本站点\电费查询 + "'";
ZZ. Where = whe;
ZZ. FetchData( );
ZZ. FetchEnd( );
```

单击工具箱中的“报表窗口”，添加一个行数为 7，列数为 4 的报表，并按图 10-44 所示设置输入。

	A	B	C	D
1	住宅楼用电量实时报表			
2	日期：	=\\本站点\$日期	时间：	=\\本站点\$时间
3	楼栋号	用电量(Kw·h)	楼栋号	用电量(Kw·h)
4	1栋：	=\\本站点\住宅1栋	5栋：	=\\本站点\住宅5栋
5	2栋：	=\\本站点\住宅2栋	6栋：	=\\本站点\住宅6栋
6	3栋：	=\\本站点\住宅3栋	7栋：	=\\本站点\住宅7栋
7	4栋：	=\\本站点\住宅4栋		

图 10-44 实时报表设置

在画面上插入“超级 XY 曲线”控件，命名为“住宅 XY”保存画面；右键选中控件，选择“控件属性”，弹出“XY 属性”界面，按图 10-45 所示进行设置。

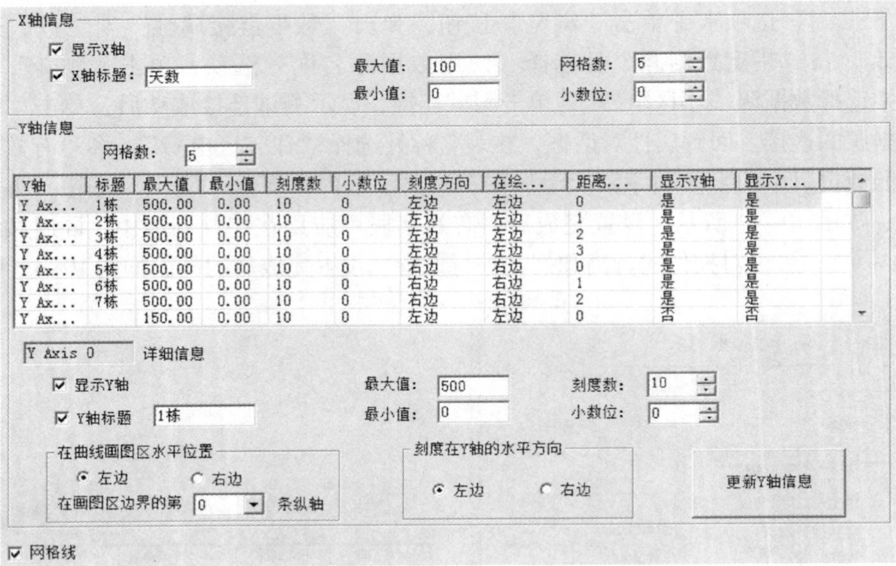

X轴信息

☑ 显示X轴

☑ X轴标题：天数　　最大值：100　　网格数：5

最小值：0　　小数位：0

Y轴信息

网格数：5

Y轴	标题	最大值	最小值	刻度数	小数位	刻度方向	在绘...	距离...	显示Y轴	显示Y...
Y Ax...	1栋	500.00	0.00	10	0	左边	左边	0	是	是
Y Ax...	2栋	500.00	0.00	10	0	左边	左边	1	是	是
Y Ax...	3栋	500.00	0.00	10	0	左边	左边	2	是	是
Y Ax...	4栋	500.00	0.00	10	0	左边	左边	3	是	是
Y Ax...	5栋	500.00	0.00	10	0	右边	右边	0	是	是
Y Ax...	6栋	500.00	0.00	10	0	右边	右边	1	是	是
Y Ax...	7栋	500.00	0.00	10	0	右边	右边	2	是	是
Y Ax...		150.00	0.00	10	0	左边	左边	0	否	否

Y Axis 0　详细信息

☑ 显示Y轴　　最大值：500　　刻度数：10

☑ Y轴标题　1栋　　最小值：0　　小数位：0

在曲线画图区水平位置：◉ 左边　○ 右边　在画图区边界的第 0 条纵轴

刻度在Y轴的水平方向：◉ 左边　○ 右边

更新Y轴信息

☑ 网格线

图 10-45 住宅 XY 属性设置

在画面中单击右键，选择“画面属性”，单击“命令语言”，在“画面命令语言”界面中选择“显示时”，单击编辑窗口下方的“控件”按钮，弹出“控件属性和方法”对话框，在控件名称处选中“住宅 XY”，在“查看类型”处选择“控件方法”，在“属性或方法”列表中选择“ClearAll”，单击“确定”按钮；切换到“存在时”编辑画面，将“每 3000 毫秒”改为“每 1000 毫秒”，并添加命令语言如下：

```
if(\\本站点\主住宅区开关==1)
{
    \\本站点\主住宅区照明=1;
    住宅XY.AddNewPoint(\\本站点\Day,\\本站点\住宅1栋,0);
    住宅XY.AddNewPoint(\\本站点\Day,\\本站点\住宅2栋,1);
    住宅XY.AddNewPoint(\\本站点\Day,\\本站点\住宅3栋,2);
    住宅XY.AddNewPoint(\\本站点\Day,\\本站点\住宅4栋,3);
    住宅XY.AddNewPoint(\\本站点\Day,\\本站点\住宅5栋,4);
    住宅XY.AddNewPoint(\\本站点\Day,\\本站点\住宅6栋,5);
    住宅XY.AddNewPoint(\\本站点\Day,\\本站点\住宅7栋,6);
}
else
{
    \\本站点\主住宅区照明=0;
    住宅XY.AddNewPoint(\\本站点\Day,0,0);
    住宅XY.AddNewPoint(\\本站点\Day,0,1);
    住宅XY.AddNewPoint(\\本站点\Day,0,2);
    住宅XY.AddNewPoint(\\本站点\Day,0,3);
    住宅XY.AddNewPoint(\\本站点\Day,0,4);
    住宅XY.AddNewPoint(\\本站点\Day,0,5);
    住宅XY.AddNewPoint(\\本站点\Day,0,6);
}
```

功能部分设置完毕后保存画面，添加画面切换按钮“小区内景”和“住宅区”按钮。

10.3.6 商铺场景

“商铺场景”画面用来展示商铺区场景，实现光控照明、光照度实时显示和手动控制照明功能。

商铺用电量曲线中需要I/O变量仿真实现实时的监控曲线，因此需新建I/O变量，变量设置如表10-5所示。

表10-5 变量定义

变量名	变量类型	初始值	最大值	采集频率	连接设备	寄存器	数据类型	数据变化记录
商铺A用电量	I/O实数	10.0	200	1000	PLC1	INCREA100	SHORT	0
商铺B用电量	I/O实数	15.0	200	1500	PLC1	RADOM100	SHORT	0
商铺C用电量	I/O实数	5.0	200	1800	PLC1	RADOM150	SHORT	0
商铺D用电量	I/O实数	20.0	200	2000	PLC1	RADOM200	SHORT	0
主商铺照明	内存离散	关						
主商铺开关	内存离散	关						
商铺编号	内存字符串							
太阳	内存整数	0	200					
光照度	内存整数	0	100					

新建画面“商铺场景”并添加背景图片。如图 10-46 所示。

图 10-46　商铺场景画面

在工具箱中选择画图工具画出路灯的灯杆和一个太阳，并将太阳组合成一个图素。双击“太阳”设置动画连接“旋转”。

- 表达式：\\本站点\太阳。
- 最大逆时针方向对应角度 0；对应数值 0。
- 最大顺时针方向对应角度 100；对应数值 200。
- 旋转圆心偏离图素中心的大小：水平方向 250；对应数值 200。

设置好动画连接后从图库选择一个开关，变量关联“\\本站点\主商铺开关”，选择一个指示灯放在画面中的灯杆上，并将所有的指示灯与变量“\\本站点\主商铺照明”相关联。在图库中选择一个仪表表盘放在画面上，双击仪表弹出“仪表向导”对话框，按图 10-47 所示对仪表进行设置。

变量名：\\本站点\光照度　?

仪表表盘
标签：光照度
填充颜色：　文本颜色：

仪表量程
最小刻度：0
最大刻度：100

刻度标签
显示每一项标签：2　主偏差
文本颜色：　小数位数：0

刻度标志
主刻度数：11
副刻度数：0

提醒标志
正常区间：从 40　到 60　正常颜色：
警告区间：
☑ 区间1　从 20　到 40
☑ 区间2　从 60　到 80
警告颜色：
异常区间：
☑ 区间1　从 0　到 20
☑ 区间2　从 80　到 100
异常颜色：

图 10-47　仪表设置

编辑画面命令语言，程序实现的功能是：太阳从左至右旋转，光照度仪表的指针示数随太阳升高而增大，太阳升至最高处时光照度为100，光照度小于30时照明灯点亮，光照度大于30时，指明灯熄灭，开关可以手动控制照明灯的亮灭。命令语言如下：

```
long a;
long b;
a = \\本站点\太阳;
b = \\本站点\光照度;
if( a!=200)
{
    if( a <=100)
    {
        \\本站点\太阳 = a +5;
        \\本站点\光照度 = b +5;
    }
    if( a >100)
    {
        \\本站点\太阳 = a +5;
        \\本站点\光照度 = b -5;
    }
}
else
{
    \\本站点\太阳 =0;
    \\本站点\光照度 =0;
}
if( \\本站点\光照度 <=30 || \\本站点\主商铺开关 ==1)
    \\本站点\主商铺照明 =1;
else
    \\本站点\主商铺照明 =0;
```

单击工具箱中的“按钮”控件，在画面中添加画面切换按钮“小区外景”“小区内景”和“商铺用电情况”。

10.3.7 创建“商铺用电情况”画面

“商铺用电情况”功能包括用电量实时曲线和商铺电费查询，画面如图10-48所示。

单击工具箱中的“实时趋势曲线”控件按钮，在画面中画出一个实时曲线控件，双击控件，弹出“实时曲线”对话框，具体设置如图10-49和图10-50所示。

在曲线控件下方插入文字和线条，说明不同曲线颜色所代表的商铺用电量名称。

在画面中插入“KVADODBGird Class”控件，命名为“shop”后保存画面。右键单击“KVADODBGird Class”控件，选择“控件属性”，弹出“控件属性”对话框，在“数据源”选项卡中单击“浏览”按钮，弹出“数据链接属性”对话框，选择“连接”选项卡，在“指定数据源”处选择“使用数据源名称”选项，单击“刷新”按钮，在下拉列表中选择数据源“小区电费”，单击测试连接，显示测试连接成功，单击“确定”按钮，完成数据源的连接。在表名称处选择“商铺电费”，将“有效字段”处的字段按照数据表中的字段顺序

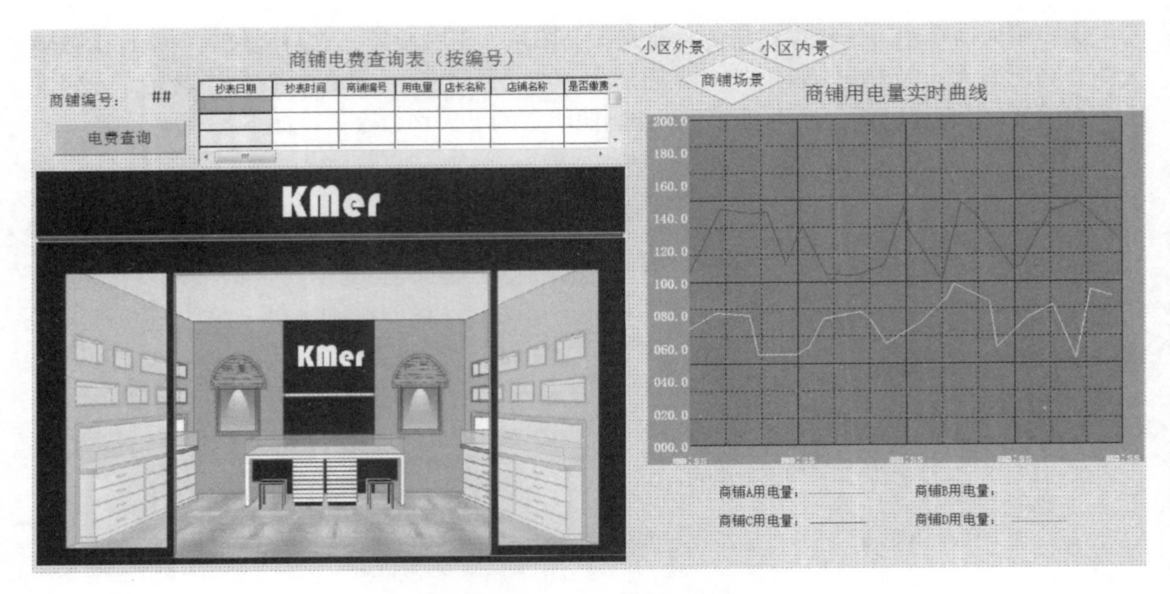

图 10-48　商铺用电情况画面

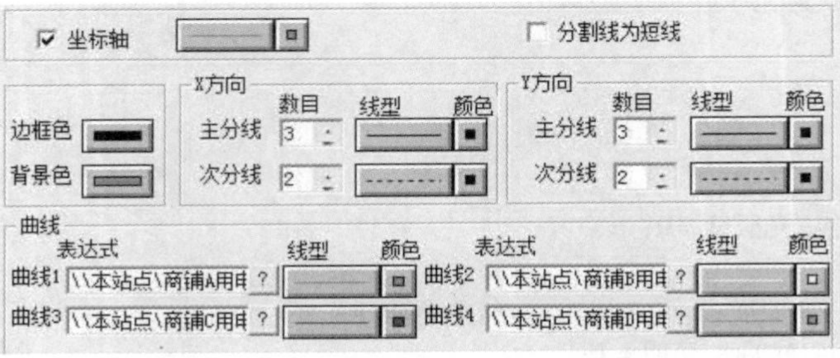

坐标轴　　分割线为短线

X方向：数目　线型　颜色
主分线 3
次分线 2

Y方向：数目　线型　颜色
主分线 3
次分线 2

边框色
背景色

曲线：表达式　线型　颜色
曲线1 \\本站点\商铺A用电
曲线2 \\本站点\商铺B用电
曲线3 \\本站点\商铺C用电
曲线4 \\本站点\商铺D用电

图 10-49　曲线定义设置

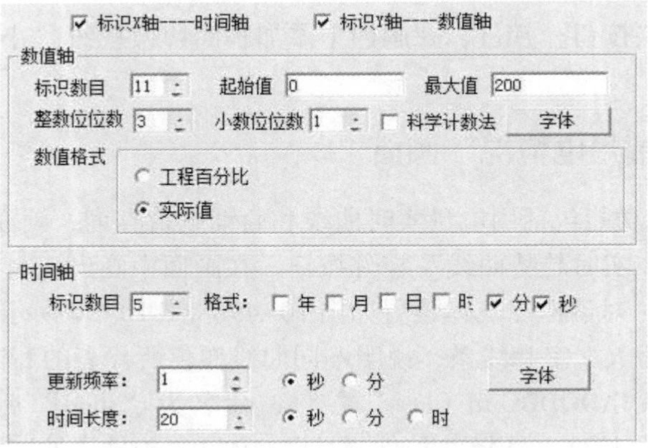

标识X轴----时间轴　　标识Y轴----数值轴

数值轴
标识数目 11　起始值 0　最大值 200
整数位位数 3　小数位位数 1　科学计数法　字体
数值格式：工程百分比　实际值

时间轴
标识数目 5　格式：年 月 日 时 分 秒
更新频率：1　秒 分　字体
时间长度：20　秒 分 时

图 10-50　表示定义设置

依次添加在右侧显示框内，单击“应用”按钮，再单击“确定”按钮即可完成对控件的配置。

为商铺编号后的“##”设置动画连接，选择“字符串输入”和“字符串输出”，并都关联“\\本站点\商铺编号”。

插入“电费查询”按钮，对控件的记录进行查询，设置动画连接“弹起时”并添加命令语言：

```
string whe;
whe = "商铺编号 ='" + \\本站点\商铺编号 + "'";
shop. Where = whe;
shop. FetchData( );
shop. FetchEnd( );
```

单击工具箱中的“按钮”控件，在画面中添加画面切换按钮“小区外景”“小区内景”和“商铺场景”。

10.3.8 地下车库

地下车库需要实现的功能有自动节能照明和位满提醒。

新建 8 个变量，变量定义如表 10-6 所示。

表 10-6 变量定义

变量名	类型	初始值	最大值
主地下车库照明	内存离散	关	
主地下车库开关	内存离散	关	
车库灯 1 ~ 车库灯 2	内存离散	关	
位满提醒	内存离散	关	
汽车 1 ~ 汽车 2	内存整数	0	1000
车位	内存整数	0	1000

地下车库画面用来展示地下车库行车自动照明场景未满提示功能，新建画面“地下车库”，添加画面背景图片和小汽车图片。为了使运行时的画面形象生动，将小汽车设置为动态效果，同时帮助实现车来自动照明的效果。地下车库画面如图 10-51 所示。

图 10-51 地下车库画面

为第一个小汽车的图片设置动画连接“水平移动”和“垂直移动”，表达式都关联“\\本站点\汽车1”。

（1）“水平移动”设置

- 移动距离：向左0；向右900。
- 对应值：最左边0；最右边900。

（2）“垂直移动”设置

- 移动距离：向上0；向下60。
- 对应值：最上边60；最右边100。

为第二个小汽车的图片弹出动画连接“水平移动”和“垂直移动”，表达式都关联“\\本站点\汽车2”。

（1）“水平移动”设置

- 移动距离：向左800；向右0。
- 对应值：最左边200；最右边0。

（2）“垂直移动”设置

- 移动距离：向上0；向下180。
- 对应值：最上边0；最右边180。

在画面中画出一个照明灯，并设置动画连接“填充属性”，关联表达式“\\本站点\主地下车库照明”，“刷属性”设有“0 灰、1 白”。完成后复制出另外两个照明灯。

从图库中选择一个开关添加在画面上，用于复位，双击开关，关联变量“\\本站点\主地下车库开关”。

添加文本“##”，勾选“模拟值输入”和“模拟值输出”，关联变量都为“\\本站点\车位”。

在图库中选择一个文本指示灯，双击后进行参数设置。

- 变量名：\\本站点\位满提示。
- 指示灯文本：车位已满。
- 颜色设置：正常色为红；报警色为灰；文本颜色为黑。
- 闪烁条件：\\本站点\车位 =1000。

为了实现在汽车行驶过程中，模拟车来时照明灯自动感应点亮，汽车离开时照明灯自动熄灭节能，按下复位开关，可将画面状态复位，当车位满1000个时，有“车位已满”提示语闪烁。需要在画面属性中编写命令语言。在“画面命令语言”对话框中的“存在时”下编写下面程序：

```
if(\\本站点\主地下车库开关==0)
{
    if(\\本站点\汽车1<=900)
        \\本站点\汽车1=\\本站点\汽车1+50;
    if(\\本站点\汽车1==700)
        \\本站点\主地下车库照明=1;
    if(\\本站点\汽车2<=100)
    {
        \\本站点\汽车2=\\本站点\汽车2+8;
```

```
            if(\\本站点\汽车 2 >= 15&&\\本站点\汽车 2 <= 50)
                \\本站点\车库灯 1 = 1;
            else
                \\本站点\车库灯 1 = 0;
            if(\\本站点\汽车 2 >= 55)
                \\本站点\车库灯 2 = 1;
            else
                \\本站点\车库灯 2 = 0;
        }
    }
    else
    {
        \\本站点\汽车 1 = 0;
        \\本站点\汽车 2 = 0;
        \\本站点\主地下车库照明 = 0;
        \\本站点\车库灯 1 = 0;
        \\本站点\车库灯 2 = 0;
    }
    if(\\本站点\车位 == 1000)
        \\本站点\位满提示 = 1;
```

单击工具箱中的“按钮”控件，在画面中添加画面切换按钮“小区内景”和“小区用电情况”。

10.3.9 地面照明区域

地面照明区域主要实现的功能是自然光控制地面照明灯的亮灭和光照度的实时显示。

新建一个内存离散变量“主地面照明”，初始值为“关”。

地面照明区域主要分为中心广场、小花园、体育场和地面停车场，由于都是由自然光控制照明灯的亮灭，因此画在一个画面中来模拟效果。新建画面“地面照明区域”并添加画面背景图片，如图 10-52 所示。

图 10-52　地面区域照明

将太阳组合成一个图素，并设置“旋转”动画连接。

- 表达式：\\本站点\太阳。
- 最大逆时针方向对应角度：0；对应数值 0。
- 最大顺时针方向对应角度：85；对应数值 200。
- 旋转圆心偏离图素中心的大小：水平方向 250；垂直方向 270。

从开图库中选择一个指示灯，放在画面中的所有灯杆上，并联变量“\\本站点\主地面照明”。

从图库中选择一个仪表表盘放在画面上，并关联变量“\\本站点\光照度”，按图 10-53 所示进行设置。

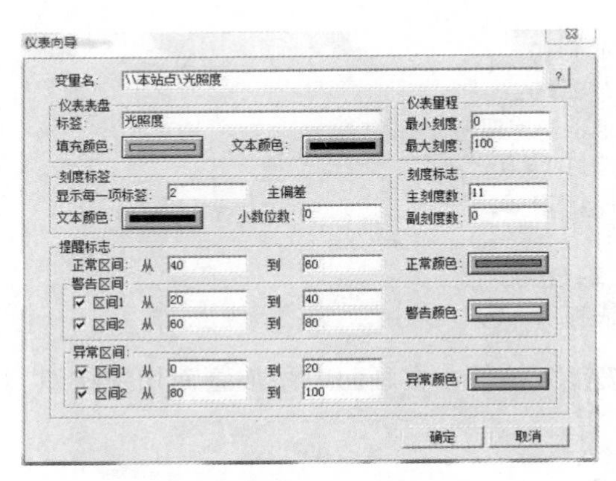

图 10-53　仪表设置

太阳从左至右旋转一定的弧度，光照度仪表的指针示数随太阳升高而增大，随太阳下降而减小，当太阳升至最高处时，光照度为 100，当光照度小于等于 30 时，照明灯点亮，光照度大于 30 时，照明灯熄灭。编辑画面命令语言，选择“存在时”选项卡，将“每 3000 毫秒”改为所需要的时间，命令语言如下：

```
long a;
long b;
a = \\本站点\太阳;
b = \\本站点\光照度;
if(a!=200)
{
    if(a<=100)
    {
        \\本站点\太阳 = a + 5;
        \\本站点\光照度 = b + 5;
    }
    if(a>100)
    {
        \\本站点\太阳 = a + 5;
        \\本站点\光照度 = b - 5;
    }
}
```

```
else
{
    \\本站点\太阳=0;
    \\本站点\光照度=0;
}
if(\\本站点\光照度<=30)
    \\本站点\主地面照明=1;
else
    \\本站点\主地面照明=0;
```

单击工具箱中的“按钮”控件，在画面中添加画面切换按钮“小区内景”“小区外景”和“小区用电情况”。

10.3.10 小区用电情况

小区用电情况需要对小区各个区域的用电量进行监控，并显示小区各个区域的日报表。

新建变量，如表 10-7 所示。

表 10-7 小区各区域用电量 I/O 变量定义

变量名	变量类型	初始值	最大值/最大原始值	采集频率	连接设备	寄存器	数据类型	数据变化记录
住宅区用电量	I/O 实数	100	3000	1000	PLC1	RADOM1000	SHORT	0
商铺总用电量	I/O 实数	10	2000	2000	PLC1	RADOM500	SHORT	0
地下车库用电量	I/O 实数	50	1000	1000	PLC1	RADOM110	SHORT	0
地面照明用电量	I/O 实数	0	1000	1000	PLC1	INCREA111	SHORT	0
时间	I/O 整数	0	100	1000	PLC1	INCREA90	SHORT	0

新建“小区用电情况”画面，画面分为两个部分的功能，分别是小区总体用电量监控曲线和小区总体用电量日报表，画面如图 10-54 所示。

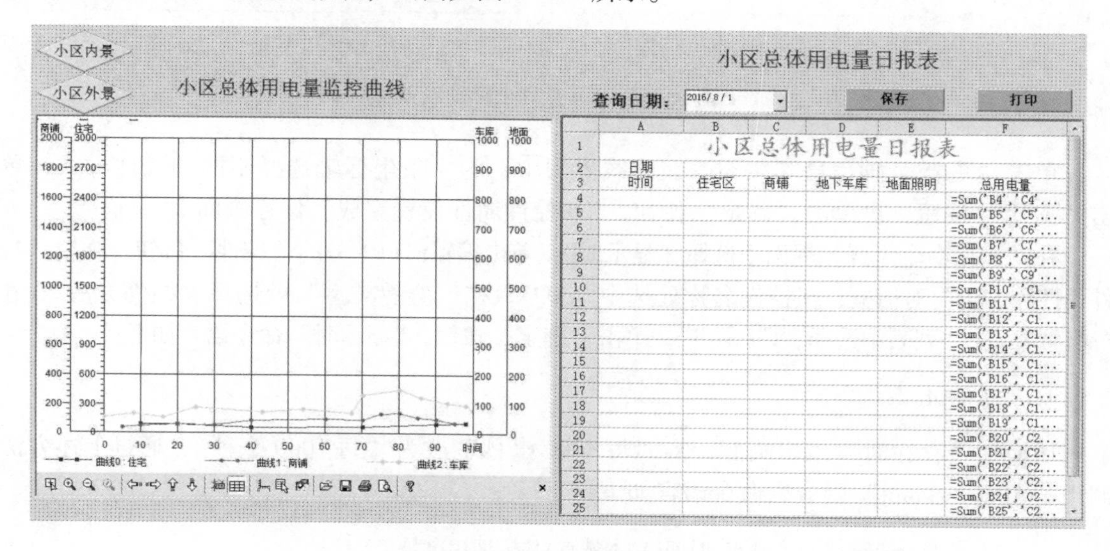

图 10-54 小区用电情况画面

创建超级XY控件，将控件命名为XQ，保存画面。双击控件，选中“X轴标题”并设置为“时间”，最大值设为100，最小值设为0。在Y轴信息区域中，首先设置Y Axis 0，选中“显示Y轴”，将Y轴标题设为“住宅”，最大值设为3000，最小值设为0。在曲线画图区水平位置选择“左边”，并设置其为画图区边界的第0条纵轴。按照同样的方法在Y Axis 1，Y Axis2和Y Axis 3处设置Y轴标题为“商铺”“车库”和“地面”，商铺最大值设为2000，最小值设为0，车库和住宅的最大值均设为1000，最小值设为0,。将住宅和商铺设为画图区的左边，分别再画图区边界的第0、1条纵轴，将车库和地面设为画图区的右边，分别再画图区边界的第2、3条纵轴，如图10-55所示。

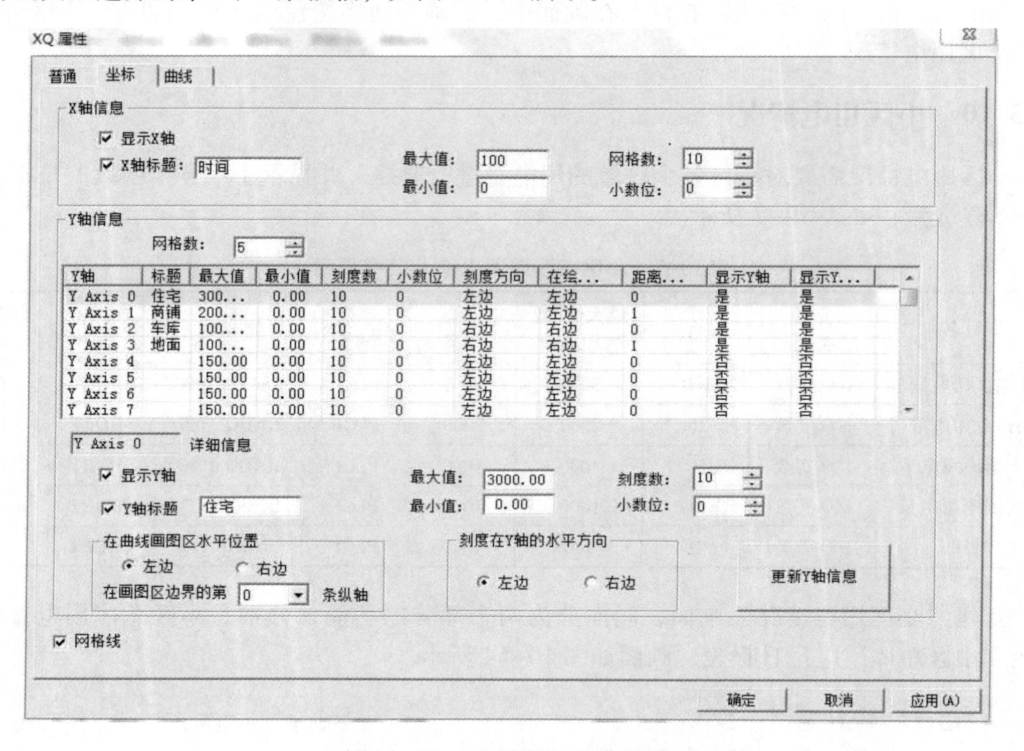

Y轴	标题	最大值	最小值	刻度数	小数位	刻度方向	在绘...	距离...	显示Y轴	显示Y...
Y Axis 0	住宅	300...	0.00	10	0	左边	左边	0	是	是
Y Axis 1	商铺	200...	0.00	10	0	左边	左边	1	是	是
Y Axis 2	车库	100...	0.00	10	0	右边	右边	0	是	是
Y Axis 3	地面	100...	0.00	10	0	右边	右边	1	是	是
Y Axis 4		150.00	0.00	10	0	左边	左边	0	否	否
Y Axis 5		150.00	0.00	10	0	左边	左边	0	否	否
Y Axis 6		150.00	0.00	10	0	左边	左边	0	否	否
Y Axis 7		150.00	0.00	10	0	左边	左边	0	否	否

图10-55　XQ控件坐标轴设置

单击“更新Y轴信息”按钮，在曲线界面中，为4条坐标轴选择不同的线性样式，单击“应用”按钮，再单击“确定”按钮，XQ控件属性设置完成，保存画面。

在“画面命令语言”界面中选择“显示时”，单击编辑窗口下方的“控件”按钮，弹出“控件属性和方法”对话框，在控件名称处选中“XQ”，在“查看类型”处选择“控件方法”，在“属性或方法”列表中选择“ClearAll”，单击“确定”按钮，“显示时”命令语言如下：

```
ClearAll();
```

切换到“存在时”编辑画面，将“每3000毫秒”改为“每1000毫秒”，通过上述方法调用“AddNewPoint”函数，命令语言如下：

```
XQ.AddNewPoint(\\本站点\时间,\\本站点\住宅区用电量,0);
XQ.AddNewPoint(\\本站点\时间,\\本站点\商铺总用电量,1);
```

```
XQ. AddNewPoint( \\本站点\时间, \\本站点\地下车库用电量,2);
XQ. AddNewPoint( \\本站点\时间, \\本站点\地面照明用电量,3);
```

日报表主要是用来记录小区各区域的用电量，报表每半个小时记录一次数据，能够对各区域用电量数据更好地进行监控。在画面中添加“报表窗口”，报表名称为“Report2”，行数为27，列数为6。根据需求对报表进行编辑，F列表示小区某一时间的总用电量，需要用到Sum函数，在F列单元格中输入“=Sum('B#','C#','D#','E#')”，其中，“#”代表行数，所建立的报表窗口如图10-56所示。

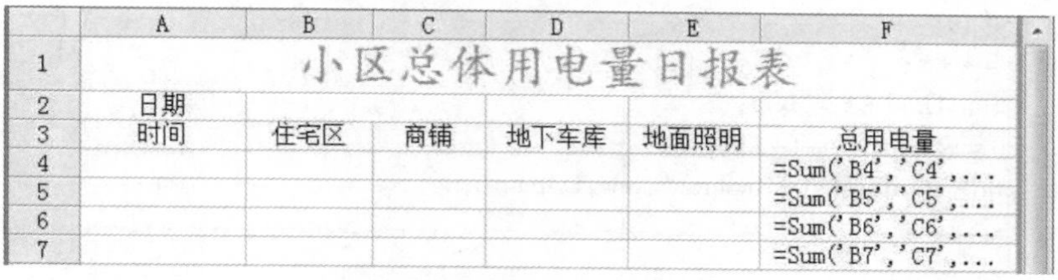

	A	B	C	D	E	F
1	小区总体用电量日报表					
2	日期					
3	时间	住宅区	商铺	地下车库	地面照明	总用电量
4						=Sum('B4','C4',...
5						=Sum('B5','C5',...
6						=Sum('B6','C6',...
7						=Sum('B7','C7',...

图10-56 报表窗口

日报表中对历史数据的记录是根据日历中的日期进行查询的，在画面中插入“Microsoft Date and Time Picker Control”日历控件，控件命名为“DATE”，单击“确定”按钮，保存画面。再次双击日历控件，选中“事件”选项卡，单击列表中的“CloseUp”事件，弹出“控件事件函数”窗口，在“函数声明”中将此函数命名为“CloseUp()”，在编辑窗口内编写程序：

```
float Ayear;
float Amonth;
float Aday;
long x;
long y;
long Row;
longStartTime;
string temp;
Ayear = DATE. Year;
Amonth = DATE. Month;
Aday = DATE. Day;
temp = StrFromInt( Ayear,10);
if( Amonth < 10)
    temp = temp + " -0" + StrFromInt( Amonth,10);
else
    temp = temp + " - " + StrFromInt( Amonth,10);
if( Aday < 10)
    temp = temp + " -0" + StrFromInt( Aday,10);
else
    temp = temp + " - " + StrFromInt( Aday,10);
\\本站点\日期 = temp;
ReportSetCellString2( "Report2",4,1,27,6,"");
ReportSetCellString( "Report2",2,2,temp);      // 填写日期
//查询数据
```

```
StartTime = HTConvertTime( Ayear, Amonth, Aday, 0, 0, 0) ;
ReportSetHistData( "Report2", "\\本站点\住宅区用电量", StartTime, 3600, "B4:B27") ;
ReportSetHistData( "Report2", "\\本站点\商铺总用电量", StartTime, 3600, "C4:C27") ;
ReportSetHistData( "Report2", "\\本站点\地下车库用电量", StartTime, 3600, "D4:D27") ;
ReportSetHistData( "Report2", "\\本站点\地面照明用电量", StartTime, 3600, "E4:E27") ;

//填写时间
x = 0;
while( x < 24)
{
    row = 4 + x;
    y = StartTime + x * 3600;
    temp = StrFromTime( y, 2) ;
    ReportSetCellString( "Report2", row, 1, temp) ;
    x = x + 1;
}
```

报表记录了历史数据后，需要对报表进行保存和打印。在画面中插入两个“按钮”控件，分别命名为“保存”和“打印”后，设置动画连接画连“弹起时”，编写命令语言。

1）“保存”按钮的命令语言如下：

```
string filename;
filename = InfoAppDir( ) + \\本站点\日期 + ". xls";
ReportSaveAs( "Report2", FileName) ;
```

2）“打印”按钮的命令语言如下：

```
ReportPrintSetup( "Report2") ;
```

10.3.11 运行系统

操作完成后将画面全部保存，单击“切换到 View”，切换到运行系统，首先打开“小区外景”画面。单击“进入小区”按钮，画面切换至“小区内景”。

单击“住宅区”按钮，画面切换至“住宅区”，单击画面中的开关，住宅楼照明灯点亮；单击住宅楼上方的楼栋号，画面切换至“住宅区用电情况”，可直接进行电费查询，以及用电量实时报表的显示，打开住宅楼的模拟手控开关，监控曲线开始动态变化，关闭开关，用电量曲线降至0处。

单击“小区内景”按钮，画面切换至“小区内景”，单击“地下车库”按钮，进入“地下车库”画面中，小汽车行驶过程中，照明灯会随车来而点亮，车走则熄灭。单击开关按钮，可复位，输入1000个车位，提示“车位已满”并闪烁报警。

单击“小区内景”按钮，画面切换至“小区内景”，再单击“中心广场”或“小花园”“地上停车场与体育场”按钮，画面切换至“地面照明区域”。在画面中太阳从左至右旋转一定的弧度，光照度仪表的指针示数随太阳升高而增大，随太阳下降而减小，当太阳升至最高处时，光照度为100，当光照度小于30时，照明灯点亮，光照度大于30时，指明灯熄灭。

单击“小区外景”按钮，画面切换至“小区外景”，再单击“商铺”按钮，画面切换至“商铺场景”。商铺场景中的照明灯同样是由自然光控制，并用仪表来模拟实时光照度，同时还添加了按钮可以手动控制照明灯的亮灭。单击“商铺用电情况”按钮，进入“商铺用电情况”画面。

在商铺编号处输入商铺编号（如11），单击“电费查询”按钮，即可查询商铺电费情况。单击“小区外景”按钮，画面切换至“小区外景”，再单击“小区用电情况”按钮，画面切换至“小区用电情况”。

小区总体用电量监控曲线按时间显示不同区域的用电量情况，单击日历控件选择查询日期，报表每隔1小时将显示小区各个区域的用电量，单击“保存”按钮，可将日报表保存在工程文件中。单击“打印”按钮，可以打印日报表。

10.4 本章小结

本章主要内容是练习了在“组态王”中常用操作的使用方法。“组态王”如同一个“人”，而“画面”中的各部分图块或者文字，就是这个“人”的五官，五官的设计主要来自“工具箱”和一些模块，通过“工具箱”，可以为这个“人”设计五官的大小、形状和颜色；这个“人”要动起来，就需要有血液在流动，而这些血液就是“变量”，只有变量在变，画面才会动起来；而让血液流动的东西是心脏，这个心脏就是“命令语言”，没有命令语言，画面就是一个植物人；一个“人”是会生病的，有时候需要打一些疫苗，而这个疫苗就是“报警”，有了报警，才能知道变量的变化情况；为了把这些情况记录下来，需要一张单子，而这张单子可以是“报表”，也可以是“数据库表”；情况分析完后就要对症下药，选择不同的药对应不同的“配方”。要想了解并和这个“人”沟通，需要读者认真学习并掌握前面章节的内容。当对于前面章节有所感觉的话，本章节才会起到“促进情感”的作用。

参 考 文 献

[1] 穆亚辉，裴惠，谢萍，等．组态王软件实用技术[M]．郑州：黄河水利出版社，2012.
[2] 汪志峰，等．工控组态软件[M]．北京：电子工业出版社，2007.
[3] 李江全，王玉巍，张鸿琼，等．案例解说组态软件典型控件应用[M]．北京：电子工业出版社，2011.
[4] 胡建，刘玉宾，朱患立，等．单片机原理及接口技术[M]．北京：机械工业出版社，2004.
[5] 巫莉，黄江峰，等．电气控制与 PLC 应用[M]．北京：中国电力出版社，2011.